大学计算机系列教材

Java大学实用教程

（第4版）

◆ 耿祥义　张跃平　编著

电子工业出版社

Publishing House of Electronics Industry

北京·BEIJING

内 容 简 介

本书共 13 章，重点讲解类与对象、类的继承、接口、泛型、字符串与模式匹配、实用类及数据结构、多线程、输入/输出流、图形用户界面设计、网络编程、数据库操作、Java Applet 程序设计等内容。本书注重可读性和实用性，加大了面向对象的知识容量，对部分例题的内容做了调整，特别将第 12 章关于数据库的讲解更改为 Derby 数据库。本书提供配套的教学资源，有配套的辅导书《Java 大学实用教程学习指导（第 4 版)》。

本书适合作为高等学校相关课程的教材，也可以作为自学用书。

图书在版编目(CIP)数据

Java 大学实用教程 / 耿祥义，张跃平编著. —4 版. —北京：电子工业出版社，2017.3

ISBN 978-7-121-31032-4

Ⅰ．① J… Ⅱ．① 耿… ② 张… Ⅲ．① JAVA 语言－程序设计－高等学校－教材 Ⅳ．① TP312.8

中国版本图书馆 CIP 数据核字（2017）第 043425 号

策划编辑：章海涛

责任编辑：章海涛　　　　　特约编辑：何　雄

印　　刷：北京七彩京通数码快印有限公司

装　　订：北京七彩京通数码快印有限公司

出版发行：电子工业出版社

　　　　　北京市海淀区万寿路 173 信箱　邮编　100036

开　　本：787×1092　1/16　　印张：20.75　　字数：590 千字

版　　次：2005 年 3 月第 1 版

　　　　　2017 年 3 月第 4 版

印　　次：2025 年 1 月第 19 次印刷

定　　价：56.00 元

第 4 版前言

本书全面地讲解了 Java 的基础内容和编程方法，在内容的深度和广度方面都进行了仔细考虑，在类、对象、继承、接口等重要的基础知识的讲解上侧重深度，而在实用类的讲解上侧重广度。本书继续保留第 3 版的特点——注重教材的可读性和实用性。特别将第 12 章关于数据库的讲解更改为 Derby 数据库。通过本书的学习，读者可以掌握 Java 面向对象编程的思想和 Java 在网络编程中的一些重要技术。

全书共 13 章。第 1 章主要介绍 Java 产生的背景和 Java 平台，读者可以了解到 Java 是怎样做到"一次写成，处处运行"的。第 2、3 章主要介绍 Java 的基本数据类型、运算符和控制语句。第 4、5 章是本书的重点内容，讲述类、对象、继承、接口以及 Java 语言新增的泛型等重要知识，特别讲述面向抽象的程序设计思想。第 6 章讲述常用的字符串和相关的模式匹配的知识，模式匹配问题是很多信息技术经常需要处理的问题之一，重点讲解使用 Scanner 类解析字符串的实用技术。第 7 章讲述常用的实用类，包括处理日期、数学计算、数字格式化以及数据结构等实用类。第 8 章讲述多线程技术，也是很难理解的一部分内容，通过许多有启发的例子来帮助读者理解多线程编程。第 9 章讲解 Java 中的输入/输出流技术，特别介绍怎样使用输入/输出流来克隆对象以及 Java 的文件锁技术。第 10 章是基于 SWING 的 GUI 设计，讲解常用的组件和容器，对于比较复杂的组件都给出了实用的例子。第 11 章讲解 Java 在网络编程中的一些重要技术，涉及 URL、Socket、InetAddrees、DatagramPacket、BroadCast 以及 Java 远程调用等重要的网络编程技术。第 12 章主要讲解 Java 怎样操作数据库，介绍预处理、事务处理、批处理等重要技术。第 13 章主要讲解 Java Applet 的运行原理以及在网络中的角色。

本书的例题全部在 JDK 1.6 环境下编译通过。每章都有问答题和作业题，通过回答问题可以使读者加深知识的理解。理解该章内容后，读者完全有能力独立地完成作业题。

本书配有配套的电子课件，请教师登录华信教育资源网站 http://www.hxedu.com.cn 下载（如果是第一次登录该网站，请先注册）。

本书配有上机实验指导，除了按照主教材的章节配备实验指导外，还配备综合实验。每章的实验指导由实验内容和知识扩展两部分内容组成，学生可按照实验的要求上机编写程序，每个实验都提供了程序模板，学生完成实验后需填写实验报告。知识扩展是对实验内容的补充，结合实例讲解主教材未能涉及的一些知识或已学知识的深入讨论。综合实验的目的是让读者综合运用所学知识来设计一个完整的软件。

作　者

作者简介

耿祥义，1995 年中国科学技术大学博士毕业，获理学博士学位，1997 年从中山大学博士后流动站出站。现任大连交通大学教授，具有多年从事 Java 语言教学经验，编写多部教材。

张跃平，现任大连交通大学讲师，具有多年从事 Java 语言教学经验。

目　录

第1章 Java 语言概述

本章导读

✿ Java 语言的诞生
✿ 学习 Java 的必要性
✿ Java 的特点及与 C/C++之关系
✿ Java 程序开发
✿ JDK 1.6 编译器的新规定

在学习 Java 语言之前，读者应当学习过 C 语言，熟悉计算机的一些基础知识。读者学习过 Java 语言之后，可以继续学习与 Java 相关的一些重要内容。比如，如果希望从事编写和数据库相关的软件，可以深入学习 Java DataBase Connection（JDBC）；如果希望从事 Web 程序的开发，可以学习 Java Server Page（JSP）；如果希望从事手机应用程序的设计，可以学习 Java Micro Edition（Java ME）；如果希望从事与网络信息交换有关的软件设计，可以学习 eXtensible Markup Language（XML）；如果希望从事大型网络应用程序的开发和设计，可以学习 Java Enterprise Edition（Java EE），如图 1-1 所示。

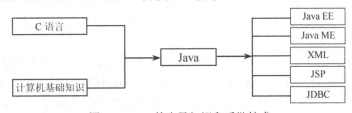

图 1-1　Java 的先导知识和后继技术

1.1　Java 语言的诞生

Java 诞生于 1995 年，是 Sun 公司组织开发的一门编程语言，主要贡献者是 James Gosling。开发 Java 语言的动力源于对独立于平台的需要，即这种语言编写的程序不会因为芯片的变化而发生无法运行或运行错误。当时，C 语言已无法满足人们的这一愿望，因为 C 语言总是针对特定的芯片将源程序编译为机器码，该机器码的运行与特定的芯片指令有关，在其他不同类型的芯片上可能无法运行或出现运行错误。芯片制造者、芯片使用者和软件编写者往往隶属于不同的公司。芯片制造者会不断地推出性能更好且价格更便宜的新型芯片，当有一种性价比更高的芯片出现时，芯片使用者就可能立即使用新的芯片，这些芯片可能安装在各种计算机或电子设备上，如果不能保证程序在新的芯片上正确运行，就可能出现难以发现的错误，最终导致严重的后果，可能引起设备的毁坏等灾难性后果。所以，软件编写者必须针对新的芯片重新编译源程序，甚至需要对源程序进行必要的修改，这是令软件开发者最头痛的工作，还可能由于各种原因（如工作量的巨大等）而导致工作无法完成。

1990 年，Sun 公司成立了由 James Gosling 领导的开发小组，开始致力于开发一种可移植的、跨平台的语言，该语言能生成正确运行于各种操作系统、适应各种 CPU 芯片的代码。他们的精心钻研和努力促成了 Java 语言的诞生。Java 的快速发展得益于 Internet 和 Web 的出现，Internet 上有各种计算机，它们可能使用完全不同的操作系统和 CPU 芯片，但仍希望运行相同的程序，Java 的出现标志着真正的分布式系统的到来。

James Gosling 的办公室外面有一棵大橡树，他最初将 Java 语言命名为 oak，后来发现已经有一种计算机语言的名字叫 oak，最后决定为这种新的语言起名为 Java，其寓意是为世人端上一杯热咖啡。"Java" 是印度尼西亚一个盛产咖啡的岛屿，中文译名是"爪哇"。

1.2　学习 Java 的必要性

Java 不仅可以用来开发大型的桌面应用程序，还特别适合 Internet 的应用开发。目前，Java 语言不但是一门正在被广泛使用的编程语言，而且已成为软件设计开发者应当掌握的一门基础语言。Java 语言面向对象编程，并涉及网络、多线程等重要的基础知识，而且很多新的技术领域都涉及 Java 语言。因此，学习和掌握 Java 已成为共识，国内外许多大学将 Java 语言列入了本科教学计划。IT 行业对 Java 人才的需求正在不断增长，一些软件公司对其开发人员周期地进行 Java 的基础培训工作。在 IT 行业发达的北美洲，有将近 60%的软件开发人员使用 Java 完成他们的工作，Evans Data 公司在 2002 年做的一项调查中发现：在北美洲，Java 的使用率已经接近 C/C++。

2003 年，James Gosling 曾来北京，与中国的 IT 人士进行了交流，以下是对话的节选。

问：在近几年的发展过程中，很多编程语言都逐渐消失，Java 语言却越来越火，请问其中的原因是什么？

James Gosling：我认为，很多编程语言在发展中并不是消失，而是转移到了其他领域中，而 Java 的经久不衰取决于 Java 的技术基础。如果你问编程师，为什么会选择 Java，他会告诉你，Java 提供了多种功能，提供了方便的平台，是个足以吸引人的工具。我认为，推动 Java 最主要的因素是网络，Java 是以网络应用为基础的开发工具，这是它的强项。

问：在传统计算机领域中，Java 并不是十分大的平台，如 PC。而在其他领域，如移动领域，Java 发展迅速，Java 的未来发展方向是什么？

James Gosling：在 PC 领域，我并不认为 Java 不够强大。在 PC 领域，Java 有很多应用，这是表面上看不到的，主要因为微软花了大力气避免用户看到，实际上 Java 应用很广泛，如人工智能游戏。在其他领域，Java 更是应用广泛，如汽车、铁路机车上的即时控制系统，以及军用方面。

问：大家尊称您为 Java 之父，您能不能跟大家分享一下您在 Java 事业中最深的感受是什么？

James Gosling：当看到 Java 的客户通过 Java 完成了很多神奇的工作，如看到夏威夷火山上的观测台使用 Java 控制望远镜，看到荷兰健康医疗组织使用 Java 解决了保护隐私问题等，那真是一种奇妙的感觉。

1.3　Java 的特点

1. 平台无关性

（1）平台与机器指令

无论哪种编程语言编写的应用程序都需要经过操作系统和处理器来完成程序的运行，因此这里所指的平台由操作系统（OS）和处理器（CPU）构成。与平台无关是指软件的运行不因操作系统、处理器的变化导致程序无法运行或出现运行错误。

所谓平台的机器指令，就是可以被该平台直接识别、执行的一种由 0 和 1 组成的序列代码。注意，相同的 CPU 和不同的操作系统所形成的平台的机器指令可能是不同的，因此每种平台都会形成自己独特的机器指令。比如，某平台可能用 8 位序列代码 1000 1111 表示一次加法操作，用 1010 0000 表示一次减法操作，另一平台可能用 8 位序列代码 1010 1010 表示一次加法操作，用 1001 0011 表示一次减法操作。

（2）C/C++程序依赖平台

现在来分析为何 C/C++语言编写的程序可能因为操作系统的变化、处理器升级导致程序出现错误或无法运行。

C/C++语言提供的编译器对 C/C++源程序进行编译时，将针对当前 C/C++源程序所在的特定平台进行编译、连接，然后生成机器指令，即根据当前平台的机器指令生成机器码文件（可执行文件）。这样无法保证 C/C++编译器所产生的可执行文件在所有平台上都能正确地被运行，因为不同平台可能具有不同的机器指令（如图 1-2 所示）。因此，如果更换了平台，可能需要修改源程序，并针对新的平台重新编译源程序。

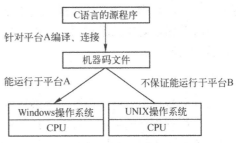

图 1-2　C/C++生成的机器码文件依赖平台

（3）Java 程序不依赖平台

与其他语言相比，Java 语言最大的优势就是它的平台无关性，这也是 Java 风靡全球的主要原因。Java 在平台之上再提供一个 Java 运行环境（Java Runtime Environment，JRE），该 Java 运行环境由 Java 虚拟机（Java Virtual Machine，JVM）、类库及一些核心文件组成。Java 虚拟机的核心是字节码指令，即可以被 Java 虚拟机直接识别、执行的一种由 0、1 组成的序列代码。字节码并不是机器指令，因为它不与特定的平台相关，不能被任何平台直接识别、执行。Java 针对不同平台提供的 Java 虚拟机的字节码指令都是相同的，如所有的虚拟机都将 1111 0000 识别、执行为加法操作。

与 C/C++不同的是，Java 语言提供的编译器不针对特定的操作系统和 CPU 芯片进行编译，而是针对 Java 虚拟机把 Java 源程序编译为称为字节码的一种"中间代码"。比如，Java 源文件中的"+"被编译成字节码指令 1111 0000。字节码是可以被 Java 虚拟机识别、执行的代码，即 Java 虚拟机负责解释运行字节码，其运行原理是：Java 虚拟机负责将字节码翻译成虚拟机所在平台的机器码，并让当前平台运行该机器码，如图 1-3 所示。

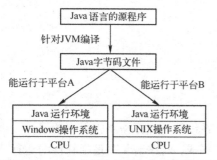

图 1-3 Java 生成的字节码文件不依赖平台

2．面向对象

面向对象编程是一种先进的编程思想，更加容易解决复杂的问题。面向对象编程主要体现在下列三个特性。

① 封装。面向对象编程的核心思想之一就是将数据和对数据的操作封装在一起。抽象即从具体的实例中抽取共同的性质形成一般的概念，如类的概念。人们经常谈到的机动车类就是从具体的实例中抽取共同的属性和功能形成的一个概念，那么一个具体的轿车就是机动车类的一个实例，即对象。一个对象将自己的数据和对这些数据的操作合理、有效地封装在一起，如每辆轿车调用"加大油门"改变的都是自己的运行速度。

② 继承。继承体现了一种先进的编程模式。子类可以继承父类的属性和功能，即继承了父类的数据和数据上的操作，又可以增加子类独有的数据和数据上的操作。比如，"人类"自然继承了"哺乳类"的属性和功能，同时增加了人类独有的属性和功能。

③ 多态。多态性是面向对象编程的又一重要特征。多态有两种。一种是操作名称的多态，即有多个操作具有相同的名字，但这些操作接收的消息类型必须不同。另一种是与继承有关的多态，是指同一个操作被不同类型调用时可能产生不同的行为。

Java 是面向对象的编程语言，本书将在第 4 章详细、准确地讨论类、对象、继承、多态、接口等重要概念。

3．多线程

Java 的特点之一就是内置对多线程的支持。多线程允许同时完成多个任务，使人产生多个任务在同时执行的错觉。目前，计算机的处理器在同一时刻只能执行一个线程，但处理器可以在不同的线程之间快速切换，由于处理器速度非常快，远远超过了人们接收信息的速度，所以感觉好像多个任务在同时执行。C++没有内置的多线程机制，因此必须调用操作系统的多线程功能来进行多线程程序的设计。

4．安全

当用户准备从网络上下载一个程序时，最大的担心是程序中含有恶意的代码，如试图读取或删除本地机上的一些重要文件，甚至该程序是一个病毒程序等。当用户使用支持 Java 的浏览器时，可以放心地运行 Java Applet（Java 小应用程序），不必担心病毒的感染和恶意的企图，Java Applet 将限制在 Java 运行环境中，不允许它访问计算机的其他部分。本书将在第 12 章详细讲述 Java Applet。

5．动态

在学习了第 4 章后就会知道，Java 程序的基本组成单元就是类，有些类是用户自己编写的，有些是从类库中引入的。而类是运行时动态装载的，这就使得 Java 可以在分布环境中动态地维护程序及类库，而不像 C++那样，每当其类库升级之后，如果想让程序具有新类库提供的功能，就必须重新修改、编译程序。

1.4　Java 与 C/C++之关系

如果学习过 C++语言，读者会感觉 Java 很眼熟，因为 Java 中许多基本语句的语法与 C++类似，像常用的循环语句、控制语句等与 C++几乎一样，但不要误解为 Java 是 C++的增强版。Java 和 C++是两种完全不同的语言，它们各有各的优势，Java 语言和 C++语言已成为软件开发者应当掌握的语言。如果从语言的简单性方面看，Java 要比 C++语言简单，C++语言中许多容易混淆的概念或者被 Java 语言弃之不用，或者以一种更清楚、更容易理解的方式实现，如 Java 语言不再有指针的概念。Java 语言既易学又好用，但不要误解为这门语言很干瘪。读者可能很赞同这样的观点：英语要比阿拉伯语言容易学，但这并不意味着英语就不能表达丰富的内容和深刻的思想。

1.5　Java 运行平台

1. 三种平台简介

Sun 公司要实现"编写一次，到处运行（write once，run anywhere）"的目标，就必须提供相应的 Java 运行平台。目前，Java 运行平台主要分为下列 3 个版本。

❖ Java SE（曾称为 J2SE）——Java 标准版或 Java 标准平台。Java SE 提供了标准的 JDK 开发平台，利用该平台可以开发 Java 桌面应用程序和低端的服务器应用程序，也可以开发 Java Applet。

❖ Java EE（曾称为 J2EE）——Java 企业版或 Java 企业平台，可以构建企业级的服务应用。Java EE 平台包含了 Java SE 平台，并增加了附加类库，以便支持目录管理、交易管理和企业级消息处理等功能。

❖ Java ME（曾称为 J2ME）——Java 微型版或 Java 小型平台。Java ME 是一种很小的 Java 运行环境，用于嵌入式的消费产品中，如移动电话、掌上电脑或其他无线设备等。

登录 Sun 公司的网站 http://java.sun.com，就能看到有关 Java SE、Java EE 和 Java ME 的介绍。上述 Java 运行平台都包括了相应的 JVM，JVM 负责将字节码文件（包括程序使用的类库中的字节码）加载到内存中，然后采用解释方式来执行字节码文件，即根据相应硬件的机器指令翻译一句，执行一句。

2. 安装 Java SE 平台

学习 Java 应当从 Java SE 开始，因此本书基于 Java SE 来学习 Java。目前，Sun 公司已发布了 JDK 1.6，可以登录到其官网免费下载（如 jdk-6u3-windows-i586-p.exe），在"Popular Downloads"页面中选择"Java SE"→"JDK 6 Update"，单击"下载"即可。双击 jdk-6u3-windows-i586-p.exe 文件图标，将出现安装向导界面，接受软件安装协议，出现选择安装路径界面。为了便于今后设置环境变量，建议修改默认的安装路径。这里将默认的安装路径"C:\program Files\Java\Jdk1.6.0_3"修改为"E:\jdk1.6"，如图 1-4 所示。

注：在安装过程中会出现安装支持欧洲语言的 JRE（Java Runtime Environment）的界面，在该界面上不必更改默认的安装路径，使用默认的安装路径即可。JRE 的安装路径不可以与 JDK 的安装路径相同。

将 JDK 安装到 E:\jdk1.6 目录下会生成如图 1-5 所示的目录结构。现在就可以编写 Java 程序并进行编译、运行程序了，因为安装 JDK 的同时计算机就安装上了 Java 运行环境（JRE）。

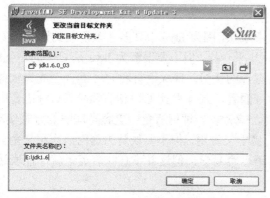

图 1-4　JDK 的安装路径　　　　　　　　　　　图 1-5　JDK 的目录结构

JDK 主要目录内容如下。

① 开发工具：位于 bin 子目录中，包括工具和实用程序，可以开发、执行、调试和保存用 Java 编程语言编写的程序。

② Java 运行环境：位于 jre 子目录中，由 JDK 使用的 JRE 实现。JRE 包括 Java 虚拟机（JVM）、类库及其他支持执行用 Java 语言编写的程序的文件。

③ 附加库：位于 lib 子目录中，包括开发工具所需的其他类库和支持文件。

④ 演示 Applet 和应用程序：位于 demo 子目录中，Java 平台的编程示例（带源代码）。这些示例包括使用 SWING 和其他 Java 基类以及 Java 平台调试器体系结构的示例。

⑤ 样例代码：位于 sample 子目录中，某些 Java API 的编程样例（带源代码）。

⑥ C 头文件：位于 include 子目录中，支持使用 Java 本机界面、JVM 工具界面及 Java 平台的其他功能进行本机代码编程的头文件。

⑦ 源代码：位于 JDK 安装目录之根目录中的 src.zip 文件是 Java 核心 API 的所有类的 Java 编程语言源文件（即 java.*、javax.* 和某些 org.* 包的源文件，但不包括 com.sun.* 包的源文件）。

（1）系统环境 path 的设置

JDK 平台提供的 Java 编译器（javac.exe）和 Java 解释器（java.exe）位于 Java 安装目录的\bin 子目录中，为了能在任何目录中使用编译器和解释器，应在系统特性中设置 path。对于 Windows XP，右键单击“我的电脑”，在弹出的快捷菜单中选择“属性”，弹出“系统特性”对话框，再单击“高级选项”，然后单击 “环境变量”按钮，添加系统环境变量。如果曾经设置过环境变量 path，可单击该变量进行编辑，添加需要的值，如图 1-6 所示。也可以在命令窗口（如 MS-DOS 窗口）中输入“path = E:\jdk1.6\bin;”。

（2）系统环境 classpath 的设置

JDK 的安装目录的\jre 子目录中包含 Java 应用程序运行时所需的 Java 类库，这些类库被包含在\jre\lib 中的压缩文件 rt.jar 中。安装 JDK 一般不需要设置环境变量 classpath 的值，如果读者的计算机安装过一些商业化的 Java 开发产品或带有 Java 技术的一些产品。安装这些产品后，classpath 的值可能会被修改。那么运行 Java 应用程序时，读者加载这些产品所带的老版本的类库，可能导致程序要加载的类无法被找到，使程序出现运行错误。读者可以重新编辑系统环境变量 classpath 的值。对于 Windows 2000/2003/XP，右键单击"我的电脑"，在弹出的快捷菜单中选择"属性"，弹出"系统特性"对话框，再单击该对话框中的"高级选项"，然后单击"环境变量"按钮，添加如图 1-7 所示的系统环境变量。如果曾经设置过环境变量 classpath，可单击该变量进行编辑操作，添加需要的值。

 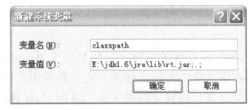

图 1-6　设置环境变量 path　　　　　图 1-7　设置环境变量 classpath

对于 Windows 9x，用记事本编辑 autoexec.bat 文件，加入设置语句"set classpth=E:\jdk1.6\jre\lib\rt.jar;.;"即可，也可在命令行窗口（如 MS-DOS）中输入"set classpth=E:\jdk1.6\jre\lib\rt.jar;.;"。

> 环境变量 classpath 设置中的 ";" 是指可以加载应用程序当前目录及其子目录中的类。

（3）仅仅安装 JRE

如果读者只想运行别人的 Java 程序，可以只安装 Java 运行环境 JRE。JRE 由 JVM、Java 的核心类及一些支持文件组成。读者可以登录 Sun 公司的官网免费下载 JRE。

（4）一些 IDE 开发工具

还有一些其他很好的 Java 程序 IDE 开发环境可用，包括来自 Sun、Borland、Symantec 公司的产品，如 Sun One、JBuilder 和 Eclipse 等，目前以 Eclipse 最流行。这些 IDE 产品都集成 JDK 作为主要部分。初学者应当使用 JDK 来开发 Java 程序，这不仅是学习 Java 最好的方式，还是掌握使用 IDE 开发工具的必要条件。IDE 开发环境适合于设计开发大型项目时使用，不适合于学习 Java 语言。

建议下载 Sun 公司的 Java 类库帮助文档，如 jdk-6-doc.zip。

1.6　Java 程序开发

用 Java 标准平台编译得到的字节码文件，可以在任何具有 Java 标准平台的计算机上正确地运行。开发一个 Java 应用程序需要经过三个步骤：编写源文件 → 编译源文件，生成字节码 → 加载运行字节码。

1．编写源文件

（1）源文件的结构

应使用文本编辑器（如 Edit 或记事本）来编写源文件，不可使用 Word 编辑器，因它包含不可见字符。Java 是面向对象编程，Java 应用程序的源文件由若干个书写形式互相独立的类组成。

【例 1-1】 编写 3 个类：A，B 和 Hello。

```
class A {
  void f() {
    System.out.println("I am A");
  }
}
```

```
class B {  }
public class Hello {
    public static void main (String args[ ]) {
        System.out.println("你好，很高兴学习 Java");
        A a=new A();
        a.f();
    }
}
```

class 是 Java 的关键字，用来定义类。public 也是关键字，说明 Hello 是一个 public 类，本书在第 4 章将系统讲述类的定义和使用。但现在必须知道：Java 应用程序的源文件由若干个书写形式互相独立的类组成，其中 class Hello 称为类声明，之后的第一个花括号和最后一个花括号以及它们之间的内容叫类体。

（2）应用程序的主类

Java 应用程序必须有一个类包含 public static void main(String args[])方法。这个类称为应用程序的主类。args[]是 main 方法的一个参数，是一个字符串类型的数组（String 的第一个字母是大写的），以后会学习怎样使用这个参数。

（3）源文件的命名规则

源文件的命名规则如下：① 如果源文件中包括多个类，那么只能有一个类是 public 类；② 如果有一个类是 public 类，那么源文件的名字必须与这个类的名字完全相同，扩展名是 .java；③ 如果源文件没有 public 类，那么源文件的名字只要与某个类的名字相同，并且扩展名是 .java 就可以了。

将上述源文件保存到 C:\1000 文件夹中，并命名为 Hello.java。注意，不可写成"hello.java"，因为 Java 语言是区分大小写的。

（4）良好的编程习惯

在编写程序时，一行最好只写一条语句。类体以及方法的花括号最好也独占一行，并有明显的缩进；也可把"{"位于类声明同行的末尾，"}"另起一行。对于空语句，"}"应紧跟在"{"之后。在编写代码时，应养成良好的编程习惯。

2．编译 Java 源文件

创建了源文件 Hello.java 后，就要使用编译器对其进行编译：

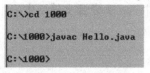

C:\1000\>javac Hello.java

图 1-8　使用 javac 编译源文件

需要打开 MS-DOS 命令行窗口，进入 C:\，然后进入 C:\1000 目录，如图 1-8 所示。如果用户不曾设置过 path，需要在当前命令窗口中输入命令"path = E:\jdk1.6\bin；"，然后才可以使用 javac 来编译源文件。

如果 Java 源程序中包含了多个类，那么用编译器（javac.exe）编译完源文件后将生成多个扩展名为 .class 的文件，每个扩展名是 .class 的文件中只存放一个类的字节码，其文件名与该类的名字相同。这些字节码文件被存放在与源文件相同的目录中。上述源文件编译成功后将得到 3 个字节码文件：A.class，Hello.class 和 B.class。如果对源文件进行了修改，那么读者必须重新编译，再生成新的字节码文件。

3．运行 Java 应用程序

Java 应用程序必须通过 Java 虚拟机中的 Java 解释器（java.exe）来解释执行其字节码文

件。Java 应用程序总是从主类的 main 方法开始执行。因此，必须如下运行 Java 应用程序：

```
C:\1000\>java Hello
```

运行效果如图 1-9 所示。

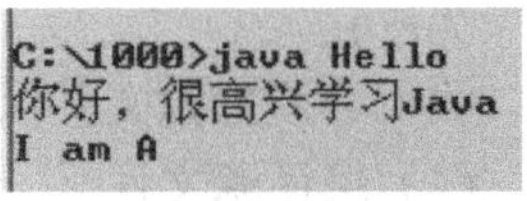

当 Java 应用程序中有多个类时，Java 命令执行的类名必须是主类的名字（没有扩展名）。

当使用解释器运行应用程序时，Java 虚拟机首先将程序需要

图 1-9　使用解释器运行程序

的字节码文件加载到内存，然后解释、执行字节码文件。当运行上述 Java 应用程序时，Java 虚拟机仅仅将 Hello.class 和 A.class 加载到内存，B.class 并没有加载到内存，因为程序的运行并未用到类 B。当 Java 虚拟机将 Hello.class 加载到内存时，就为主类中的 main 方法分配了入口地址，以便 Java 解释器调用 main 方法开始运行程序。如果编写程序时错误地将主类中的 main 方法写成：public void main(String args[])，那么程序可以编译通过，但无法运行。本书将在第 4 章介绍 static 关键字的含义。如果主类中的 main()方法没用 static 修饰，Java 虚拟机将 Hello.class 加载到内存中时，就不会为这样的 main()方法分配入口地址，Java 解释器就无法找到 main()方法（实际上，源程序也就没有了主类）。

如果应用程序编译正确，也有正确的主类，但程序仍无法运行，一定是 classpath 的设置出现了问题。classpath 设置中一定要包括当前目录中的类，如

```
set classpath=E:\jdk1.6\jre\lib\rt.jar;.;
```

有关环境变量的设置见本章的 1.5 节。

使用 JDK 环境开发 Java 程序，需运行 MS-DOS 命令窗口。读者需要知道简单的 DOS 操作命令，如从逻辑分区 C 转到逻辑分区 D，需在命令行中输入 "D:"，回车确定。

进入某个子目录（文件夹）的命令是：

```
cd  目录名
```

退出某个子目录的命令是：

```
cd..        或        cd/
```

例如，从子目录 book 退到父目录 like 的命令是 "C:\like>book>cd.."。

我们再看一个简单的 Java 应用程序。也许读者还看不懂这个源程序，但应该知道怎样命名、保存源程序，怎样使用编译器编译源程序，怎样使用解释器运行程序。

【源程序】

```java
public class Tom {
    int leg;
    String head;
    void cry(String s) {
        System.out.println(s);
    }
}
class Example {
    public static void main(String args[]) {
        Tom cat;
        cat=new Tom();
        cat.leg=4;
        cat.head="猫头";
        System.out.println("腿:"+cat.leg+"条");
        System.out.println("头:"+cat.head);
```

```
        cat.cry("我今天要和Jerry拼了");
    }
}
```

我们必须把源文件保存起来并命名为 Tom.java。假设保存 Tom.java 在 C:\1000 下。

（1）编译源文件

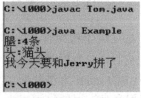

```
C:\1000\>javac Tom.java
```

如果编译成功，目录 C:\1000 下就会出现 Tom.class 和 Example.class 这两个字节码文件。

（2）执行

```
C:\1000\>java Example
```

图 1-10　程序运行效果

Java 命令后的名字必须是主类的名字，运行效果如图 1-10 所示。

1.7　JDK 1.6 编译器的兼容性

与 JDK 1.5 一样，JDK 1.6 的编译器 javac.exe 与 1.4 版本之前的编译器不同，不再向下兼容。也就是说，如果在编译源文件时没有特别约定，用 JDK 1.6 的编译器生成的字节码只能在安装了高于 JDK 1.6 或 JRE 1.6 的 Java 平台环境中运行。

可以使用"-source"参数约定字节码适合的 Java 平台。如果程序中并没有用到 JDK 1.6 的新功能，在编译源文件时可以使用"-source"参数，如"javac -source 1.2 文件名.java"。这样编译生成的字节码可以在 1.2 版本以上的 Java 平台运行。如果源文件使用的系统类库没有超出 JDK 1.1 版本，在编译源文件时应当使用-source 参数，取值 1.1，使得字节码有更好可移植性。

-source 参数可取的值有 1.6，1.5，1.4，1.3，1.2 和 1.1。

如果没有明显地使用"-source"参数，javac 默认使用该参数，并取值为 1.6。

问　答　题

1．发明 Java 语言的原因是什么？发明 Java 语言的主要贡献者是谁？

2．"Java 编译器将源文件编译生成的字节码是机器码"，这句话正确吗？

3．Java 应用程序的主类必须包含怎样的方法？

4．"Java 应用程序必须有一个类是 public 类"，这句话正确吗？

5．请叙述 Java 源文件的命名规则。

6．源文件生成的字节码在运行时都加载到内存中吗？

7．怎样编写加载运行 Java Applet 的简单网页。

8．JDK 1.6 编译器使用-source 参数的作用是什么？-source 参数的默认取值是什么？

作　业　题

1．参照例 1-1 编写一个 Java 应用程序，程序能在命令行中输出"撸起袖子加油干，The nation remains mobilized for brand new endeavors."。

第 2 章　基本数据类型和数组

本章导读

✡ 标志符和关键字
✡ 基本数据类型
✡ 基本数据类型的转换
✡ 数据的输入和输出
✡ 数组

　　由于 C 语言是广泛被学习和使用的语言，因此 Java 不但保留了对基本数据类型的支持，而且在语法上与 C 语言极其类似。第 4 章将介绍基本数据的类封装，Java 完全可以通过对象来处理基本数据类型，这就是 Java 声称它的所有数据都是对象的原因。

2.1　标志符和关键字

1. 标志符

　　用来标志类名、变量名、方法名、类型名、数组名、文件名的有效字符序列称为标志符。简单地说，标志符就是一个名字。

　　上英语的第一节课时，老师首先挂出了一个含有 26 个字符的字符表，该字符表是我们学习英文必须掌握的，以后学习的每个单词都是由这 26 个字符的某些字符组成的。同样的道理，学习 Java 也需要了解一个字符表。Java 语言使用 Unicode 标准字符集表，最多可以识别 65536 个字符，Unicode 字符表的前 128 个字符刚好是 ASCII 码表。每个国家的"字母表"的字母都是 Unicode 表中的一个字符，如汉字中的"你"字就是 Unicode 表中的第 20320 个字符。Unicode 表中一部分字符称为"字母"，Java 所谓的字母包括了世界上几乎所有语言中的"字母表"，因此 Java 使用的字母不仅包括通常的拉丁字母 a、b、c 等，也包括汉字、日文片假名、平假名、朝鲜文以及其他语言中的文字。

　　Java 语言规定标志符由字母、下画线、美元符号和数字组成，并且第一个字符不能是数字。Java 关于标志符的语法细则包括：① 标志符由字母、下画线、美元符号和数字组成，长度不受限制；② 标志符的第一个字符不能是数字字符；③ 标志符不能是关键字（见稍后的关键字介绍）；④ 标志符不能是 true、false 和 null（尽管 true、false 和 null 不是 Java 关键字）。

　　例如，First_ava、ChinaYear_2018、$98window、hello、Hello 都是标志符。

> 标志符中的字母是区分大小写的，hello 和 Hello 是不同的标志符。

2. 关键字

关键字是 Java 语言中已经被赋予特定意义的一些单词，它们在程序上有着不同的用途，关键字不可以作为名字被使用。Java 的 50 个关键字如下：

abstract assert boolean break byte case catch char class const continue default do double else enum extends final finally float for goto if implements import instanceof int interface long native new package private protected public return short static strictfp super switch synchronized this throw throws transient try void volatile while

2.2　基本数据类型

基本数据类型也称为简单数据类型。Java 语言有 8 种简单数据类型：boolean，byte，short，int，long，float，double，char。这 8 种数据类型习惯上被分为四大类型：① 逻辑类型，boolean；② 字符类型，char；③ 整数类型，byte、short、int、long；④ 浮点类型，float、double。

1. 逻辑类型

常量：true，false。

变量的定义：使用关键字 boolean

来定义逻辑变量，定义时也可以赋给初值，如

> 声明变量时，有时为了便于写注释，需要一行一个声明：
> boolean isTriangle;　　// 判断是否为三角形的 boolean 变量
> boolean 关闭=false;　　// 判断线路是否关闭的 boolean 变量

```
boolean x, ok=true, 关闭=false;
```

2. 整数类型

常量：123，6000（十进制数），077（八进制数），0x3ABC（十六进制数）。

整型变量的定义分为如下 4 种。

（1）int 类型

使用关键字 int 来定义 int 类型整型变量，定义时也可以赋予初值，如

```
int x= 12, 平均=9898, jiafei;
```

对于 int 类型变量，内存分配 4 字节（byte）。1 字节包括 8 位（bit），4 字节占 32 位（bit）。bit 有两种状态，分别用来表示 0 和 1。这样计算机就可以使用二进制数来存储信息了。对于

```
int x=7;
```

内存存储状态为 “00000000 00000000 00000000 00000111”。

最高位（左边的第一位）是符号位，用来区分正数或负数。正数使用原码表示，最高位是 0。负数用补码表示，最高位是 1，如

```
int x=-8;
```

内存的存储状态为 “11111111 11111111 11111111 11111000”。

要得到 -8 的补码，首先得到 7 的原码，然后将 7 的原码中的 0 变成 1、1 变成 0，就是 -8 的补码。因此，int 类型变量的取值范围是 $-2^{31} \sim 2^{31}-1$。

（2）byte 类型

使用关键字 byte 来定义 byte 类型整型变量。对于 byte 类型变量，内存分配 1 字节，占 8 位。byte 类型变量的取值范围是 $-2^7 \sim 2^7-1$，如

```
byte x= -12, tom=28, 漂亮=98, jiafei;
```

（3）short 类型

使用关键字 short 来定义 short 类型整型变量。对于 short 类型变量，内存分配 2 字节，占 16 位。short 类型变量的取值范围是$-2^{15}\sim2^{15}-1$，如

```
short  x= 12, y=1234;
```

（4）long 类型

使用关键字 long 来定义 long 类型整型变量。对于 long 类型变量，内存分配 8 字节，占 64 位，long 类型变量的取值范围是$-2^{63}\sim2^{63}-1$，如

```
long  month=12, year=2005, jiafei;
```

3．字符类型

常量：Unicode 表中的字符就是一个字符常量，如'A'、'b'、'?'、'!'、'9'、'好'、'き'、'モ'等。有些字符（如回车符）不能通过键盘输入到字符串或程序中，这时需要使用转意字符常量，如'\n'（换行）、'\b'（退格）、'\t'（水平制表）、'\''（单引号）、'\"'（双引号）。例如，字符串

```
"我喜欢使用双引号：'\"'"
```

含有双引号字符，但是下面的就是一个非法字符串

```
"我喜欢使用双引号：""
```

变量的定义：使用关键字 char 来定义字符变量，如

```
char  x='A', tom= '家', 漂亮= '假', jiafei;
```

char 类型变量内存分配给 2 字节，占 16 位，最高位不是符号位，没有负数。char 类型变量的取值范围是 0～65535。对于

```
char  x= 'a';
```

内存中存储的是 97，97 是字符'a'在 Unicode 表中的排序位置。因此，允许将上面的语句写成

```
char  x=97;
```

要观察一个字符在 Unicode 表中的顺序位置，必须使用 int 类型显式转换，如(int) 'a'。不可以使用 short 类型转换，因为 char 的最高位不是符号位。同样，要得到一个 0～65535 之间的数所代表的 Unicode 表中相应位置上的字符，也必须使用 char 类型显式转换。

【例 2-1】 用显式转换来显示一些字符在 Unicode 表中的位置，以及某些位置上的字符（效果如图 2-1 所示）。

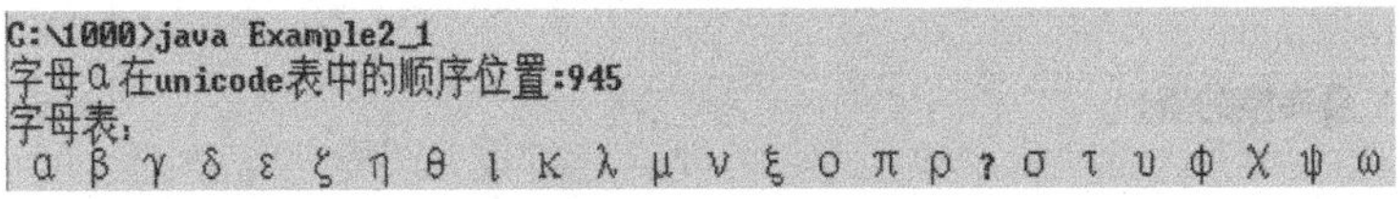

图 2-1 输出希腊字母

```
public class Example2_1{
    public static void main (String args[ ]){
        char  c='α';
        System.out.println("字母"+c+"在 unicode 表中的顺序位置："+(int)c);
        System.out.println("字母表：");
        for(int i=(int)c;i<c+25;i++){
            System.out.print(" "+(char)i);
        }
    }
}
```

4．浮点类型

浮点型分为两种。

（1）float 类型

常量：453.5439f，21379.987F，231.0f，2e40f（2 乘 10 的 40 次方，科学计数法）。

变量的定义：使用关键字 float 来定义 float 类型变量。对于 float 类型变量，内存分配 4 字节，占 32 位。float 类型变量的取值范围是 $10^{-38} \sim 10^{38}$ 和 $-10^{38} \sim -10^{-38}$，如

```
float x= 22.76f, tom=1234.987f, 漂亮=9876.0f, jiafei;
```

（2）double 类型

常量：21389.5439d（d 可以省略），23189908.987，123.0，6e-140（6 乘 10 的 -140 次方，科学计数法）。

变量的定义：使用关键字 double 来定义 double 类型变量。对于 double 类型变量，内存分配 8 字节，占 64 位。double 类型变量的取值范围是 $10^{-308} \sim 10^{308}$ 和 $-10^{308} \sim -10^{-308}$，如

```
double  x=12.76, tom=1234098.987, 漂亮=9876.098d, jiafei;
```

2.3 基本数据类型的转换

把一种基本数据类型变量的值赋给另一种基本类型变量时，就涉及数据转换。下列基本类型会涉及数据转换，不包括逻辑类型和字符类型。这些类型按精度从低到高的顺序如下：

```
byte       short       int       long       float       double
```

当把级别低的变量的值赋给级别高的变量时，系统自动完成数据类型的转换，如

```
float x=100;
```

如果输出 x 的值，结果将是 100.0。

又如：

```
int  x=50;
float  y;
y=x;
```

如果输出 y 的值，结果将是 50.0。

当把级别高的变量的值赋给级别低的变量时，必须使用显式类型转换运算。显式转换的格式如下：

```
(类型名) 要转换的值;
```

例如：

```
int  x=(int)34.89;
long  y=(long)56.98F;
```

如果输出，x 和 y 的值将是 34 和 56，强制转换运算可能导致精度的损失。

当把一个整数赋值给一个 byte、short、int 或 long 类型变量时，不可以超出这些变量的取值范围，否则必须进行类型转换运算。例如：

```
byte  a=(byte)128;
byte  b=(byte)(-129);
```

那么，a 和 b 的值分别是 -128 和 127。

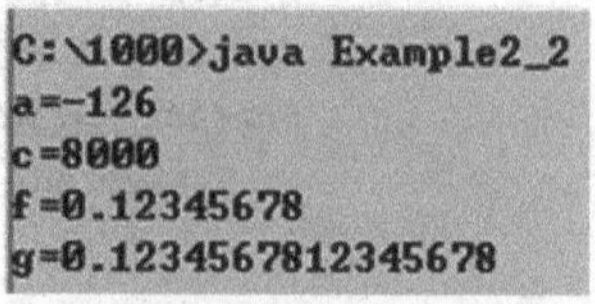

【例 2-2】 基本数据类型的转换，效果如图 2-2 所示。

```
C:\1000>java Example2_2
a=-126
c=8000
f=0.12345678
g=0.1234567812345678
```

图 2-2　基本数据类型的转换

```
public class Example2_2{
    public static void main (String args[ ]){
        byte a=120;
        short b=130;
        int c=2200;
        long d=8000;
        float f;
        double g=0.1234567812345678;
        a=(byte)b;                              // 导致精度的损失
        c=(int)d;                               // 未导致精度的损失
        f=(float)g;                             // 导致精度的损失
        System.out.println("a="+a);
        System.out.println("c="+c);
        System.out.println("f="+f);
        System.out.println("g="+g);
    }
}
```

2.4　数据的输入和输出

由于 C 语言出现得比较早，那时还没有图形用户界面（Graphics User Interface，GUI）的概念，因此 C 语言提供了许多用来输入、输出数据的函数，如 printf()、scanf()等。使用 GUI 设计程序使得用户和程序之间可以方便地进行交互。关于 GUI 程序设计将在第 10 章讲解。

Java 语言不像 C 语言，提供在命令行中进行数据输入、输出的功能不多。如语句

```
System.out.println("你好");
```

可输出串值，也可以使用 System.out.println()输出变量或表达式的值，也可使用并置符号"+"将变量、表达式或一个常数与一个字符串并置输出，如

```
System.out.println(" "+x);
System.out.println(":"+123+ "大于"+122);
```

在学习过 Java 语言的输入/输出流后（见本书第 9 章），读者对该语句会有更深刻的理解，现在只需知道它的作用是在命令行窗口（如 MS-DOS 窗口）中输出数据即可。Sun 公司在 JDK 1.5 之后新增了一些在命令行进行数据输入和输出的功能。

1.　数据输出 System.out.printf

System.out.printf 的功能完全类似 C 语言中的 printf()函数，其一般格式如下：

```
printf(格式控制部分, 表达式 1, 表达式 2, …, 表达式 n);
```

格式控制部分由格式控制符号（%d, %c, %f, %ld）和普通的字符组成，普通字符原样输出。格式符号用来输出表达式的值：① %d ——输出整型类型数据；② %c ——输出字符类型数据；③ %f ——输出浮点类型数据，小数部分最多保留 6 位；④ %s ——输出字符串数据。输出数据时也可以控制数据在命令行中的位置：① %md ——输出的 int 类型数据占 m 列；② %m.nf ——输出的 float 数据占 m 列，小数点保留 n 位。Java 提倡用%n 表示回行。

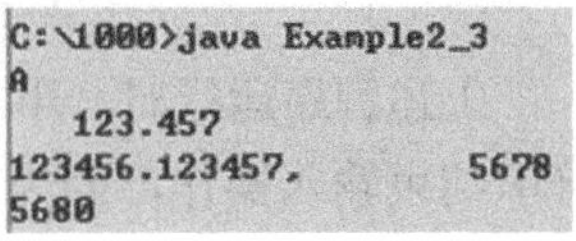

【例 2-3】 使用 System.out.printf（效果如图 2-3 所示）。

```
public class Example2_3{
```

图 2-3　使用 printf 输出数据

```
    public static void main (String args[ ]){
        char c='A';
        float f=123.456789f;
        double d=123456.12345678;
        long x=5678;
        System.out.printf("%c%n%10.3f%n%f,%12d%n%d",c,f,d,x,x=x+2);
    }
}
```

2．数据的输入 Scanner

Scanner 是在 JDK 1.5 新增的一个类（在 java.util 包中），可以使用该类创建一个对象：

```
Scanner reader=new Scanner(System.in);
```

然后 reader 对象调用下列方法（函数），读取用户在命令行中输入的各种数据类型：

```
nextByte(), nextDouble(), nextFloat(), nextInt(), nextLine(), nextLong(), nextShort()
```

上述方法执行时都会堵塞，等待用户在命令行中输入数据回车确认。例如，如果用户从键盘输入带小数点的数字：12.34（回车），那么 reader 对象调用 hasNextDouble()返回的值是 true，而调用 hasNextByte()、hasNextInt()及 hasNextLong()返回的值都是 false；如果用户从键盘输入一个 byte 取值范围内的整数：89（回车），那么 reader 对象调用 hasNextByte()、hasNextInt()、hasNextLong()及 hasNextDouble()返回的值都是 true。nextLine()等待用户在命令行中输入一行文本回车，并得到一个 String 类型的数据，String 类型将在本书第 6 章讲述。

在从键盘输入数据时，我们经常让 reader 对象先调用 hasNextXXX()方法等待用户从键盘输入数据，再调用 nextXXX()方法读取数据。

【例 2-4】用户从键盘依次输入若干个数字，每输入一个数字都需要按回车键确认，最后从键盘输入一个非数字字符串结束整个输入操作过程。程序将计算出这些数的和以及平均值（效果如图 2-4 所示）。

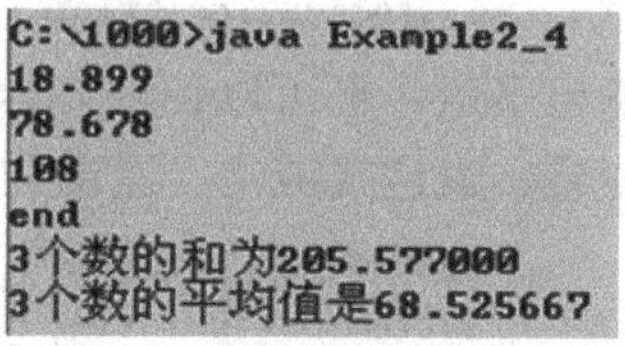

图 2-4　使用 Scanner 输入数据

```
import java.util.*;
public class Example2_4{
    public static void main (String args[ ]){
        Scanner reader=new Scanner(System.in);
        double sum=0;
        int m=0;
        while(reader.hasNextDouble()){
            double x=reader.nextDouble();
            m=m+1;
            sum=sum+x;
        }
        System.out.printf("%d 个数的和为%f\n", m, sum);
        System.out.printf("%d 个数的平均值是%f\n", m, sum/m);
    }
}
```

上述程序运行时，用户在键盘每输入一个数字都需要回车确认，最后输入一个非数字字符串结束输入操作，因为当输入一个非数字字符串（回车）后，reader.hasNextDouble()的值将是 false。

2.5　数组

数组是相同类型的数据按顺序组成的一种复合数据类型，通过数组名加数组下标来使用数组中的数据，下标从 0 开始排序。

1．声明数组

声明数组包括数组的名字、数组包含的元素的数据类型。

声明一维数组有下列两种格式：

　　　数组元素类型　数组名[ ];
　　　数组元素类型[ ]　数组名;

声明二维数组有下列两种格式：

　　　数组元素类型　数组名[][];
　　　数组元素类型[][]　数组名;

例如：

```
float boy[];    double girl[];    char cat[];
float a[][];    double b[][];     char d[][];
```

数组 boy 的元素可以存放 float 类型数据。

数组的元素的类型可以是 Java 语言的任何一种类型。假如已经定义了一个 People 类型数据，那么可以声明一个数组：

```
People china[];
```

则数组 china 的元素是 People 类型的数据。

2．创建数组

声明数组仅仅给出了数组名字和元素的数据类型，要想真正使用数组还必须为它分配内存空间，即创建数组。为数组分配内存空间时必须指明数组的长度。

为数组分配内存空间的格式如下：

　　　数组名字 =new 数组元素的类型[数组元素的个数];

例如：

```
boy= new float[4];
```

为数组分配内存空间后，数组 boy 获得 4 个用来存放 float 类型数据的内存空间，内存示意如图 2-5 所示。数组变量 boy 中存放着这些内存单元的首地址，称为数组的引用。这样数组就可以通过下标运算操作这些内存单元，如

```
boy[0]=12;
boy[1]=23.901F;
boy[2]=100;
boy[3]=10.23f;
```

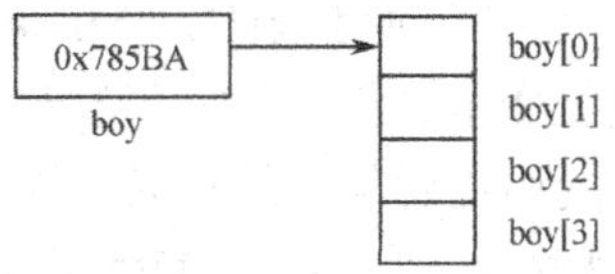

图 2-5　数组的内存模式

声明数组和创建数组可以一起完成，如

```
float boy[]=new float[4];
```

与一维数组一样，二维数组在定义之后必须用 new 运算符分配内存空间，如

```
int  mytwo[][];
mytwo=new int[3][4];
```

或

```
int  mytwo[][]=new int[3][4];
```

二维数组由若干个一维数组组成。上面的二维数组
mytwo 是由 3 个长度为 4 的一维数组 mytwo[0]、
mytwo[1]和 mytwo[2]组成的。

3．数组元素的使用

一维数组通过下标访问自己的元素，如 boy[0]、
boy[1]等。注意，下标从 0 开始，因此数组若是 7 个元
素，下标到 6 为止。例如，语句"boy[7]=384.98f;"将
发生异常。二维数组也通过下标访问自己的元素，如

> 与 C 语言不同的是，Java 允许使用 int
> 类型变量指定数组的大小。例如：
> ```
>     int  size=30;
>     double  number[]=new double[size];
> ```
> 与 C/C++语言不同，Java 不允许在声
> 明数组中的方括号内指定数组元素的个
> 数。若声明
> ```
>     int a[12];    或    int[12]  a;
> ```
> 将导致语法错误。
> 提倡使用"数组元素类型[ ] 数组名字"
> 格式声明数组，如 int[] a。

a[0][1]、a[1][2]等。注意，下标从 0 开始，如声明创建了一个二维数组 int   a[ ][ ] =new int[2][3]，
那么，第一个下标的变化范围从 0 到 1，第二个下标变化范围从 0 到 2。如下语句将发生异常

```
a[2][1]=38;
```

4．数组的初始化

创建数组后，系统会给每个数组元素一个默认的值，如 float 类型是 0.0。
在声明数组的同时可以给数组的元素一个初始值，如

```
float[]  boy={21.3f,23.89f,2.0f,23f,778.98f};
```

语句相当于

```
float[]  boy=new float[5];
boy[0]=21.3f;    boy[1]=23.89f;    boy[2]=2.0f;    boy[3]=23f;    boy[4]=778.98f;
```

5．length 的使用

对于一维数组，"数组名字.length"的值就是数组中元素的个数；对于二维数组，"数组
名字.length"的值是它包含的一维数组的个数。例如，对于

```
float[]  a=new float[12];
int[][]  b=new int[3][6];
```

a.length 的值是 12，而 b.length 的值是 3。

6．数组的引用

我们已经知道，数组属于引用型变量，因此两个相同类型的数组如果具有相同的引用，
它们就有完全相同的元素。例如，对于

```
int[]  a={1,2,3}, b={4,5};
```

数组变量 a 和 b 分别存放着不同的引用。但是，如果使用了赋值语句"a=b;"，那么，a 中存
放的引用就与 b 的相同，这时系统将释放最初分配给数组 a 的元素，使得 a 的元素和 b 的元
素相同，即 a[0]、a[1]就是 b[0]、b[1]，而最初分配给数组 a 的三个元素已不复存在。同样的
道理，如果使用了赋值语句"b=a;"，那么，b 中存放的引用就与 a 的相同，这时系统将释放
最初分配给数组 b 的元素，使得 b 的元素与 a 的元素相同，即 b[0]、b[1]、b[2]就是 a[0]、a[1]、
a[2]，而最初分配给数组 b 的两个元素已不复存在。

【例 2-5】　使用数组（效果如图 2-6 所示）。

```
public class Example2_5{
```

```
public static void main(String args[ ]){
    int[]  a={1,2,3};
    int[]  b={10,11};
    System.out.println("数组 a 的引用是:"+a);
    System.out.println("数组 b 的引用是:"+b);
    System.out.printf("b[0]=%-3db[1]=%-3d\n",b[0],b[1]);
    b=a;
    System.out.println("数组 a 的引用是:"+a);
    System.out.println("数组 b 的引用是:"+b);
    b[1]=888;
    b[2]=999;
    System.out.printf("a[0]=%-5da[1]=%-5da[2]=%-5d\n", a[0], a[1], a[2]);
    System.out.printf("b[0]=%-5db[1]=%-5db[2]=%-5d\n", b[0], b[1], b[2]);
    }
}
```

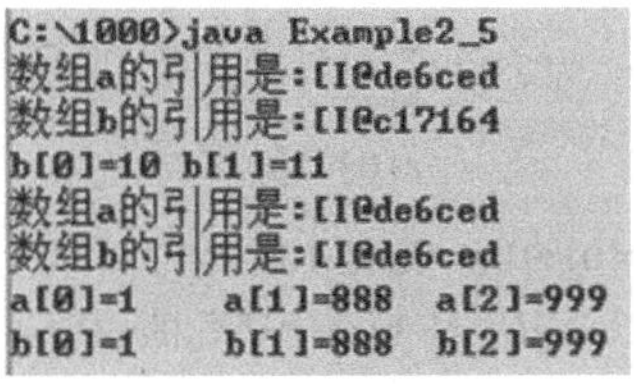

图 2-6　使用数组

对于 char 型数组 a,System.out.println(a)不会输出数组 a 的引用而是输出数组 a 的全部元素的值。如对于 char a[ ]={'你','好','真','诚''},System.out.println(a)的输出结果是"你好真诚"。

如果想输出 char 型数组的引用，必须让数组 a 和字符串进行并置运算。例如，System.out.println(""+a)输出数组 a 的引用：def879。

问　答　题

1. 什么叫标志符？标志符的规则是什么？
2. 什么叫关键字？请写出 5 个关键字。
3. Java 的基本数据类型是什么？
4. 下列哪些语句是错误的？

```
int  x=120;
byte  b=120;
b=x;
```

5. 下列哪些语句是错误的？

```
float  x=12.0;
float  y=12;
double  d=12;
y=d;
```

6. 下列两个语句的作用是等价的吗？

```
char  x=97;
char  x='a';
```

7. 下列 System.out.printf 语句输出的结果是什么？

```
int  a=97;
byte  b1=(byte)128;
byte  b2=(byte)(-129);
System.out.printf("%c,%d,%d", a, b1, b2);
```

8. 数组是基本类型吗？怎样获取一维数组的长度？
9. 假设有两个 int 类型数组：

```
int[]  a=new int[10];
```

```
    int[]  b=new int[8];
    b=a;
    a[0]=100;
```

b[0]的值一定是 100 吗？

10．下列两个语句的作用等价吗？

```
    int[]  a={1,2,3,4,5,6,7,8};
    int[]  a=new int[8];
```

11．上机调试下列程序，了解基本数据类型数据的取值范围。

```
public class E{
    public static void main(String[] arg){
        System.out.println("byte 取值范围："+Byte.MIN_VALUE+"至"+Byte.MAX_VALUE);
        System.out.println("short 取值范围："+Short.MIN_VALUE+"至"+Short.MAX_VALUE);
        System.out.println("int 取值范围："+Integer.MIN_VALUE+"至"+Integer.MAX_VALUE);
        System.out.println("long 取值范围："+Long.MIN_VALUE+"至"+Long.MAX_VALUE);
        System.out.println("float 取值范围："+Float.MIN_VALUE+"至"+Float.MAX_VALUE);
        System.out.println("double 取值范围："+Double.MIN_VALUE+"至"+Double.MAX_VALUE);
    }
}
```

作 业 题

1．参照例 2-1 编写一个 Java 应用程序，输出俄文字母表。

2．参照例 2-4 编写一个 Java 应用程序，用户从键盘只能输入整数，程序输出这些整数的乘积。

第3章　运算符、表达式和语句

> **本章导读**
>
> ✧　算术运算符和算术表达式
> ✧　关系运算符和关系表达式
> ✧　逻辑运算符和逻辑表达式
> ✧　赋值运算符和赋值表达式
> ✧　移位运算符、位运算符和条件运算符
> ✧　instanceof 运算符
> ✧　一般表达式
> ✧　语句概述
> ✧　分支语句、循环语句和跳转语句

　　Java 的运算符在类型和功能上与 C/C++类似，可分为算术运算符、关系运算符、布尔逻辑运算符、位运算符、赋值运算符等。Java 的表达式就是用运算符及操作元连接起来的符合 Java 规则的式子，一个 Java 表达式必须能求值，即按照运算符的计算法则，可以计算出表达式的值。运算符的优先级决定了表达式中运算执行的先后顺序，运算符的结合性决定了并列的相同级别运算符运算时的先后顺序。没有必要去记忆运算符的优先级别，可以在编写程序时尽量使用括号"( )"来实现想要的运算次序，以免产生难以阅读或含糊不清的计算顺序。"( )"也是一种运算符，它的级别最高，包含在一对"( )"中的运算最先被计算。本章将介绍这些运算符及相关的表达式。

3.1　算术运算符和算术表达式

　　（1）加减运算符

　　加、减运算的运算符号分别为+和−，是双目运算符，即连接两个操作元的运算符。加、减运算的结合性是从左到右。例如，2+3−8，先计算 2+3，再将得到的结果减 8。加减运算的操作元是整型或浮点型数据，加减运算符的优先级是 4 级。

　　（2）乘、除和求余运算符

　　乘、除和求余运算的运算符号分别为*、/、%，都是双目运算符。*、/、%运算符的结合性是从左到右。例如，2*3/8，先计算 2*3，再将得到的结果除以 8。乘、除和求余运算的操作元是整型或浮点型数据。*、/、%运算符的优先级是 3 级。

（3）自增、自减运算符

自增、自减运算的运算符号分别为++、--，都是单目运算符，运算符的优先级是 2 级。自增、自减运算符可以放在操作元前，也可以放在操作元后，但操作元必须是一个整型或浮点型变量（不能是常量或表达式）。自增、自减运算符的作用是使变量的值增 1 或减 1，如

++x，--x 表示在使用 x 之前，先使 x 的值加（减）1。

x++，x--表示在使用 x 之后，使 x 的值加（减）1。

粗略地看，++x 和 x++的作用相当于 x=x+1。但是，++x 是先执行 x=x+1 再使用 x 的值，而 x++是先使用 x 的值再执行 x=x+1。如果 x 的原值是 5，则对于 y=++x，y 的值为 6；对于 y=x++，y 的值为 5，然后 x 的值变为 6。

（4）算术表达式

用算术符号和操作元连接起来的、符合 Java 语法规则的式子称为算术表达式，如

```
x+2*y-30+3*(y+5)-12+n+(--n)
```

（5）算术混合运算的精度

精度从低到高排列的顺序是：byte，short，int，long，float，double。Java 将按运算符两边的操作元的最高精度保留结果的精度，如 5/2 的结果是 2，要想得到 2.5，必须写成 5.0/2 或 5.0f/2。char 类型数据和整型数据运算结果的精度是 int，如

```
byte  k=18;
```

那么

```
'H'+k;
```

的结果是 int 类型，因此下列写法是不正确的：

```
char  ch='H'+k;
```

应当写成

```
char  ch=(char)('H'+k);
```

3.2 关系运算符和关系表达式

关系运算符用来比较两个值的关系，关系运算符的运算结果是 boolean 类型数据，当运算符对应的关系成立时，运算结果是 true，否则是 false。

（1）大小关系运算符

大小关系运算的符号分别是>、>=、<、<=，都是双目运算符，操作元是数值型的常量、变量或表达式。例如，10<9 的结果是 false，5>1 的结果是 true。在书写时要特别注意的是，<=是一个完整的符号，<与=之间不要有空格。大小关系运算符的级别是 6 级，如 10>20-17 的结果为 true，因为算术运算符的级别高于关系运算符，10>20-17 相当于 10>(20-17)。

（2）等与不等关系

等与不等关系运算的符号分别是==和!=，都是双目运算符。运算符的级别是 7 级。==和!=都是由 2 个字符组成的一个完整的符号，书写时中间不要有空格。

（3）关系表达式

结果为数值型的变量或表达式可通过关系运算符形成关系表达式，如(x+y+z)>30+x，24>18。

3.3　逻辑运算符和逻辑表达式

逻辑运算用来实现 boolean 类型数据的逻辑"与"、"或"和"非"运算,运算结果是 boolean 类型数据。

（1）逻辑"与"和逻辑"或"

逻辑"与"和逻辑"或"运算的符号是&&和 ||,是双目运算符,操作元是 boolean 类型的变量或求值结果是 boolean 类型的表达式。&&的运算法则是:当两个操作元的值都是 true 时,运算结果是 true,否则是 false。|| 的运算法则是:当两个操作元的值都是 false 时,运算结果是 false,否则是 true。&&和 || 的级别分别是 11 和 12 级,结合性是从左到右。例如,1>8&&9>2 的结果为 false,1>8||6>2 的结果为 true。由于关系运算符的级别高于&&和 || 的级别,所以 1>8&&9>2 相当于(1>8)&&(9>2)。

逻辑运算符&&和 || 也称为短路逻辑运算符。进行 op1&&op2 运算时,如果 op1 的值是 false,运算时不再去计算 op2 的值,直接得出 op1&&op2 的结果是 false。当 op1 的值是 true 时,运算符 || 在运算时不再去计算 op2 的值,直接得出 op1||op2 的结果是 true。

（2）逻辑"非"

逻辑"非"运算的符号是 !,是单目运算符,操作元在左面。当操作元的值是 ture 时,运算结果是 false,反之为 ture。! 的运算级别是 2 级,结合性从右到左。例如,!!x 相当于!(!x)。

（3）逻辑表达式

结果为 boolean 类型的变量或表达式可以通过逻辑运算符形成逻辑表达式,如 24>18&&4<0,x!=0||y!=0。

3.4　赋值运算符和赋值表达式

赋值运算符=是双目运算符,左面的操作元必须是变量,不能是常量或表达式。设 x 是一个整型变量,y 是一个 boolean 类型变量,x=120 和 y=false 都是正确的赋值表达式。赋值运算符的优先级较低,是 14 级,结合方向为从右到左。赋值表达式的值就是"="左面变量的值。注意:不要将赋值运算符"="与等号运算符"=="混淆。

3.5　移位运算符

移位运算符用来对二进制位进行操作,分为左移位操作和右移位操作。

（1）左移位运算符

左移位运算的符号为<<,是双目运算符。左移位运算符左面的操作元称为被移位数,右面的操作数称为移位量,操作元必须是整型类型的数据。

整型数据在内存中以二进制数的形式表示,如 int 类型数据 7 的二进制数表示是

```
00000000 00000000 00000000 00000111
```

可以对整型数据进行移位运算:左移位或右移位运算。例如,"7<<1"得到的结果是

```
00000000 00000000 00000000 00001110
```

　　假设 a 是一个被移位的整型数据，n 是位移量。a<<n 运算的结果是通过将 a 的所有位都左移 n 位，每左移一位，左边的高阶位上的 0 或 1 被移出丢弃，并用 0 填充右边的低位。

　　对于 byte 或 short 类型数据，a<<n 的运算结果是 int 类型。当进行 a<<2 运算时，计算系统先将 a 升级为 int 类型数据（对于正数将高位用 0 填充，负数用 1 填充），再进行移位运算。例如，对于

```
byte a=-8;
1111 1000
```

在进行 a<<1 运算时，先将 1111 1000 升级为 int 类型，将高位用 1 填充：

```
1111 1111 1111 1111 1111 1111 1111 1000
```

再进行移位运算得到-16：

```
1111 1111 1111 1111 1111 1111 1111 0000
```

因此，如果把 a<<1 的结果赋值给一个 byte 类型变量，就必须进行强制类型转换：

```
byte b=(byte)(a<<1);
```

　　在进行 a<<n 运算时，如果 a 是 byte、short 或 int 类型数据，系统总是先计算出 n%32 的结果 m，然后进行 a<<m 运算。例如，a<<33 的计算结果与 a<<1 相同。对于 long 类型数据，系统总是先计算出 n%64 的结果 m，再进行 a<<m 运算。

　　（2）右移位运算符

　　右移位运算的符号为>>，是双目运算符。

　　假设 a 是一个被移位的整型数据，n 是位移量。a>>n 运算的结果是通过将 a 的所有位都右移 n 位，每右移一位，右边的低阶位被移出丢弃，并用 0 或 1 填充左边的高位。a 是正数时用 0 填充，是负数时用 1 填充。因此，a 每右移一次，如果该数的每个计算有效位都没有从低位移出时，就相当于将 a 除以 2 并舍弃了余数。整数不断右移位的最后结果一定是 0，而负数不断右移位的最后结果是-1。

　　对于 byte 或 short 类型数据，a>>n 的运算结果是 int 类型。

　　在进行 a>>n 运算时，如果 a 是 byte、short 或 int 类型数据，系统总是先计算出 n%32 的结果 m，然后进行 a>>m 运算。例如，a>>33 的计算结果与 a>>1 相同。对于 long 类型数据，系统总是先计算出 n%64 的结果 m，然后进行 a>>m 运算。

　　【例 3-1】　用户输入移位运算的两个操作元，程序给出右移和左移后的结果（效果如图 3-1 所示）。

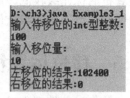

图 3-1　移位运算

```
import java.util.*;
public class Example3_1{
    public static void main (String args[ ]){
        Scanner reader=new Scanner(System.in);
        System.out.println("输入待移位的 int 型整数：");
        int x = reader.nextInt();
        System.out.println("输入移位量：");
        int n = reader.nextInt();
        System.out.println("左移位的结果："+(x<<n));
        System.out.println("右移位的结果："+(x>>n));
    }
}
```

3.6　位运算符

（1）"按位与"运算符

&是双目运算符，对两个整型数据 a、b 按位进行运算，运算结果是一个整型数据 c。运算法则是：如果 a、b 两个数据对应位都是 1，则 c 的该位是 1，否则是 0。如果 b 的精度高于 a，那么结果 c 的精度和 b 相同。例如：

```
a:  00000000  00000000  00000000  00000111
b:  10000001  10100101  11110011  10101011
&
─────────────────────────────────────────
c:  00000000  00000000  00000000  00000011
```

（2）"按位或"运算符

| 是双目运算符，对两个整型数据 a、b 按位进行运算，运算结果是一个整型数据 c。运算法则是：如果 a、b 两个数据对应位都是 0，则 c 的该位是 0，否则是 1。如果 b 的精度高于 a，那么结果 c 的精度和 b 相同。

（3）"按位非"运算符

~是单目运算符，对一个整型数据 a 按位进行运算，运算结果是一个整型数据 c。运算法则是：如果 a 对应位是 0，则 c 的该位是 1，否则是 0。

（4）"按位异或"运算符

^ 是双目运算符，对两个整型数据 a、b 按位进行运算，运算结果是一个整型数据 c。运算法则是：如果 a、b 两个数据对应位相同，则 c 的该位是 0，否则是 1。如果 b 的精度高于 a，那么结果 c 的精度和 b 相同。

由异或运算法则可知：

```
a^a=0
0^a=a
```

因此，如果 a^b 的结果是 c，那么 c^b 的结果是 a，即用同一个数对数 a 进行两次"异或"运算的结果仍是 a。

位运算符也可以操作逻辑型数据，法则是：① 当 a、b 都是 true 时，a&b 是 true，否则 a&b 是 false；② 当 a、b 都是 false 时，a|b 是 false，否则 a|b 是 true；③ 当 a 是 true 时，~a 是 false；当 a 是 false 时，~a 是 true。

位运算符在操作逻辑类型数据时，与逻辑运算符&&、||和！不同：位运算要计算完 a 和 b 后再给出运算的结果。例如，x 的初值是 1，经过逻辑比较运算"((y=1)==0))&&((x=6)==6));"后，x 的值仍然是 1，但是如果经过位运算 "((y=1)==0))&((x=6)==6));"，x 的值将是 6。

【例 3-2】 利用"异或"运算的性质，对几个字符进行加密并输出密文，再解密（效果如图 3-2 所示）。

```java
public class Example3_2{
    public static void main(String args[]){
        char  a[]={'金','木','水','火','土'};
        char  secret='z';
        for(int i=0; i<a.length; i++){
```

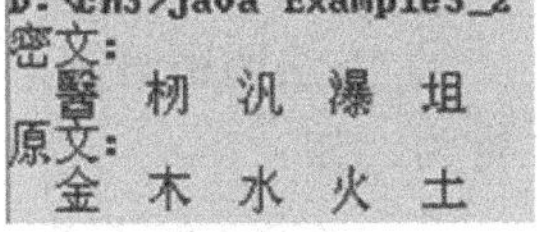

图 3-2　加密

```
        a[i]=(char) (a[i]^secret);
    }
    System.out.printf("密文：\n");
    for(int i=0; i<a.length; i++){
        System.out.printf("%3c",a[i]);
    }
    for(int i=0; i<a.length; i++){
        a[i]=(char) (a[i]^secret);
    }
    System.out.printf("\n 原文：\n");
    for(int i=0; i<a.length; i++){
        System.out.printf("%3c", a[i]);
    }
  }
}
```

3.7　条件运算符

条件运算符是一个三目运算符，它的符号是"?:"，需要连接 3 个操作元，用法如下：

```
op1?op2:op3
```

要求第一个操作元 op1 的值必须是 boolean 类型数据。运算法则是：当 op1 的值是 true 时，op1?op2:op3 运算的结果是 op2 的值；当 op1 的值是 false 时，op1?op2:op3 运算的结果是 op3 的值。例如，12>8?100:200 的结果是 100，12<8?100:200 的结果是 200。

3.8　instanceof 运算符

运算符 instanceof 是双目运算符，左面的操作元是一个对象，右面是一个类。当左面的对象是右面的类创建的对象时，该运算的结果是 true，否则是 false。

3.9　一般表达式

Java 的一般表达式就是用运算符及操作元连接起来的符合 Java 规则的式子，简称表达式。一个 Java 表达式必须能求值，即按照运算符的计算法则，可以计算出表达式的值。例如：

```
int  x=1, y=-2, n=10;
```

那么，表达式"x+y+(--n)*(x>y&&x>0?(x+1):y)"的值是 int 类型数据，结果为 17。

3.10　语句概述

Java 里的语句可分为以下 5 类。

① 方法调用语句。本书在第 4 章将介绍类、对象等概念，对象可以调用类中的方法产生行为，如

```
reader.nextInt();
```

② 表达式语句。一个表达式的末尾加上"；"就构成了一个语句，称为表达式语句。"；"

是语句不可缺少的部分。例如，赋值语句

```
x=23;
```

③ 复合语句。可以用"{"和"}"把一些语句括起来构成复合语句，也称为一个代码块。
例如：

```
{
    z=23+x;
    System.out.println("hello");
}
```

④ 控制语句。控制语句包括条件分支语句、循环语句和跳转语句。

⑤ package 语句和 import 语句。package 语句和 import 语句与类、对象有关，将在第 4
章讲解。

3.11　分支语句

1. 条件分支语句

（1）if-else 语句

if-else 语句是 Java 中的一条语句，由一个 if、else 和两个复合语句按一定格式构成。if-else
语句的格式如下：

```
if(表达式){
    若干语句
}
else{
    若干语句
}
```

一条 if-else 语句的作用是根据不同的条件产生不同的操作，执行法则如下：if 后面"( )"
内表达式的值必须是 boolean 类型。如果表达式的值为 true，则执行紧跟着的复合语句；如果
表达式的值为 false，则执行 else 后面的复合语句。

下列是有语法错误的 if-else 语句：

```
if(x>0)
    y=10;
    z=20;
else
    y=100;
```

正确的写法如下：

```
if(x>0){
    y=10;
    z=20;
}
else
    y=100;
```

if 和 else 后面的复合句里如果只有一条语句，"{ }"可以省略不写，但为了增强程序的

可读性，最好不要省略。有时为了编程的需要，if 或 else 后的复合语句中可以没有任何语句。

（2）多条件 if-else 语句

程序有时需要根据多条件来选择某一操作，这时就可以使用 if-else if-else 语句。if-else if-else 语句是 Java 中的一条语句，由一个 if、若干个 else if、一个 else 与若干个复合语句按一定规则构成。语句的格式如下：

```
if(表达式 1){
    若干语句
}
else if(表达式 2){
    若干语句
}
……
else if(表达式 n){
    若干语句
}
else {
    若干语句
}
```

有时为了编程的需要，复合语句中可以没有任何语句。一条 if-else if-else 语句的作用是根据不同的条件产生不同的操作，执行法则如下：if 及 else if 后面 "( )" 中的表达式的值必须是 boolean 类型。该语句执行时，首先计算 if 后括号中表达式的值，如果该表达式的值为 true，则执行紧跟着的复合语句，然后结束整个语句的执行；如果 if 后 "( )" 中的表达式的值为 false，就依次计算后面的 else if 的表达式的值，直到出现某个表达式的值为 true 为止，然后执行该 else if 后面的复合语句，结束整个语句的执行。如果所有的表达式的值都是 false，就执行 else 后面的复合语句，结束整个语句的执行。

【例 3-3】 用户用键盘输入 3 个数，程序判断这 3 个数能构成什么形状的三角形（效果如图 3-3 所示）。

```
import java.util.*;
public class Example3_3{
    public static void main (String args[ ]){
        Scanner reader=new Scanner(System.in);
        double a=0,b=0,c=0;
        System.out.print("输入边 a:");
        a=reader.nextDouble();
        System.out.print("输入边 b:");
        b=reader.nextDouble();
        System.out.print("输入边 c:");
        c=reader.nextDouble();
        if(a+b>c&&a+c>b&&b+c>a){
            if(a*a==b*b+c*c||b*b==a*a+c*c||c*c==a*a+b*b){
                System.out.printf("%-8.3f%-8.3f%-8.3f 构成直角三角形", a, b, c);
            }
            else if(a*a<b*b+c*c&&b*b<a*a+c*c&&c*c<a*a+b*b){
                System.out.printf("%-8.3f%-8.3f%-8.3f 构成锐角三角形", a, b, c);
            }
            else{
```

```
D:\ch3>java Example3_3
输入边a:3.46
输入边b:4.78
输入边c:7.08
3.460   4.780   7.080   构成钝角三角形
```

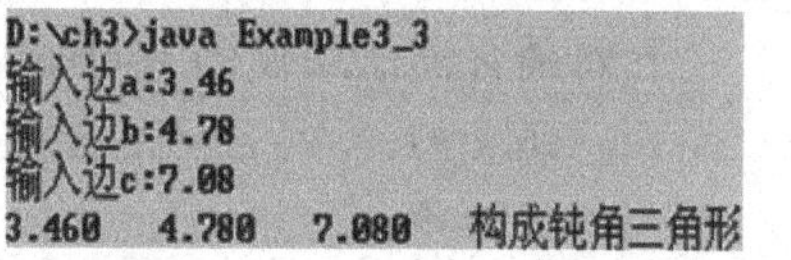

图 3-3 使用 if-else if-else 语句

```
        System.out.printf("%-8.3f%-8.3f%-8.3f 构成钝角三角形", a, b, c);
          }
        }
        else{
          System.out.printf("%f,%f,%f 不能构成三角形", a, b, c);
        }
      }
    }
```

2. switch 开关语句

switch 语句是多分支的开关语句，它的一般格式如下：

```
    switch(表达式){
        case 常量值 1: 若干语句
                    break;
        case 常量值 2: 若干语句
                    break;
        ……
        case 常量值 n: 若干语句
                    break;
        default: 若干语句
    }
```

switch 语句中表达式的值必须是整型或字符型，常量值 1~n 也必须是整型或字符型。switch 语句首先计算表达式的值，如果表达式的值与某个 case 后面的常量值相同，就执行该 case 里的语句，直到碰到 break 语句为止。若没有任何常量值与表达式的值相同，则执行 default 后面的若干语句。其中，**default** 是可有可无的，如果它不存在，并且所有的常量值都与表达式的值不相同，那么 switch 语句就不会进行任何处理。**注意**：在同一个 switch 语句中，case 后的常量值必须互不相同。

在某些问题中，switch 语句可以代替 if-else if-else 语句。注意：switch 语句中表达式的值与某个 case 后面的常量值相同，就执行该 case 中的若干语句，如果没有遇到 break 语句，就会继续执行后面 case 所指示的若干语句。

【**例 3-4**】　使用 switch 语句，用户从键盘输入一个代表月份的整数，程序输出该月属于年度的第几季度（效果如图 3-4 所示）。

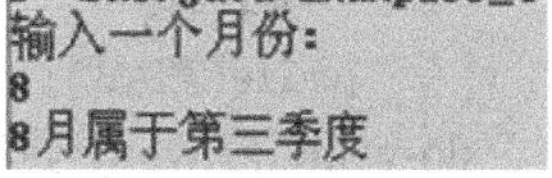

```
    import java.util.*;
    public class Example3_4{
        public static void main (String args[ ]){
            Scanner reader=new Scanner(System.in);
            System.out.println("输入一个月份：");
            int n=reader.nextInt();
            switch(n){
                case 1 :
                case 2 :
                case 3 : System.out.printf("%d 月属于第一季度", n);
                        break;
                case 4 :
                case 5 :
                case 6 : System.out.printf("%d 月属于第二季度", n);
```

D:\ch3>java Example3_4
输入一个月份：
8
8月属于第三季度

图 3-4　使用 switch 语句

```
                                break;
                case 7 :
                case 8 :
                case 9 : System.out.printf("%d 月属于第三季度", n);
                                break;
                case 10 :
                case 11 :
                case 12 : System.out.printf("%d 月属于第四季度", n);
                                break;
                default : System.out.printf("%d 不代表月份", n);
        }
    }
}
```

3.12　循环语句

　　分支语句允许程序根据条件做出选择，即测试条件后，根据得到的结果执行某一代码块。另一种控制结构就是循环，循环是根据条件反复执行同一代码块。

　　（1）while 循环

　　while 语句的一般格式如下：

```
    while(表达式){
        若干语句
    }
```

　　while 语句由关键字 while、圆括号中的一个求值为 boolean 类型数据的表达式和一个复合语句组成，其中的复合语句称为循环体，循环体只有一条语句时，"{}"可以省略，但最好不要省略，以便增加程序的可读性。表达式称为循环条件。while 语句的执行规则如下：

　　<1> 计算表达式的值，如果该值是 true，就执行<2>，否则执行<3>。

　　<2> 执行循环体，再进行<1>。

　　<3> 结束 while 语句的执行。

　　while 语句执行规则如图 3-5 所示。

　　（2）do-while 循环

　　do-while 循环的一般格式如下：

```
    do {
        若干语句
    }while(表达式);
```

　　do-while 与 while 循环的区别是：do-while 的循环体至少被执行一次，如图 3-6 所示。

　　【例 3-5】分别用 while 和 do-while 循环计算常数 e（e=1+1/1+1/2!+1/3!+…）的近似值（效果如图 3-7 所示）。

```
    public class Example3_5{
        public static void main (String args[]){
            double sum=0,item=1;
            int i=1;
            while(i<=1000){
                sum=sum+item;
                i++;
```

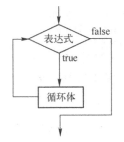　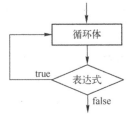　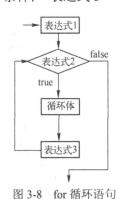

图 3-5　while 循环语句　　图 3-6　do-while 循环语句　　图 3-7　使用 while 和 do-while 语句

```
        item=item*(1.0/i);
    }
    sum=sum+1;
    System.out.println("e="+sum);
    sum=0;
    i=1;
    item=1;
    do{
      sum=sum+item;
      i++;
      item=item*(1.0/i);
    } while(i<=1000);
    sum=sum+1;
    System.out.println("e="+sum);
  }
}
```

（3）for 循环

for 语句的一般格式如下：

```
for (表达式 1; 表达式 2; 表达式 3){
    若干语句;
}
```

for 语句由关键字 for、圆括号中用 ";" 分隔的 3 个表达式及一个复合语句组成。"表达式 2" 必须是一个求值为 boolean 类型数据的表达式。复合语句称为循环体，循环体只有一条语句时，括号 "{}" 可以省略，但最好不要省略，以便增加程序的可读性。"表达式 1" 负责完成变量的初始化；"表达式 2" 是值为 boolean 类型的表达式，称为循环条件；"表达式 3" 用来修整变量，改变循环条件。

for 语句的执行规则如下（如图 3-8 所示）：

<1> 计算 "表达式 1"，完成必要的初始化工作。

<2> 判断 "表达式 2" 的值，若 "表达式 2" 的值为 true，则执行 <3>，否则执行 <4>。

<3> 执行循环体，然后计算 "表达式 3"，以便改变循环条件，再执行 <2>。

<4> 结束 for 语句的执行。

一个数如果恰好等于它的因子之和，这个数就称为 "完数"，如 6=1+2+3。

图 3-8　for 循环语句

【例 3-6】　使用 for 循环计算出 1000 内的全部完数（效果如图 3-9 所示）。

```
public class Example3_6{
    public static void main (String args[ ]){
        int sum,i,j;
        for(i=1;i<=1000;i++){
            for(j=1,sum=0;j<=i/2;j++){
                if(i%j==0){
                    sum=sum+j;
                }
            }
            if(sum==i){
                System.out.printf("%8d 是一个完数%n",i);
            }
        }
    }
}
```

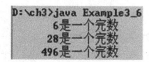

图 3-9　使用 for 循环语句

3.13　跳转语句

跳转语句是指用关键字 break 或 continue 加上分号构成的语句，如

```
break;
```

循环语句的循环体中可以使用跳转语句。在一个循环 50 次的循环语句中，如果在某次循环体的执行中执行了 break 语句，那么整个循环语句就结束。如果在某次循环体的执行中执行了 continue 语句，那么本次循环就结束，即不再执行本次循环中循环体中 continue 语句后面的语句，而转入进行下一次循环。

【例 3-7】　使用跳转语句计算满足 $1+2+\cdots+n<8888$ 的最大整数 n 以及 $1\sim200$ 之间能被 7 整除的数字之和（效果如图 3-10 所示）。

```
public class Example3_7{
    public static void main(String args[]){
        int sum=0,i=0,max=8888,number=7;
        while(true){
            i++;
            sum=sum+i;
            if(sum>=max)
                break;
        }
        System.out.println("1+2+…n<"+max+"的最大整数 n 是："+(i-1));
        for(i=1, max=200, sum=0; i<=max; i++){
            if(i%number!=0){
                continue;
            }
            sum=sum+i;
        }
        System.out.println(max+"内能被"+number+"整除的数字之和："+sum);
    }
}
```

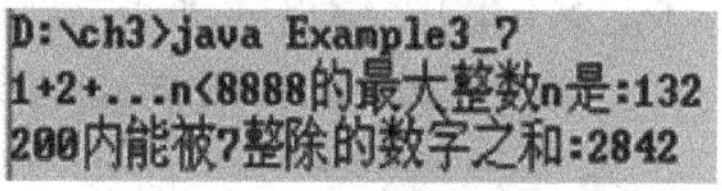

图 3-10　使用跳转语句

【例 3-8】　使用 while 循环和折半法查找一个整数是否在一个排序的 int 类型数组中。

```
import java.util.Scanner;
public class Example3_8{
```

```java
public static void main(String args[]){
    int n,start,end,middle;
    int a[]={-2,1,4,5,8,12,17,23,45,56,90,100};
    start=0;
    end=a.length;
    middle=(start+end)/2;
    int count=0;
    Scanner reader=new Scanner(System.in);
    System.out.print("请输入一个整数:");
    n=reader.nextInt();
    while(n!=a[middle]){
        if(n>a[middle]){
            start=middle;
        }
        else if(n<a[middle]){
            end=middle;
        }
        middle=(start+end)/2;
        count++;
        if(count>a.length/2)
            break;
    }
    if(count>a.length/2)
        System.out.println(n+"不在数组中");
    else
        System.out.println(n+"是数组中的第"+middle+"个元素");
}
```

问 答 题

1. 下列 System.out.printf 输出的结果是什么？

   ```java
   int  a=100, x, y;
   x=++a;
   y=a--;
   System.out.printf("%d, %d, %d", x, y, a);
   ```

2. 下列哪些语句有错误？

   ```java
   int  x=0;
   x=5.0/2;
   float y=12.5F;
   y=5.0/2;
   ```

3. 下列哪些语句有错误？

   ```java
   byte x=32;
   char  c='a';
   int  n=c-x;
   c=c-x;
   ```

4. 下列叙述中正确的是（　　）。

   A. 表达式"12+56>34"的值是 true

B. 表达式"12+56||34"是非法的表达式

C. 表达式"x+y=12"是非法的表达式

D. 表达式"12+56>34"的值是 13

5. 对于一个整数 m，m<<1 的结果一定是 2*m 吗？

6. 对于两个 int 类型变量

```
int  m=120, n=240;
```

那么，m^m 和 m^n^n 的结果分别是多少？

7. 下列 System.out.printf 语句的输出结果是什么？

```
int  x=10, y=10, z=10;
if(x>9){
    y=100;
    z=200;
}
else{
    y=-100;
}
z=-200;
System.out.printf("%d, %d, %d", x, y, z);
```

8. 下列 for 语句的执行结果是什么？

```
for(int i=1; i<=4; i++){
    switch(i){
        case 1: System.out.printf("%c",'a');
        case 2: System.out.printf("%c",'b');
                break;
        case 3: System.out.printf("%c",'c');
        case 4: System.out.printf("%c",'d');
                break;
    }
}
```

9. 下列 System.out.printf 语句的输出结果是什么？

```
char[]  a={'a','b','c','d','e'};
for(int i=0; i<=a.length/2; i++){
    char  c=a[i];
    a[i]=a[a.length-(i+1)];
    a[a.length-(i+1)]=c;
}
System.out.printf("%c%c%c%c%c", a[0], a[1], a[2], a[3], a[4]);
```

10. 下列 System.out.printf 语句的输出结果是什么？

```
int[]  a={3, 4, 1, 2, -6};
for(int i=0; i<a.length; i++){
    for(int j=i+1; j<a.length; j++){
        if(a[j]<a[i]){
            int n=a[j];
            a[j]=a[i];
            a[i]=n;
        }
    }
}
```

```
System.out.printf("%d, %d, %d, %d, %d", a[0], a[1], a[2], a[3], a[4]);
```

11. 下列程序的输出结果是什么？

```java
public class E{
    public static void main(String[] arg){
        int  x=1, y=6;
        while(y-- > 0){
            x--;
        }
        System.out.print("x="+x+",y="+y);
    }
}
```

作 业 题

1. 有如下函数：

$$y = \begin{cases} -1+2x & x < 0 \\ -1 & x = 0 \\ -1+3x & x > 0 \end{cases}$$

编写一个 Java 应用程序，从键盘输入一个 x 值，程序输出 y 的值。

2. 编写一个 Java 应用程序，使用 while 循环语句计算 1～1000 之间能被 3 和 7 同时整除的整数之和。

3. 编写一个 Java 应用程序，使用 for 循环计算 8+88+888+8888+88888+…的前 10 项之和。

4. 编写一个 Java 应用程序，计算 1-1/3+1/5-1/7+1/9-1/11+…的前 10000 项之和。

5. 编写一个 Java 应用程序，计算 1+2!+3!+4! +…从第 100 项到第 200 项之和。

第 4 章　类和对象

本章导读

✿　类声明和类体及其构成
✿　构造方法和对象的创建
✿　对象的引用和实体
✿　成员变量、方法和方法重载
✿　关键字 this
✿　包
✿　import 语句
✿　访问权限
✿　对象的组合
✿　基本类型数据的类包装
✿　反编译和文档生成器
✿　JAR 文件的使用

　　面向对象编程已经成为软件设计中的一项重要技术，学习和掌握面向对象已经成为一种潮流，学习面向对象技术应当选择一门恰当的语言，目前公认比较好的语言是 Java。面向对象编程主要有三个特性：封装、继承和多态。本章讲解类和对象，重点体现面向对象编程的封装特性，第 5 章讲述继承和多态。

4.1　面向对象编程

　　本节简单介绍面向对象的三个特性，这些特性会在后续的章节详细讲解。本节通过提出一个简单的问题，围绕该问题的解决，让读者初步了解类和对象以及 Java 应用程序的基本结构，为读者学习本章后续内容提供一个直观的知识模块。

1. 面向对象编程的三个特性

（1）封装

　　面向对象编程核心思想之一就是将数据和对数据的操作封装在一起。通过抽象，即从具体的实例中抽取共同的性质形成一般的概念，如类的概念。

　　在实际生活中，我们每时每刻都与具体的实物在打交道。比如，卡车、公共汽车、轿车等都会涉及以下几个重要的物理量：可乘载的人数、运行速度、发动机的功率、耗油量、自重、轮子数目等，还有几个重要的功能：加速、减速、刹车、转弯等。也可以把这些功能称为它们具有的方法，而物理量是它们的状态描述，仅仅用物理量或功能不能很好地描述它们。在现实生活中，我们用这些共有的属性和功能给出一个概念：机动车类。也就是说，人们经常谈到的机动车类就是从具体的实例中抽取共同的属性和功能形成的一个概念，那么一个具体的轿车就是机动车类的一个实例，即对象。一个对象将自己的数据和对这些数据的操作合理有效地封装在一起，如每辆轿车调用"加速"、"减速"改变的都是自己的运行速度。

（2）继承

继承体现了一种先进的编程模式。子类可以继承父类的属性和功能，即继承了父类所具有的数据和数据上的操作，同时可以增加子类独有的数据和数据上的操作。比如，"人类"自然继承了"哺乳类"的属性和功能，又增加了人类独有的属性和功能。

（3）多态

多态是面向对象编程的又一重要特征。多态有两种意义。一种是操作名称的多态，即有多个操作具有相同的名字，但这些操作所接收的消息类型必须不同。例如，让一个人执行"求面积"操作时，他可能会问你"求什么面积"。操作名称的多态性是指可以向操作传递不同消息，以便让对象根据相应的消息来产生一定的行为。另一种多态是与继承有关的多态，是指同一个操作被不同类型对象调用时可能产生不同的行为。例如，狗和猫都具有哺乳类的功能："喊叫"。但是，狗操作"喊叫"产生的声音是"汪汪……"，而猫操作"喊叫"产生的声音是"喵喵……"。继承和多态将在第 5 章讨论。

Java 语言与其他面向对象语言一样，引入了类的概念。Java 程序设计的基本单位是类（class），Java 的源文件就是由若干个书写形式互相独立的类构成的。因此，要学习 Java 编程就必须学会怎样去写类，即怎样用 Java 的语法去描述一类事物共有的属性和功能。类有两个基本成员：变量和方法。变量用来刻画对象的属性，方法用来体现对象的功能，即方法使用某种算法操作实现一个具体的功能。

2．提出一个简单的问题

在本章正式给出类的定义之前，让我们来解决一个简单的问题。

【例 4-1】 计算圆的面积。

```java
public class ComputerCircleArea {
    public static void main(String args[]) {
        double  radius;                          // 半径
        double  area;                            // 面积
        radius=163.16;
        area=3.14*radius *radius;                // 计算面积
        System.out.printf("半径是%5.3f 的圆的面积 : \n%5.3f\n", radius, area);
    }
}
```

上述 Java 应用程序输出半径为 163.16 的圆面积，将上述 Java 源文件保存在 C:\ch4 中，编译、运行的效果如图 4-1 所示。

通过运行上述 Java 应用程序注意到这样一个事实：如果其他 Java 应用程序也想计算圆的面积，同样需要知道计算圆面积的算法，即也需要编写同样多的代码。现在提出如下问题：能否将与圆有关的数据及计算圆面积的代码进行封装，使得需要计算圆面积的 Java 应用程序的主类不需编写计算面积的代码就可以计算出圆的面积呢？

半径是163.160的圆的面积:
83590.523

图 4-1　计算圆的面积

3. 简单的 Circle 类

面向对象的一个重要思想就是通过抽象得到类，即将某些数据以及针对这些数据上的操作封装在一个类中，也就是说，抽象的关键点有两点：一是数据，二是数据上的操作。

我们对所观察的圆做如下抽象：圆具有半径之属性，可以使用半径计算出圆的面积。现在根据如上抽象，编写如下 Circle 类。

```
class Circle {
    double  radius;                              // 圆的半径
    double  getArea() {                          // 计算面积的方法
        double area=3.14*radius*radius;
        return area;
    }
}
```

① 类声明。上述代码第一行中的 class Circle 称为类声明，Circle 是类名。

② 类体。类声明之后的 "{"、"}" 及它们之间的内容称为类体，大括号之间的内容称为类体的内容。

将上述 Circle.java 保存到 C:/ch4 中，并编译得到 Circle.class 字节码文件。

Circle 类不是主类，因为 Circle 类没有 main 方法。Circle 类好比是生活中电器需要的一个电阻，如果没有电器使用它，电阻将无法体现其作用。

4. 使用 Circle 类创建对象

以下将在一个 Java 应用程序的主类中使用 Circle 类创建对象，该对象可以完成计算圆面积的任务，而使用该对象的 Java 应用程序的主类，不需知道计算圆面积的算法就可以计算出圆的面积。

由于类也是一种数据类型，因此可以使用类来声明一个变量，那么，在 Java 语言中，用类声明的变量就被称为对象。例如，用 Circle 声明一个名字为 circle 的对象的代码如下：

```
Circle  circle;
```

程序声明对象后，需要为所声明的对象分配变量，这样该对象才可以被程序使用。为上述 Circle 类声明的 circle 对象分配变量（分配半径 radius）的代码如下：

```
circle = new Circle();
```

对象通过使用 "." 运算符操作自己的变量和调用方法。对象操作自己的变量的格式如下：

```
对象.变量;
```

例如：

```
circle.radius=100;
```

调用方法的格式如下：

```
对象.方法;
```

例如：

```
circle.getArea();
```

【例 4-2】 Example4_2.java 需保存在 C:\ch4 中（因为 Circle.java 编译得到的 Circle 类的字节码文件 Circle.class 在 C:\ch4 中），Example4_2 类中的 main 方法中使用 Circle 类创建了 Cirlce 对象，只需让这个对象分别计算面积即可（主类不必知道计算圆面积的算法），这样就解决了 4.1 节中提出的问题。程序运行效果如图 4-2 所示。

```
public class Example4_2{
    public static void main(String args[]){
        Circle  circle;                    // 声明对象
        circle = new Circle();             // 创建对象
        circle.radius=163.16;
        double area=circle.getArea();
        System.out.printf("半径是%5.3f的圆的面积：\n%5.3f\n", circle.radius, area);
    }
}
```

半径是163.160的圆的面积：
83590.523

图 4-2　使用对象计算圆面积

5．Java 应用的程序的基本结构

Java 应用程序由若干个类构成，但必须有一个主类，即包含 main 方法的类。Java 应用程序总是从主类的 main 方法开始执行。在编写一个 Java 应用程序时，可以编写若干 Java 源文件，每个源文件编译后产生一个类的字节码文件。因此，经常需要进行如下操作：① 将应用程序涉及的 Java 源文件保存在相同的目录中，分别编译通过，得到 Java 应用程序需要的字节码文件；② 运行主类。

当使用解释器运行一个 Java 应用程序时，Java 虚拟机将 Java 应用程序需要的字节码文件加载到内存中，再由 Java 的虚拟机解释执行，因此，可以事先单独编译一个 Java 应用程序所需要的其他源文件，并将得到的字节码文件和主类的字节码文件存放在同一目录中（有关进一步的细节将在 4.9 节详细讨论）。如果应用程序的主类的源文件和其他源文件在同一目录中，也可以只编译主类的源文件，Java 系统会自动先编译主类需要的其他源文件。

Java 程序以类为"基本单位"，即一个 Java 程序就是由若干类构成的。Java 程序可以将它使用的每个类分别存放在不同的源文件中，也可以将它使用的类存放在一个源文件中。一个源文件中的类可以被多个 Java 程序使用，从编译角度看，每个源文件都是一个独立的编译单位，当程序需要修改某个类时，只需重新编译该类所在的源文件即可，不必重新编译其他类所在的源文件，这非常有利于系统的维护。从软件设计角度看，Java 语言中的类是可复用代码，编写具有一定功能的可复用代码是软件设计中非常重要的工作。

4.2　类声明和类体

类是组成 Java 程序的基本要素，封装了一类对象的状态和方法。类是用来定义对象的模板，可以创建对象。当使用一个类创建了一个对象时，可以说，给出了这个类的一个实例。

在语法上，类由两部分构成：类声明和类体。其基本格式如下：

```
class 类名 {
    类体
}
```

class 是关键字，来定义类。"class 类名"是类的声明部分，类名必须是合法的 Java 标识符。

以下是两个类声明的例子。

```
class Dog {
    ……
}
class 机动车 {
    ……
}
```

"class Dog"和"class 机动车"叫做类声明，"Dog"和"机动车"是类名。习惯上，类名的第一个字母大写，但不是必须的。类的名字不能是 Java 中的关键字，要符合标识符规定，即名字可以由字母、下划线、数字或符号$组成，并且第一个字符不能是数字。给类命名时，最好遵守下列习惯：如果类名使用拉丁字母，那么名字的首字母使用大写字母，如 Hello、Time、People 等。

类名最好容易识别、见名知意。当类名由几个"单词"复合而成时，每个单词的首写字母使用大写，如 BeijingTime、AmericanGame、HelloChina 等。

4.3　类体的构成

编写类的目的是为了描述一类事物共有的属性和功能，即将数据和对数据的操作封装在一起，这一过程由类体来实现。类体内容有两个成员：成员变量和方法。

通过变量声明定义的变量，称为成员变量或域，用来刻画类创建的对象的属性。

方法是类体的重要成员之一。其中的构造方法是具有特殊地位的方法，供类创建对象时使用，用来给出类所创建的对象的初始状态；另一种方法是，由类创建的对象调用，对象调用这些方法操作成员变量形成一定的算法，体现对象具有的某种行为。本书将在 4.4 节详细讨论方法。

下面是一个类名为"机动车"的类，类体内容的变量定义部分定义了两个 float 类型的变量 weight、height 和一个 int 类型变量 speed，方法定义部分定义了 3 个方法 changSpeed、getWeight 和 getHeight。

```
class 机动车{
    int speed;                          // 变量定义
    float weight,height;                // 变量定义
    void changSpeed(int newSpeed){      // 方法定义
        speed=newSpeed;
    }
    float getWeight(){                  // 方法定义
        return weight;
    }
    float getHeight(){                  // 方法定义
        return height;
    }
}
```

成员变量的类型可以是 Java 中的任何一种数据类型，包括前面学习过的基本数据类型整型、浮点型、字符型、数组以及后面要学习的对象和接口。

成员变量在整个类内都有效，与它在类体中书写的先后位置无关。例如，前述机动车类也可以写成：

```
class 机动车 {
    void changSpeed(int newSpeed){      // 方法定义
        speed=newSpeed;
    }
    int speed;                          // 变量定义
    float getWeight(){                  // 方法定义
        return weight;
```

```
        }
    float weight;                              // 变量定义
    float getHeight(){                         // 方法定义
        return height;
    }
    float height;                              // 变量定义
}
```

不提倡把成员变量的定义分散写在方法之间或类体的最后，人们习惯先介绍属性再介绍行为。

在定义类的成员变量时可以同时赋予初值，表明类所创建的对象的初始状态。注意，对成员变量的操作只能放在方法中，方法可以对成员变量进行操作形成算法。例如：

```
class A{
    int a=9;
    float b=12 .6f;
    void f(){
        a=12;
        b=12.56f;
    }
}
```

但是不可以这样：

```
class A{
    int a;
    float b;
    a=12;                                     // 非法
    b=12.56f;                                 // 非法
    void f(){ }
}
```

"a=12;"是赋值语句，不是数据的声明。类的成员类型中可以有数据和方法（即数据的定义和方法的定义），但没有语句，语句必须放在方法中。

4.4 构造方法和对象的创建

类中有一部分方法称为构造方法，类创建对象时需使用构造方法，以便给类所创建的对象一个合理的初始状态。构造方法是一种特殊方法，它的名字必须与它所在的类的名字完全相同，而且没有类型。Java 允许一个类中有若干个构造方法，但这些构造方法的参数必须不同，或者是参数的个数不同，或者是参数的类型不同。下面的 Rect 类有两个构造方法：

```
class Rect{
    double sideA,sideB;
    Rect(){}                                  // 无参数构造方法
    Rect(double a,double b){                   // 有参数构造方法
        sideA=a;
        sideB=b;
    }
    double computerArea(){
        return sideA*sideB;
    }
    double computerGirth(){
```

```
        return (sideA+sideB)*2;
      }
   }
```

当使用一个类创建了一个对象时，则称为给出了这个类的一个实例。创建一个对象包括对象的声明和为对象分配成员变量两个步骤。

1. 对象的声明

对象声明的一般格式如下：

　　　　类的名字 对象名字；

例如：

```
   Rect rectangleOne;
```

Rect 是一个类的名字，rectangleOne 是声明的对象的名字。用类声明的数据称为类类型变量，

rectangleOne

| null |

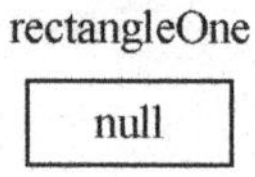

图 4-3　未分配实体的对象

即对象，如上述 Rect 类声明的对象 rectangleOne。

声明对象变量 rectangleOne 后，rectangleOne 的内存中还没有存放数据，也就是说，该对象还没有"引用"任何实体，我们称这时的 rectangleOne 是一个空对象（如图 4-3 所示）。空对象不能使用，因为它还没有得到任何"实体"，必须为对象分配成员变量，即为对象分配实体。

2. 为声明的对象分配成员变量

使用 new 运算符和类的构造方法为声明的对象分配成员变量，如果类中没有构造方法，系统会调用默认的构造方法（默认的构造方法是无参数的，但要记得构造方法的名字必须与类名相同这一规定）。上述 Rect 类提供了两个构造方法，下面都是合法的创建对象的语句：

```
   rectangleOne =new Rect();
```
或
```
   rectangleOne =new Rect(10,20);
```

如果类中定义了一个或多个构造方法，那么 Java 不提供默认的构造方法。如果上述 Rect 只提供一个带参数的构造方法，则下面语句创建对象是非法的。

```
   rectangleOne =new Rect();
```

创建对象的代码

```
   rectangleOne =new Rect(10,20);
```

会实现下述两件事：

（1）为成员变量分配内存空间，然后执行构造方法中的语句

对于 Rect 类，就是为 sideA、sideB 变量分配内存，然后根据所使用的构造方法对 sideA、sideB 进行初始化。如果成员变量在声明时没有指定初值，所使用的构造方法也没有对成员变量进行初始化操作，那么对于整型的成员变量，默认初值是 0；对于浮点型，默认初值是 0.0；对于 boolean 类型，默认初值是 false；对于引用型，默认初值是 null。

（2）给出一个信息，确保这些成员变量是属于对象 rectangleOne

对于 Rect 类，为成员变量 sideA、sideB 分配内存空间后，为了保证这些内存单元将由 rectangleOne 操作管理，即这些成员变量是属于对象 rectangleOne 的，将返回一个引用赋给对象变量 rectangleOne，即返回一个"号码"（地址号，即代表这些成员变量内存位置的首地址）给 rectangleOne。不妨认为这个"引用"就是 rectangleOne 在内存里的名字，而且这个名字（引用）是 Java 系统确保分配给 sideA、sideB 的内存单元将由 rectangleOne 操作管理，则 sideA、 sideB 的内存单元是属于对象 rectangleOne 的实体或属于对象 rectangleOne 的成员变量，即这些变量由对象 rectangleOne 操作管理。

创建对象就是指为它分配成员变量，并获得一个引用，以确保这些成员变量由它来操作管理。为对象分配成员变量后，内存模型由声明对象时的图 4-3 变成图 4-4，箭头示意对象可以操作这些属于自己的成员变量。

对象的声明和分配成员变量两个步骤可以用一个等价的步骤完成，如

```
Rect rectangleOne =new Rect(10,20);
```

对象是一种类类型变量，属于引用型变量，即对象变量中存放着引用。引用型变量是用来存放称为"引用"的地址号，而且引用型变量可以操作它所引用的变量。如果读者学习过 C 语言，就会觉得对象的引用看起来与指针类似。但引用与指针有着本质的区别，尽管引用型变量和指针变量都用来存放一个地址号，但引用型变量不能像指针变量那样任意分配内存地址，或像整数一样来操作它。某个类声明的对象可以引用该类通过运算符 new 和构造方法运算后得到的地址。如果把一个整型常量赋值给该对象，在编译时会报错，提示类型冲突。

3. 创建多个不同的对象

一个类通过使用运算符 new 可以创建多个不同的对象，这些对象将被分配不同的内存空间，因此改变其中一个对象的状态不会影响其他对象的状态。例如，使用前面的 Rect 类创建两个对象 rectangleOne 和 rectangleTwo：

```
rectangleOne =new Rect(10,20);
rectangleTwo =new Rect(33,66);
```

当创建对象 rectangleOne 时，Rect 类中的成员变量 sideA、sideB 被分配内存空间，并返回一个引用给 rectangleOne；当再创建一个对象 rectangleTwo 时，Rect 类中的成员变量 sideA、sideB 再次被分配内存空间，并返回一个引用给 rectangleTwo。rectangleTwo 的变量所占据的内存空间和 rectangleOne 的变量所占据的内存空间是互不相同的位置（如图 4-5 所示），也就是说，这两个对象具有不同的实体。

图 4-5 创建多个对象

4. 使用对象

对象不仅可以操作自己的变量改变状态，还拥有了使用创建它的那个类中的方法的能力，对象通过使用这些方法可以产生一定的行为。

通过使用运算符"."，对象可以实现对自己的变量访问和方法的调用。

① 对象操作自己的变量（对象的属性）。对象被创建后，就有了自己的变量，即对象的实体。通过使用运算符"."，对象可以实现对自己的变量的访问。

② 对象调用类中的方法（对象的行为）。对象被创建后，可以使用运算符"."调用创建它的类中的方法，从而产生一定的行为功能。

> 当对象调用方法时，方法中的局部变量被分配内存空间。方法执行完毕，局部变量即刻释放内存。局部变量声明时如果没有初始化，就没有默认值，因此在使用局部变量之前要先为其赋值。

③ 体现封装。当对象调用方法时，方法中出现的成员变量就是指该对象的成员变量。在讲述类的时候我们讲过：类中的方法可以操作成员变量。当对象调用方法时，方法中出现的成员变量就是指该对象的成员变量。

【例 4-3】 在主类 Example4_1 的 main 方法中使用 Lader 类创建两个对象 laderOne 和 laderTwo（效果如图 4-6 所示）。

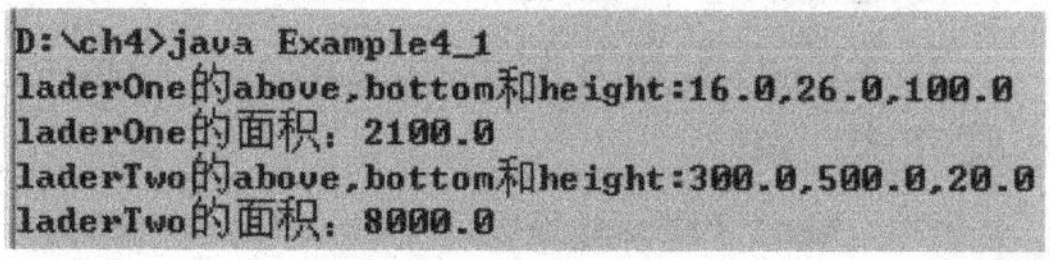

```
class Lader{
    double  above, bottom, height;
    Lader(){ }
    Lader(double a,double b,double h){
        above=a;
        bottom=b;
        height=h;
    }
    public void setAbove(double a){
        above=a;
    }
    public void setBottom(double b){
        bottom=b;
    }
    public void setHeight(double h){
        height=h;
    }
    double computeArea(){
        return (above+bottom)*height/2.0;
    }
}
public class Example4_1{
    public static void main(String args[]){
        double  area1=0, area2=0;
        Lader  laderOne, laderTwo;
        laderOne=new Lader();
        laderTwo=new Lader(10,88,20);
        laderOne.setAbove(16);
        laderOne.setBottom(26);
        laderOne.setHeight(100);
        laderTwo.setAbove(300);
        laderTwo.setBottom(500);
        area1=laderOne.computeArea();
        area2=laderTwo.computeArea();
        System.out.println("laderOne的above, bottom和height:"+laderOne.above+",
                                  "+laderOne.botto m+", "+laderOne.height);
        System.out.println("laderOne的面积："+area1);
        System.out.println("laderTwo的above, bottom和height:"+ laderTwo.above+",
                                  "+laderTwo.bottom+", "+laderTwo.height);
        System.out.println("laderTwo的面积："+area2);
    }
}
```

```
D:\ch4>java Example4_1
laderOne的above,bottom和height:16.0,26.0,100.0
laderOne的面积：2100.0
laderTwo的above,bottom和height:300.0,500.0,20.0
laderTwo的面积：8000.0
```

图 4-6 使用对象

在上述例 4-3 中，laderOne 调用 setAbove、setBottom 和 setHeight 方法时，将值 16、26 和 100 分别传递给方法的参数，三个方法中出现的变量 above、bottom 和 height 是对象 laderOne

的成员变量。laderOne 调用 computerArea 方法时，算术表达式"(above+bottom)*height/2.0"中的 above、bottom 和 height 的值分别为 16、26 和 100。

4.5　对象的引用和实体

当用类创建一个对象时，成员变量被分配内存空间，这些内存空间称为该对象的实体或变量。对象中存放着引用，以确保这些变量由该对象操作使用。因此，如果两个对象有相同的引用，就具有同样的实体。

如使用例 4-3 中类 Lader 的构造方法创建了两个对象 t1 和 t2（如图 4-7 所示）：

```
t1=new Lader(11, 22, 33);
t2=new Lader(6, 12, 18);
```

若在程序中使用了下述赋值语句：

```
t1=t2;
```

它把 t2 的引用赋给了 t1，那么 t1 和 t2 引用的实体就是一样的了。系统取消原来分配给 t1 的实体，即分配给 t1 的成员变量的内存将被释放（如图 4-8 所示）。这时如果输出 t1.height，结果将是 18，而不是 33。"t1.computeArea()"和"t2.computeArea()"的值也是相等的。因此，两个对象有相同的引用，那么这两个对象就具有完全相同的属性和功能。

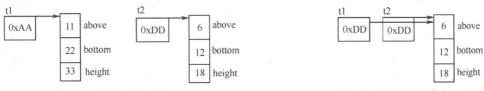

图 4-7　对象内存模式（一）　　　　　图 4-8　对象内存模式（二）

Java 具有"垃圾收集"机制，Java 的运行环境周期地检测某个实体是否已不再被任何对象所引用，如果发现这样的实体，就释放实体占有的内存。因此，Java 编程人员不必像 C++程序员那样，要时刻自己检查哪些对象应该释放内存。当把变量 t2 中存放的引用赋给 t1 后，最初分配给对象 t1 的成员变量（实体）所占有的内存就会被释放。

再如，用类 Lader 声明了一个对象 t，并使用运算符 new 和构造方法为 t 分配了实体：

```
Lader t;
t=new Lader(1, 2, 3);
```

如果重新为 t 分配实体：

```
t=new Lader(1, 2, 3);
```

那么，最初分配给 t 的实体就会被释放。

如果将关键字 null 赋值给对象，就意味着对象不再引用任何实体。例如，将 t1 的引用赋给了 t2，那么 t1 和 t2 引用同样的实体，如果再执行语句

```
t1=null;
```

就意味着 t1 不再引用任何实体，t1 成为一个不可以使用的空对象。注意，t1 先前引用的实体仍被 t2 所引用，该实体不会被释放。如果运算符 new 分配的实体不再被任何对象引用时，就会被"垃圾收集"机制发现，它们占据的内存空间就会被释放。

没有实体的对象称为空对象。空对象不能使用，即不能让一个空对象去调用方法产生行

为。假如程序中使用了空对象，程序在运行时会出现异常：NullPointerException。由于对象是动态地分配实体，所以 Java 的编译器对空对象不做检查。因此，读者在编写程序时要避免使用空对象。

4.6　成员变量

1. 类变量和实例变量

类体内容有两个成员：成员变量和方法。成员变量用来刻画类创建的对象的属性，其中一部分成员变量称为实例变量，另一部分称为静态变量或类变量。用关键字 static 修饰的成员变量称为静态变量或类变量，而没有使用 static 修饰的成员变量称为实例变量。例如，下述类 A 中，x 是实例变量，而 y 是类变量。

```
class A{
    float x;
    static int y;
}
```

一个类通过使用运算符 new 可以创建多个不同的对象，这些对象将被分配不同的内存空间，准确的说法是：不同的对象的实例变量将被分配不同的内存空间，如果类中有类变量，那么所有对象的这个类变量都分配给相同的一处内存，改变其中一个对象的类变量会影响其他对象的相应类变量。也就是说，对象共享类变量。

当 Java 程序执行时，类的字节码文件被加载到内存中，如果该类没有创建对象，类的实例变量不会被分配内存。但是，在该类被加载到内存中时，类中的类变量就被分配了相应的内存空间。如果该类创建对象，那么不同对象的实例变量互不相同，即分配不同的内存空间，而类变量不再重新分配内存，所有的对象共享类变量，类变量的内存空间直到程序退出运行才释放所占有的内存。

类变量是与类相关联的数据变量，也就是说，类变量是与该类所创建的所有对象相关联的变量。因此，类变量不仅可以通过某个对象访问，也可以直接通过类名访问。

实例变量仅仅是与相应的对象关联的变量。也就是说，不同对象的实例变量互不相同，即分配不同的内存空间，改变其中一个对象的实例变量不会影响其他对象的相应实例变量。实例变量必须通过对象访问。

【例 4-4】　两个 Lader 对象共享 bottom（效果如图 4-9 所示）。

```
class Lader{
    double  above, height;          // 实例变量
    static double  bottom;          // 类变量
    void setAbove(double a){
        above=a;
    }
    void setBottom(double b){
        bottom=b;
    }
    double getAbove(){
        return above;
    }
    double getBottom(){
```

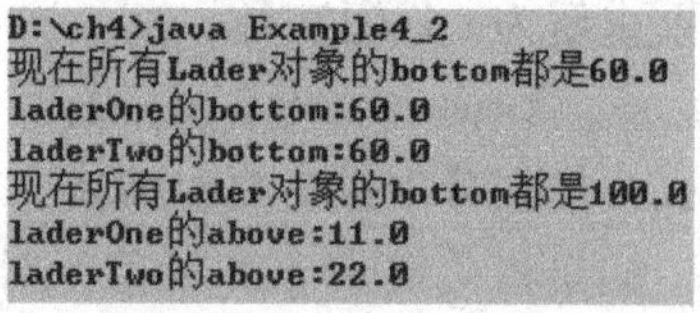

```
D:\ch4>java Example4_2
现在所有Lader对象的bottom都是60.0
laderOne的bottom:60.0
laderTwo的bottom:60.0
现在所有Lader对象的bottom都是100.0
laderOne的above:11.0
laderTwo的above:22.0
```

图 4-9　对象共享类变量

```
                return bottom;
            }
    }
    class Example4_4{
        public static void main(String args[]){
            Lader.bottom=60;                    // Lader 的字节码被加载到内存,通过类名操作类变量
            Lader  laderOne, laderTwo;
            System.out.println("现在所有 Lader 对象的 bottom 都是"+Lader.bottom);
            laderOne=new Lader();
            laderTwo=new Lader();
            System.out.println("laderOne 的 bottom:"+laderOne.getBottom());
            System.out.println("laderTwo 的 bottom:"+laderTwo.getBottom());
            laderOne.setAbove(11);
            laderTwo.setAbove(22);
            laderTwo.setBottom(100);
            System.out.println("现在所有 Lader 对象的 bottom 都是"+Lader.bottom);
            System.out.println("laderOne 的 above:"+laderOne.getAbove());
            System.out.println("laderTwo 的 above:"+laderTwo.getAbove());
        }
    }
```

上述程序从主类的 main()方法开始运行，执行语句

```
        Lader.bottom=60;
```

Java 虚拟机先将 Lader 的字节码加载到内存中，并为类变量 bottom 分配了内存空间。执行

```
        laderOne=new Lader();
        laderTwo=new Lader();
```

实例变量 above 两次被分配内存空间，分别被对象 laderOne 和 laderTwo 所引用，而类变量 bottom 不再分配内存，直接被对象 laderOne 和 laderTwo 所引用共享，如图 4-10 所示。

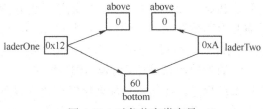

图 4-10　对象共享类变量

2. 常量

如果一个成员变量修饰为 final，就是常量，常量的名字习惯用大写字母，如

```
        final int  MAX;
```

final 修饰的成员变量不占用内存，意味着在声明 final 成员变量时必须初始化。对于 final 修饰的成员变量，对象可以操作使用，但不能做更改操作。

【例 4-5】　常量的用法。

```
    class Tom{
        final int  MAX=100;
        static final int  MIN=20;
    }
    public class Example4_5{
```

```
public static void main(String args[ ]){
    System.out.println(Tom.MIN);
    Tom  cat=new Tom();
    int  x=0;
    x=Tom.MIN+cat.MAX;
    System.out.println(x);
    }
}
```

4.7　方法

类体内容有两个成员：成员变量和方法。其中，一部分方法称为构造方法，供类创建对象时使用，用来给出类所创建的对象的初始状态。另一部分方法可分为实例方法和类方法，类所创建的对象可以调用这些方法形成一定的算法，体现对象具有的某种功能。当对象调用方法时，方法中出现的成员变量就是指分配给该对象的成员变量。对象不可以调用构造方法，构造方法是专门用来创建对象的。

方法的定义包括两部分：方法声明和方法体。其一般格式如下：

```
方法声明部分 {
    方法体
    }
```

1．方法声明和方法体

最基本的方法声明包括方法名和方法的返回类型，返回类型也简称为方法的类型，如

```
float area() {
    ……
    }
```

该方法的名字是 area，类型是 float。除构造方法外，方法返回的数据的类型可以是任意 Java 数据类型，当一个方法不需要返回数据时，返回类型必须是 void。除构造方法外，方法都有类型，即使类型为 void 也不允许省略不写。很多方法声明中都给出方法的参数，参数是用逗号隔开的一些变量声明。方法的参数可以是任意 Java 数据类型。

方法的名字必须符合标识符规定。在给方法起名字时应遵守以下习惯：名字如果使用拉丁字母，则首写字母使用小写；如果由多个单词组成，则从第二个单词开始的其他单词的首写字母使用大写，如

```
float getTrangleArea()
void setCircleRadius(double radius)
```

方法声明之后的"{"、"}"及之间的内容称为方法的方法体。类中的方法必须有方法体，如果方法的类型是 void，方法体中也可以不写任何语句。

2．方法体的构成

方法体的内容包括变量的定义和合法的 Java 语句，在方法体中声明的变量和方法的参数称为局部变量。局部变量仅仅在该方法内有效。方法的参数在整个方法内有效，方法内定义的局部变量从它定义的位置之后开始有效。写一个方法与 C 语言中写一个函数完全类似，只不过在这里称为方法。局部变量的名字必须符合标识符规定，遵守习惯：名字如果使用拉丁字母，首写字母使用小写；如果由多个单词组成，从第二个单词开始的其他单词的首写字母

使用大写。

3. 实例方法与类方法

除构造方法外，其他方法可分为实例方法和类方法。方法声明中用关键字 static 修饰的称为类方法或静态方法，不用 static 修饰的称为实例方法。一个类中的方法可以互相调用：实例方法可以调用该类中的实例方法或类方法；类方法只能调用该类的类方法，不能调用实例方法。例如：

```
class A{
    float a,b;
    void sum(float x,float y){
        a=max(x,y);
        b=min(x,y);
    }
    static float getMaxSqrt(float x,float y){
        float c;
        c=max(x,y)*max(x,y);
        return c;
    }
    static float max(float x,float y){
        return x>y?x:y;
    }
    float min(float x,float y){
        return x<y?x:y;
    }
}
```

类 A 中的 max 方法和 getMaxSqrt 方法是类方法，sum 方法和 min 方法是实例方法。

实例方法可以操作成员变量，包括实例变量和类变量；而类方法只能操作类变量，不能操作实例变量，也就是说，类方法中不能有操作实例变量的语句。二者为何有这样的区别呢？

（1）实例方法必须通过对象来调用

当某个对象调用实例方法时，该实例方法中出现的成员变量被认为是分配给该对象的成员变量，类变量与其他对象共享，所以实例方法既可以操作实例变量，也可以操作类变量。

为什么实例方法必须通过对象来调用？这是因为：当类的字节码文件被加载到内存中时，类的实例方法不会被分配入口地址，只有当该类创建对象后，类中的实例方法才分配入口地址。当使用运算符 new 和构造方法创建对象时，首先分配成员变量给该对象，同时实例方法分配入口地址，再执行构造方法中的语句，完成必要的初始化。注意，创建第一个对象时，类中的实例方法就分配了入口地址，再创建对象时，不再分配入口地址，即方法的入口地址被所有的对象共享。

（2）类方法可以通过类名调用

对于类中的类方法，在该类被加载到内存中时，就分配了相应的入口地址，即使该类没有创建对象，也可以直接通过类名调用类方法（当然，类方法也可以通过对象调用）。所以，Java 规定：类方法中出现的成员变量必须是被所有对象共享的变量（类变量），即类方法不可以操作实例变量。这样规定的原因是：在类创建对象之前，实例成员变量还没有分配内存。类方法也不可以调用其他实例方法，因为在类创建对象之前，实例方法也没有入口地址。

无论类方法或实例方法，当被调用执行时，方法中的局部变量才被分配内存空间，方法调用完毕，局部变量即刻释放所占的内存。

【例 4-6】 通过类名调用类方法。

> 类变量似乎破坏了封装性，其实不然，当对象调用实例方法时，该方法中出现的类变量也是对象的变量，只不过这个变量与所有的其他对象共享而已。

```
class Computer{
    double  x, y;
    static double max(double a, double b){
        return a>b?a:b;
    }
}
class Example4_6{
    public static void main(String args[]){
        double max=Computer.max(12, 45);          // 类名调用类方法
        System.out.println(max);
    }
}
```

在上述例 4-6 中，如果仅仅想使用类 Computer 中的 max 方法，就没必要用类 Computer 创建对象，如果创建对象，实例变量 x 和 y 就要被分配内存，反而浪费了内存。

4．参数传值

当方法被调用时，如果方法有参数，参数必须实例化，即参数变量必须有具体的值。在 Java 中，方法的所有参数都是"传值"的，也就是说，方法中参数变量的值是调用者指定的值的副本。如果向方法的 int 类型参数 x 传递一个 int 值，那么参数 x 得到的值是传递值的副本。方法如果改变参数的值，不会影响向参数"传值"的变量的值。

（1）基本数据类型参数的传值

对于基本数据类型的参数，向该参数传递的值的级别不可以高于该参数的级别。比如，不可以向 int 类型参数传递一个 float 值，但可以向 double 类型参数传递一个 float 值。

【例 4-7】 向一个方法的基本数据类型参数传值（效果如图 4-11 所示）。

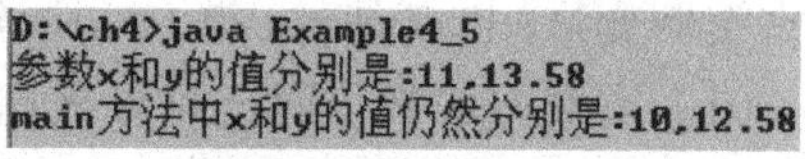

```
class Tom{
    void f(int x,double y){
        x=x+1;
        y=y+1;
        System.out.printf("参数 x 和 y 的值分别是：%d,%3.2f\n",x,y);
    }
}
public class Example4_7{
    public static void main(String args[]){
        int x=10;
        double y=12.58;
        Tom cat=new Tom();
        cat.f(x,y);
        System.out.printf("main 方法中 x 和 y 的值仍然分别是：%d,%3.2f\n",x,y);
    }
}
```

```
D:\ch4>java Example4_5
参数x和y的值分别是:11.13.58
main方法中x和y的值仍然分别是:10.12.58
```

图 4-11　基本数据类型参数的传值

（2）引用类型参数的传值

Java 的引用型数据包括我们学习过的对象、数组以及后面将要学习的接口。当参数是引用类型时，"传值"传递的是变量的引用而不是变量所引用的实体。

如果改变参数变量所引用的实体，就会导致原变量的实体发生同样的变化，因为两个引

用型变量如果具有同样的引用，就会用同样的实体。但是，改变参数的引用不会影响向其传值的变量的引用，如图 4-12 所示。

【**例 4-8**】Tom 类中的方法 f 的参数 mouse 是 Jerry 类声明的对象，属于引用类型参数（效果如图 4-13 所示）。

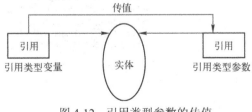

图 4-12　引用类型参数的传值　　　　图 4-13　方法的参数是对象

```java
class Jerry{
    int leg;
    Jerry(int n){
        leg=n;
    }
    void setLeg(int n){
        leg=n;
    }
    int getLeg(){
        return leg;
    }
}
class Tom{
    void f(Jerry mouse){
        mouse.setLeg(12);
        System.out.println("在执行方法 f 时，参数 mouse 修改了自己的 leg 的值");
        System.out.println("当前参数 mouse 的成员 leg 的值："+mouse.getLeg());
        mouse=null;                    // mouse 不再拥有实体
        //mouse.setLeg(12);            // 将发生 NullPointerExcetion 异常
    }
}
public class Example4_8{
    public static void main(String args[]){
        Tom cat=new Tom();
        Jerry jerry=new Jerry(2);
        System.out.println("在调用方法 f 之前，jerry 的成员 leg 的值："+jerry.getLeg());
        cat.f(jerry);
        System.out.println("在调用方法 f 之后，jerry 的成员 leg 的值："+jerry.getLeg());
    }
}
```

在上述例 4-8 中，cat 调用方法 f() 把对象 jerry 的引用"传值"给参数 mouse 后，对象 jerry 和对象 mouse 具有同样的成员变量，即同样的实体。因此，jerry 和 mouse 具有同样的功能，即 mouse 与 jerry 调用同一方法产生的行为完全相同。当对象 mouse 执行

```java
mouse=null;
```

后，mouse 就不再有任何实体，变成一个空对象；如果再执行

```java
mouse.setLeg(100);
```

就会引起 NullPointerExcetion 异常。但是，jerry 的引用没有发生任何变化，它依然引用着原来的实体，仍然可以调用方法产生行为。

【例 4-9】类 Cone 在创建对象时，将一个 Circle 对象的引用"传值"给 Cone 对象的 bottom（效果如图 4-14 所示）。

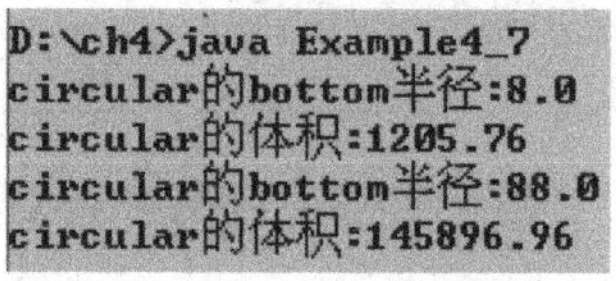

```
class Circle{
    double  radius;
    Circle(double r){
        radius=r;
    }
    double computerArea(){
        return 3.14*radius*radius;
    }
    void setRadius(double newRadius){
        radius=newRadius;
    }
    double getRadius(){
        return radius;
    }
}
class Cone{
    Circle  bottom;
    double  height;
    Cone(Circle c,double h){
        bottom=c;
        height=h;
    }
    double computerVolume(){
        double  volume;
        volume=bottom.computerArea()*height/3.0;
        return volume;
    }
    void setBottomRadius(double r){
        bottom.setRadius(r);
    }
    double getBottomRadius(){
        return bottom.getRadius();
    }
}
public class Example4_9{
    public static void main(String args[]){
        Circle circle=new Circle(8);
        Cone circular=new Cone(circle,18);
        System.out.println("circular 的 bottom 半径："+circular.getBottomRadius());
        System.out.println("circular 的体积："+circular.computerVolume());
        circular.setBottomRadius(88);
        System.out.println("circular 的 bottom 半径："+circular.getBottomRadius());
        System.out.println("circular 的体积："+circular.computerVolume());
    }
}
```

```
D:\ch4>java Example4_7
circular的bottom半径:8.0
circular的体积:1205.76
circular的bottom半径:88.0
circular的体积:145896.96
```

图 4-14　构造 Cone 对象

4.8 方法重载

方法重载是多态性的一种。所谓功能多态性，是指可以向功能传递不同的消息，以便让对象根据相应的消息来产生一定的行为。对象的功能通过类中的方法来体现，那么功能的多态性就是方法的重载。

方法重载是指一个类中可以有多个方法具有相同的名字，但这些方法的参数必须不同，即或者是参数的个数不同，或者是参数的类型不同。方法的返回类型和参数的名字不参与比较，也就是说，如果两个方法的名字相同，即使类型不同，也必须保证参数不同。

另一种多态是与继承有关的多态，将在第 5 章讨论。

【例 4-10】 类 Area 的 getArea 方法是一个重载方法（效果如图 4-15 所示）。

```
class People{
    double getArea(double x,int y){
        return x*y;
    }
    int getArea(int x,double y){
        return (int)(x*y);
    }
    double getArea(float x,float y,float z){
        return (x*x+y*y+z*z)*2.0;
    }
}
public class Example4_10{
    public static void main(String args[]){
        People  zhang=new People();
        System.out.println("面积："+zhang.getArea(10,3.88));
        System.out.println("面积："+zhang.getArea(10.0,8));
    }
}
```

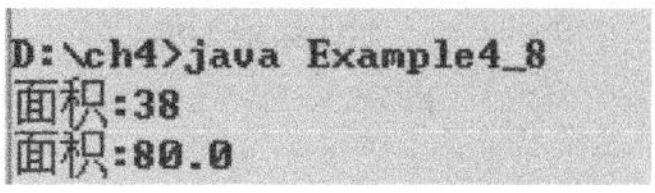

```
D:\ch4>java Example4_8
面积:38
面积:80.0
```
图 4-15　方法重载

4.9 关键字 this

this 是 Java 的关键字，可以出现在实例方法和构造方法中，但不可以出现在类方法中。

1. 在构造方法中使用 this

关键字 this 可以出现在类的构造方法中，代表使用该构造方法所创建的对象。

【例 4-11】 构造方法中出现了 this，表示对象在构造自己时调用了方法 cry()。

```
public class Tom{
    int leg;
    Tom(int n){
        this.cry();                        // 可以省略 this，将 this.cry(); 写成 cry();
        leg=n;
        this.cry();
    }
    void cry(){
        System.out.println("我是 Tom，我现在有"+leg+"条腿");
```

```
    }
    public static void main(String args[]){
        Tom cat=new Tom(4);                    // 当调用构造方法 Tom 时，其中的 this 就是对象 cat
    }
}
```

2. 在实例方法中使用 this

关键字 this 可以出现在类的实例方法中，代表使用该方法的当前对象。

实例方法可以操作成员变量。实际上，成员变量在实例方法中出现时，默认的格式如下：

```
    this.成员变量；
```

意思是当前对象的成员变量，如

```
    class A{
        int x;
        void f(){
            this.x=100;
        }
    }
```

上述类 A 中的实例方法 f()中出现了 this，this 代表使用 f 的当前对象。所以，this.x 表示当前对象的变量 x，当对象调用方法 f()时，将 100 赋给该对象的变量 x。当一个对象调用方法时，方法中的成员变量就是指分配给该对象的成员变量。因此，在通常情况下，可以省略成员变量名字前面的“this.”。

类的实例方法可以调用类的其他方法，调用的默认格式如下：

```
    this.方法；
```

例如：

```
    class B{
        void f(){
            this.g();                          // 对象调用方法 f 时又调用了方法 g
        }
        void g(){
            System.out.println("ok");
        }
    }
```

在上述类 B 中的方法 f()中出现了 this，this 代表使用方法 f()的当前对象，所以方法 f()的方法体中 this.g()就是当前对象调用方法 g()。也就是说，当某个对象调用方法 f()过程中，又调用了方法 g()。由于这种逻辑关系非常明确，一个方法调用另一个方法时可以省略方法名字前面的“this.”。

3. 类方法中不可以使用 this

this 不能出现在类方法中。这是因为，类方法可以通过类名直接调用，这时可能还没有任何对象诞生。

4. 区分成员变量和局部变量

成员变量在整个类内有效，局部变量仅在方法内有效。在方法体中声明的变量和方法的参数称为局部变量，方法的参数在整个方法内有效，方法内定义的局部变量从它定义的位置之后开始有效。

如果实例方法中或类方法局部变量的名字与成员变量的名字相同，则成员变量被隐藏，即这个成员变量在这个方法内暂时失效。例如：

```
class Tom{
  int x=188,y;
    void f(){
       int x=3;
       y=x;      // y 得到的值是 3，不是 188。如果方法 f 中没有 "int x=3;" 语句，y 的值将是 198
    }
  }
```

这时如果想在该实例方法或类方法内使用成员变量，对于实例方法，成员变量前面的"this."不可以省略；对于类方法，必须显式地使用类名操作类变量。例如：

```
class Tra{
    float  sideA, sideB, sideC;
    static int  count;
    void setSide(float sideA,float sideB,float sideC){
        this.sideA=sideA;                      // 使用 this 区分成员变量和局部变量
        this.sideB=sideB;
        this.sideC=sideC;
    }
    static void setCount(int count){
        Tra.count=count;                       // 使用类名区分成员变量和局部变量
    }
  }
```

this.sideA、this.sideB、this.sideC 分别表示当前对象的成员变量 sideA、sideB、sideC，Tra.count 表示所有对象共享的类变量。

4.10 包

包是 Java 语言中有效管理类的一个机制。

1. 包语句

通过关键字 package 声明包语句。package 语句作为 Java 源文件的第一条语句，指明该源文件定义的类所在的包。package 语句的一般格式如下：

```
package 包名;
```

如果源程序中省略了 package 语句，源文件中所定义命名的类被隐含地认为是无名包的一部分，即源文件中定义命名的类在同一个包中，但该包没有名字。

包名可以是一个合法的标识符，也可以是若干个标识符加"."分隔符而成，如

```
package sunrise;
package sun.com.cn;
```

程序如果使用了包语句，如

```
package tom.jiafei;
```

那么，目录结构必须包含如下结构"…\tom\jiafei"，如 D:\ch4\tom\jiafei，并且将源文件编译后得到的全部字节码文件复制到 D:\ch4\tom\jiafei 目录中。如果事先将源文件保存到 D:\ch4\tom\jiafei 中，然后编译源文件，那么生成的字节码文件就直接保存到当前目录中，如

```
D:\ch4\tom\jiafei\javac  源文件
```

【例 4-12】 将源文件保存到 D:\ch4\tom\jiafei 中。

```
package tom.jiafei;
class Tom{
    void speak(){
        System.out.println("Tom 类在 tom.jiafei 包中");
    }
}
public class Example4_12{
    public static void main(String args[]){
        Tom cat=new Tom();
        cat.speak();
        System.out.println("Example4_12 类也在 tom.jiafei 包中");
    }
}
```

编译源文件 D:\cha4\tom\jiafei\javac Example4_12.java，运行程序时必须到\tom\jiafei 的上一级目录\ch4 中运行（如图 4-16 所示），如 D:\ch4\java tom.jiafei. Example4_10。因为起了包名，类 Example4_12 的全名已经是 tom.jiafei.Example4_12（好比大连的全名是"中国.辽宁.大连"）。

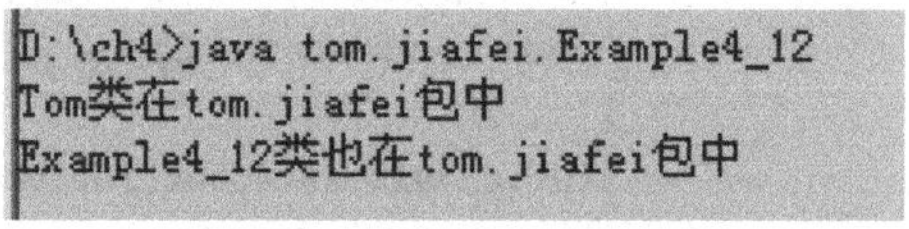

包名应该避免与其他包名冲突。但要做到这一点似乎很困难，因为全世界有很多 Java 开发程序员，别人无法知道他们用了哪些包名。因此，读者可以

```
D:\ch4>java tom.jiafei.Example4_12
Tom 类在 tom.jiafei 包中
Example4_12 类也在 tom.jiafei 包中
```

图 4-16 运行带包名的程序

根据自己项目的范围来决定自己的包名，也许需要在某个组织内部避免包名冲突。如果这个包需要在全世界是唯一的，Sun 公司建议大家使用自己所在公司的 Internet 域名倒置后作为包名，如将域名"sina.com.cn"的倒置"cn.com.sina"作为包名。

2. 使用参数"-d"编译源文件

javac 可以使用参数"-d"指定生成的字节码文件所在的目录。如果不使用参数"-d"，javac 在当前目录生成字节码文件。

如果源文件没有包名，使用参数"-d"可以将字节码文件存放到指定的有效目录中，如

```
javac -d F:\tsinghua\1000 MyFile.java
```

将源文件 MyFile.java 生成的全部字节码文件存放到 F:\tsinghua\1000 中。

如果源文件使用包语句声明了包名，使用参数"-d"时要格外小心。假设源文件的包名是 tom.jiafei，保存在 D:\2000 中，下述编译命令

```
D:\2000\javac -d  F:\tsinghua\1000  MyFile.java
```

会自动在 F:\tsinghua\1000 目录下再新建子目录结构 tom\jiafei，并将字节码文件存放到 F:\tsinghua\1000\tom\jiafei 中。而下述编译命令

```
D:\2000\javac -d .MyFile.java
```

会在 D:\2000\下新建子目录结构 tom\jiafei，并将字节码文件存到 D:\2000\tom\jiafei 中。

4.11 import 语句

使用 import 语句可以引入包中的类。在编写源文件时，除了自己编写类外，我们经常需要使用 Java 提供的许多类，这些类可能在不同的包中。在学习 Java 语言时，使用已经存在

的类，避免一切从头做起，这是面向对象编程的一个重要方面。

1．使用类库中的类

为了能使用 Java 提供给我们的类，我们可以使用 import 语句来引入包中的类。一个 Java 源程序中可以有多个 import 语句，它们必须写在 package 语句（假如有 package 语句的话）和源文件中类的定义之间。Java 提供了大约 130 个包，如：

java.applet	包含所有的实现 Java Applet 的类
java.awt	包含抽象窗口工具集中的图形、文本、窗口 GUI 类
java.awt.image	包含抽象窗口工具集中的图像处理类
java.lang	包含所有的基本语言类
java.io	包含所有的输入输出类
java.net	包含所有实现网络功能的类
java.util	包含有用的数据类型类

如果要引入一个包中的全部类，则可以用"*"来代替，如

```
import java.awt.*;
```
表示引入包 java.awt 中所有的类，而

```
import java.util.Date;
```
只是引入包 java.util 中的 Date 类。

系统自动引入 java.lang 这个包中的全部类，因此不需要使用 import 语句引入该包中的类。java.lang 包是 Java 语言的核心类库，它包含了运行 Java 程序必不可少的系统类。

如果使用 import 语句引入了整个包中的类，那么可能增加编译时间，但绝对不会影响程序运行的性能。Java 运行平台由所需要的 Java 类库和虚拟机组成，这些类库被包含在目录\jre\lib 中的压缩文件 rt.jar 中，当程序执行时，Java 运行平台从类库中加载程序真正使用的类字节码到内存。

【**例 4-13**】 使用 java.util 包中的 Date 类，用来显示本机的当前时间（效果如图 4-17 所示）。

图 4-17　使用 import 语句

```
import java.util.Date;
public class Example4_13{
    public static void main(String args[]){
        Date date=new Date();
        System.out.printf("本机的时间：\n%s", date);
    }
}
```

2．使用自定义包和无名包中的类

编译一个源文件，得到该源文件中类的字节码文件，然后供其他类使用，基本原则是：

① 如果应用程序所需的其他源文件没有包名，那么必须将该源文件编译后得到的字节码文件和应用程序存放在同一目录中。

② 如果应用程序所需的其他源文件有包名，如 tom.jiafei，那么可以将该源文件编译后得到的字节码文件存放到应用程序所在目录的 tom\jiafei 子目录中，如应用程序所在目录为 D:\ch4，那么在 ch4 下再建立子目录 tom\jiafei，然后将应用程序所需的包名为 tom.jiafei 的字节码存放到 D:\ch4\tom\jiafei 中。注意，不可以将包名为 tom.jiafei 的源文件或字节码存放到应用程序所在的 D:\ch4 目录中。

③ 如果应用程序所需的其他源文件有包名，如 tom.jiafei，但是没有将该源文件编译后得到的字节码文件存放到应用程序所在目录的 tom\jiafei 子目录中，而存放在其他目录的 tom\jiafei 子目录中，如 C:\2000\tom\jiafei 中，那么必须在 classpath 中指明 tom.jiafei 包的位置。可以在命令行中执行如下命令：

```
set classpath=E:\jdk1.6\jre\lib\rt.jar;.;C:\2000
```

或将上述命令添加到 classpath 值中。

对于上述①和②中，我们不必去修改 classpath 的值，因为默认的 classpath 的值是

```
E:\jdk1.6\jre\lib\rt.jar;.;
```

其中的 ".;" 表示可以加载应用程序当前目录中的无名包类，而且当前目录下的子目录可以作为包的名字来使用。

以下源文件 SquareEquation.java 只有一个类，这个类可以被其他程序引入使用，该源文件的包名是 tom.jiafei。

将下述源文件 SquareEquation.java 编译得到的字节码文件复制到 D:\ch4\tom\jiafei 中，或直接把源文件 SquareEquation.java 保存在 D:\ch4\tom\jiafei 中进行编译。

SquareEquation.java

```java
package tom.jiafei;
public class SquareEquation{
    double a,b,c;
    double root1,root2;
    boolean boo;
    public SquareEquation(double a,double b,double c){
        this.a=a;
        this.b=b;
        this.c=c;
        if(a!=0){
            boo=true;
        }
        else{
            boo=false;
        }
    }
    public void getRoots(){
    if(boo){
        System.out.println("是一元二次方程");
        double disk=b*b-4*a*c;
        if(disk>=0){
            root1=(-b+Math.sqrt(disk))/(2*a);
            root2=(-b-Math.sqrt(disk))/(2*a);
            System.out.printf("方程的根：%f,%f\n",root1,root2);
        }
        else{
            System.out.printf("方程没有实根\n");
        }
    }
    else{
        System.out.println("不是一元二次方程");
    }
```

```
        }
    public void setCoefficient(double a,double b,double c){
        this.a=a;
        this.b=b;
        this.c=c;
        if(a!=0){
            boo=true;
        }
        else{
            boo=false;
        }
    }
}
```

【例 4-14】 将源文件保存在 D:\ch4 目录中，用 import 语句引入包 tom.jiafei 中的 SquareEquation 类。注意，不可以将上述 SquareEquation.java 及编译后得到的字节码文件保存在 D:\ch4 中（效果如图 4-18 所示）。

```
import tom.jiafei.*;
public class Example4_14{
    public static void main(String args[ ]){
        SquareEquation equation=new SquareEquation(4,5,1);
        equation.getRoots();
        equation.setCoefficient(-3,4,5);
        equation.getRoots();
    }
}
```

```
D:\ch4>java Example4_12
是一元二次方程
方程的根:-0.250000,-1.000000
是一元二次方程
方程的根:-0.786300,2.119633
```

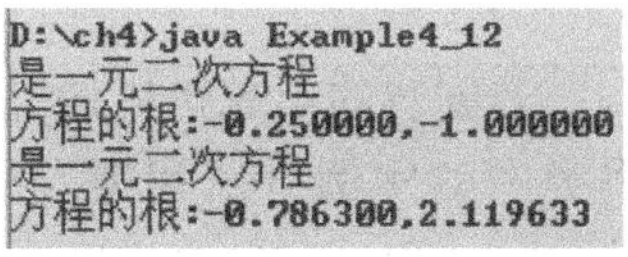

图 4-18　使用自定义包中的类

也可使用无名包中的类。若上述 SquareEquation.java 源文件中没有使用包语句，如果一个程序使用 SquareEquation 类，可以将该类的字节码文件存放在当前程序所在的目录中。

编写一个有价值的类是令人高兴的事情，可以将这样的类打包，形成有价值的"软件产品"，供其他软件开发者使用。

3．避免类名混淆

在一个源文件使用一个类时，只要不引起混淆，就可以省略该类的包名。但在某些特殊情况下不能省略包名。

（1）区分无包名和有包名的类

如果一个源文件使用了一个无名包中的类，如 Triangle 类，又用 import 语句引入了某个有包名的同名的类，如 tom.jiafei 中的 Triangle 类，就可能引起类名的混淆。

如果源文件明确地引入了该类，如

```
import tom.jiafei.Triangle;
```

当使用 Triangle 类时，如果省略包名，那么源文件使用的是 tom.jiafei 包中的 Triangle 类，即源文件将无法使用无名包中的 Triangle 类。如果想同时使用 tom.jiafei 包中的 Triangle 类和无名包中的 Triangle 类，就不能省略包名。例如：

```
Triangle a1=new Triangle();
tom.jiafei.Triangle a2=new tom.jiafei.Triangle();
```

那么，a1 是无包名 Triangle 类创建的对象，a2 是 tom.jiafei 包中的 Triangle 类创建的对象。

如果源文件使用通配符*引入了包中的全部的类：

```
import tom.jiafei.*;
```
使用 Triangle 类时，如果省略包名，那么源文件使用的无名包中的 Triangle 类，即源文件将无法使用 tom.jiafei 中的 Triangle 类。如果想同时使用 tom.jiafei 包中的 Triangle 类和无名包中的 Triangle 类，就不能省略包名。例如：

```
Triangle  a1=new Triangle();
tom.jiafei. Triangle a2=new tom.jiafei.Triangle();
```
那么，a1 是无包名 Triangle 类创建的对象，a2 是 tom.jiafei 包中的 Triangle 类创建的对象。

（2）区分有包名的类

如果一个源文件引入了两个包中同名的类，那么在使用该类时不允许省略包名，如引入 tom.jiafei 包中的 AA 类和 sun.com 包中的 AA 类，那么程序在使用 AA 类时必须带有包名：

```
tom.jiafei.AA  rose=new tom.jiafei.AA();
sun.com.AA  rose=new sun.com.AA();
```

4.12 访问权限

类创建的对象可以通过“.”运算符访问分配给自己的变量，也可以通过“.”运算符调用类中的实例方法和类方法。类在定义声明成员变量和方法时，可以用关键字 private、protected 和 public 来说明成员变量和方法的访问权限，使得对象访问自己的变量和使用方法受到一定的限制。注意，访问权限是指类创建的对象是否可以通过“.”运算符访问分配给自己的变量、是否可以通过“.”运算符调用类中的实例方法和类方法。而类中的实例方法总是可以操作该类中的实例变量和类变量；类方法总是可以操作该类中的类变量，与访问限制符没有关系。

1. 私有变量和私有方法

用关键字 private 修饰的成员变量和方法被称为私有变量和私有方法，如
```
class A{
    private float  weight;                    // weight 被修饰为私有的 float 类型变量
    private float f(float a, float b){        // 方法 f 是私有方法
        ……
    }
}
```
另一个类中用类 A 创建一个对象后，该对象不能访问自己的私有变量和私有方法。例如：
```
class B{
    void g(){
        A a=new A();
        a.weight=23f;                         // 非法
        a.f(3f, 4f);                          // 非法
    }
}
```
如果类 A 中的某个成员是私有类变量（静态成员变量），那么在另一个类中，也不能通过类名 A 操作这个私有类变量。如果类 A 中的某个方法是私有的类方法，那么在另一个类中，也不能通过类名 A 调用这个私有的类方法。

对于私有成员变量或方法，只有在本类中创建该类的对象时，这个对象才能访问自己的私有成员变量和类中的私有方法，如例 4-15。

【例 4-15】 私有变量和私有方法示例。

```java
public class Example4_15{
    private int money;
    Example4_15(){
        money=2000;
    }
    private int getMoney(){
        return money;
    }
    public static void main(String args[ ]){
        Example4_15 exa=new Example4_15();        // 对象 exa 在 Example4_15 类中
        exa.money=3000;
        int  m=exa.getMoney();
        System.out.println("money="+m);
    }
}
```

用某个类在另一个类中创建对象后，如果不希望该对象直接访问自己的变量，即通过"."运算符来操作自己的成员变量，应当将该成员变量访问权限设置为 private。面向对象编程提倡对象应当调用方法来改变自己的属性，我们应当提供操作数据的方法，这些方法可以经过精心的设计，使得对数据的操作更合理，如下面的例 4-16。

【例 4-16】 私有方法的调用（效果如图 4-19 所示）。

```java
class Employee{
    private double salary=1800;
    public void setSalary(double salary){
        if(salary>1800&&salary<=6000){
            this.salary=salary;
        }
    }
    public double getSalary(){
        return salary;
    }
}
public class Example4_16{
    public static void main(String args[]){
        Employee zhang=new Employee();
        Employee wang=new Employee();
        zhang.setSalary(100);
        System.out.println("zhang 的薪水："+zhang.getSalary());
        // wang.salary=88888 是非法的，因为对象 wang 已经不在 Employee 类中
        wang.setSalary(3888);
        System.out.println("wang 的薪水："+wang.getSalary());
    }
}
```

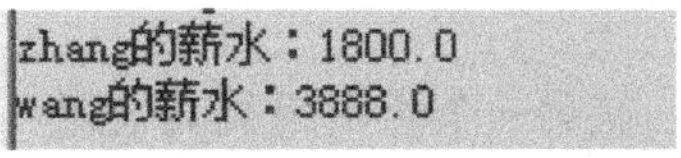

zhang的薪水：1800.0
wang的薪水：3888.0

图 4-19　使用访问限制修饰符

2. 共有变量和共有方法

用 public 修饰的成员变量和方法被称为共有变量和共有方法，如

```java
class A{
    public float  weight;               // weight 被修饰为 public 的 float 类型变量
    public float f(float a, float b){   // 方法 f 是 public 方法
```

```
      ……
   }
}
```

在任何一个类中用类 A 创建了一个对象后，该对象能访问自己的 public 变量和类中的 public 方法。例如：

```
class B{
   void g(){
      A a=new A();
      a.weight=23f;                           // 合法
      a.f(3,4);                               // 合法
   }
}
```

如果类 A 中的某个成员是 public 类变量，那么在另一个类中，也可以通过类名来操作这个成员变量。如果类 A 中的某个方法是 public 类方法，在另一个类中也可以通过类名调用这个 public 类方法。

3. 友好变量和友好方法

不用 private、public、protected 修饰符的成员变量和方法被称为友好变量和友好方法，如

```
class A{
   float weight;                              // weight 是友好的 float 类型变量
   float f(float a,float b){                  // 方法 f 是友好方法
      ……
   }
}
```

在另一个类中用类 A 创建了一个对象后，如果这个类与类 A 在同一个包中，那么该对象能访问自己的友好变量和友好方法。在任何一个与 Tom 在同一包中的类中，也可以通过类 A 的类名访问类 A 的友好类变量和友好类方法。

假如 B 与 A 是同一个包中的类，那么下述类 B 中的 a.weight 和 a.f(3, 4)都是合法的。

```
class B{
   void g(){
      A cat=new A();
      a.weight=23f;                           // 合法
      a.f(3, 4);                              // 合法
   }
}
```

在源文件中编写命名的类总是在同一包中的。如果源文件使用 import 语句引入了另一个包中的类，并用该类创建了一个对象，那么该类的这个对象将不能访问自己的友好变量和友好方法。

4. 受保护的成员变量和方法

用 protected 修饰的成员变量和方法被称为受保护的成员变量和受保护的方法，如

```
class A{
   protected float  weight;                   // weight 被修饰为 protected 的 float 类型变量
   protected float f(float a, float b){       // 方法 f 是 protected 方法
      ……
   }
}
```

在另一个类中用类 A 创建了一个对象后，如果这个类与类 A 在同一个包中，那么该对象

能访问自己的 protected 变量和 protected 方法。在任何一个与 A 在同一包中的类中，也可以通过类 A 的类名访问类 A 的 protected 类变量和 protected 类方法。

假如 B 与 A 是同一个包中的类，那么类 B 中的 a.weight 和 a.f(3,4)都是合法的。

```
class B{
    void g(){
        Tom a=new Tom();
        a.weight=23f;                    // 合法
        a.f(3,4);                        // 合法
    }
}
```

在后面讲述类继承时，我们会阐述友好成员和受保护成员的区别。也就是说，类中的保护成员如果是继承得到的，那么它的访问权限和类本身声明定义的保护成员是不同的。

5. public 类与友好类

类声明时，如果关键字 class 前面加上关键字 public，就称这样的类是一个 public 类，不能用 protected 和 private 修饰类。例如：

```
public class A{
    ……
}
```

可以在任何另一个类中使用 public 类创建对象。如果一个类不加 public 修饰，如

```
class A{
    ……
}
```

这样的类被称为友好类。另一个类中使用友好类创建对象时，要保证它们是在同一包中。

假设对象 a 是类 A 创建的，我们把对象对成员的访问权限总结在表 4.1 中。

表 4.1　对象访问成员

对象 a 的位置	private 成员	友好成员	protected 成员	public 成员
在类 A 中，a 访问成员	允许	允许	允许	允许
在与 A 同包的另外一个类中 a 访问成员	不允许	允许	允许	允许
在与 A 不同包的另外一个类中 a 访问成员	不允许	不允许	不允许	允许

6. 关于构造方法

private、public、protected 修饰符的意义同样适合于构造方法。如果一个类没有明确地声明构造方法，那么 public 类的默认构造方法是 public，友好类的默认构造方法是友好的。注意，如果一个 public 类定义声明的构造方法中没有 public，那么在另一个类中使用该类创建对象时，使用的构造方法就不是 public，创建对象会受到一定的限制。

4.13　对象的组合

一个类的成员变量可以是 Java 允许的任何数据类型，因此一个类可以把对象作为自己的成员变量，如果用这样的类创建对象，那么该对象中就会有其他对象，也就是说，该对象将其他对象作为自己的组成部分（这就是人们常说的 Has-A），或者说该对象是由几个对象组合而成的，如图 4-20 所示。

对象 a　对象 b　对象 c（a 和 b 的组合）　对象 d（a 和 b 的组合）

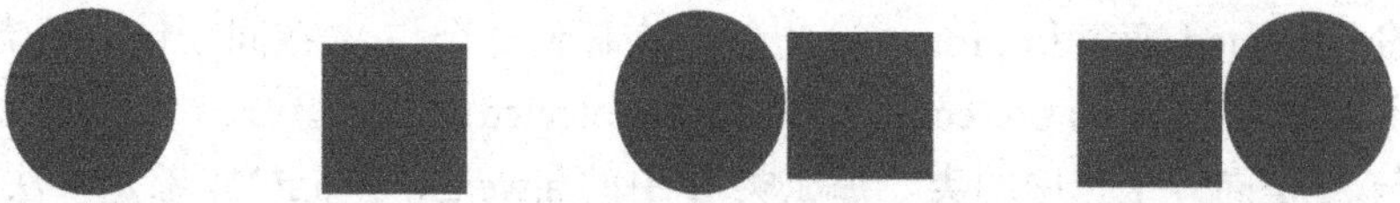

图 4-20　对象的组合

下面的例 4-17 中共编写了 4 个类，分成 4 个源文件 Rectangle.java、Circle.java、Geometry.java 和 MainClass.java，需要将它们分别编辑，并保存在相同的目录如 D:\ch4 中。

Rectangle.java 中的 Rectangle 类有 double 型的成员变量 x、y、width、height，用来表示矩形左上角的位置坐标以及矩形的宽和高。该类提供了修改以及返回 x、y、width、height 的实例方法。

Circle.java 中的 Circle 类有 double 型的成员变量 x、y、radius，分别用来表示对象的圆心坐标和圆的半径。该类提供了修改以及返回 x、y、radius 的实例方法。

Geometry.java 中的 Geometry 类有 Rectangle 类型和 Circle 类型的成员变量，名字分别为 rect 和 circle，即 Geometry 类创建的对象（几何图形）由一个 Rectangle 对象和一个 Circle 对象组合而成。该类提供了修改 rect、circle 位置和大小的方法，提供了显示 rect 和 circle 位置关系的方法。

MainClass.java 含有主类，主类在 main()方法中用 Geometry 类创建对象，该对象调用相应的方法设置其中的圆的位置和半径、调用相应的方法设置其中的矩形的位置以及宽和高。

【例 4-17】 对象的组合（效果如图 4-21 所示）。

```
D:\ch4>java MainClass
图形中的矩形在圆的左侧
图形中的矩形在圆的右侧
```

图 4-21　对象的组合

Rectangle.java

```
public class Rectangle{
    private double  x, y, width, height;
    public void setX(double x){
       this.x=x;
    }
    public double getX(){
       return x;
    }
    public void setY(double y){
       this.y=y;
    }
    public double getY(){
       return y;
    }
    public void setWidth(double width){
       if(width<=0)
          this.width=0;
       else
          this.width=width;
    }
    public double getWidth(){
       return width;
    }
    public void setHeight(double height){
       if(height<=0)
```

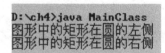

```
              height=0;
            else
              this.height=height;
        }
        public double getHeight(){
            return height;
        }
    }
```

Circle.java

```java
public class Circle{
    private double  x, y, radius;
    public void setX(double x){
        this.x=x;
    }
    public double getX(){
        return x;
    }
    public void setY(double y){
        this.y=y;
    }
    public double getY(){
        return y;
    }
    public void setRadius(double radius){
        if(radius<0)
            this.radius=0;
        else
            this.radius=radius;
    }
    public double getRadius(){
        return radius;
    }
}
```

Geometry.java

```java
public class Geometry{
    private Rectangle  rect;
    private Circle  circle;
    Geometry(Rectangle rect,Circle circle){
        this.rect=rect;
        this.circle=circle;
    }
    public void setCirclePosition(double x,double y){
        circle.setX(x);
        circle.setY(y);
    }
    public void setCircleRadius(double radius){
        circle.setRadius(radius);
    }
    public void setRectanglePosition(double x,double y){
        rect.setX(x);
        rect.setY(y);
```

```
        }
        public void setRectangleWidthAndHeight(double w,double h){
            rect.setWidth(w);
            rect.setHeight(h);
        }
        public void showState(){
            double  circleX=circle.getX();
            double  rectX=rect.getX();
            if(rectX-circleX==circle.getRadius()*2)
                System.out.println("图形中的矩形在圆的右侧");
            if(circleX-rectX==rect.getWidth())
                System.out.println("图形中的矩形在圆的左侧");
        }
    }
```

MainClass.java

```
    public class MainClass{
        public static void main(String args[]){
            Rectangle  rect1=new Rectangle(), rect2=new Rectangle();
            Circle  circle1=new Circle(), circle2=new Circle();
            Geometry geometryOne,geometryTwo;
            geometryOne=new Geometry(rect1,circle1);
            geometryOne.setRectanglePosition(30,40);
            geometryOne.setRectangleWidthAndHeight(120,80);
            geometryOne.setCirclePosition(150,30);
            geometryOne.setCircleRadius(60);
            geometryTwo=new Geometry(rect2,circle2);
            geometryTwo.setRectanglePosition(160,160);
            geometryTwo.setRectangleWidthAndHeight(120,80);
            geometryTwo.setCirclePosition(40,30);
            geometryTwo.setCircleRadius(60);
            geometryOne.showState();
            geometryTwo.showState();
        }
    }
```

4.14 基本数据类型的类包装

Java 的基本数据类型包括：byte、int、short、long、float、double、char。Java 也提供了基本数据类型相关的类，分别是：Byte、Integer、Short、Long、Float、Double 和 Character 类（在 java.lang 包中），实现了对基本数据类型的封装。

（1）Double 和 Float 类

Double 类和 Float 类实现了对 double 和 float 基本数据类型的类包装。可以使用 Double 类的构造方法

```
    Double(double num)
```

创建一个 Double 类型的对象；可以使用 Float 类的构造方法

```
    Float(float num)
```

创建一个 Float 类型的对象。Double 对象调用 doubleValue()方法可以返回该对象含有的 double

类型数据，Float 对象调用 floatValue()方法可以返回该对象含有的 float 类型数据。

（2）Byte、Integer、Short、Long 类

下述构造方法分别可以创建 Byte、Integer、Short 和 Long 类型的对象：

```
Byte(byte num)
Integer(int num)
Short(short num)
Long(long num)
```

Byte、Integer、Short 和 Long 对象分别调用 byteValue()、intValue()、shortValue()和 longValue()方法可以返回该对象含有的基本类型数据。

（3）Character 类

Character 类实现了对 char 基本数据类型的类包装。可以使用 Character 类的构造方法

```
Character(char c)
```

创建一个 Character 类型的对象。Character 对象调用 charValue()方法可以返回该对象含有的 char 类型数据。

Character 类还包括一些类方法，这些方法可以直接通过类名调用，用来进行字符分类，如判断一个字符是否是数字字符或改变一个字符的大小写等。

Character 类中的一些常用类方法如下：

❖ public static boolean isDigit(char ch) ——如果 ch 是数字字符方法，返回 true，否则返回 false。
❖ public static boolean isLetter(char ch) ——如果 ch 是字母字符，返回 true，否则返回 false。
❖ public static boolean isLetterOrDigit(char ch) ——如果 ch 是数字字符或字母字符，返回 true，否则返回 false
❖ public static boolean isLowerCase(char ch) ——如果 ch 是小写字母字符，返回 true，否则返回 false。
❖ public static boolean isUpperCase(char ch) ——如果 ch 是大写字母字符，返回 true，否则返回 false。
❖ public static char toLowerCase(char ch) ——返回 ch 的小写形式。
❖ public static char toUpperCase(char ch) ——返回 ch 的大写形式。
❖ public static boolean isSpaceChar(char ch) ——如果 ch 是空格，返回 true。

【例 4-18】　将一个字符数组中的小写字母变成大写字母，并将大写字母变成小写字母。

```
public class Example4_18{
    public static void main(String args[ ]){
      char[] a={'a','b','c','D','E','F'};
      for(int i=0; i<a.length; i++){
        if(Character.isLowerCase(a[i])){
          a[i]=Character.toUpperCase(a[i]);
        }
        else if(Character.isUpperCase(a[i])){
          a[i]=Character.toLowerCase(a[i]);
        }
      }
      for(int i=0; i<a.length; i++){
        System.out.printf("%6c",a[i]);
```

```
        }
      }
    }
```

4.15 对象数组

我们曾在第 2 章学习了数组，数组是相同类型变量按顺序组成的集合。如果程序需要某个类的若干个对象，如 Integer 类的 10 个对象，显然如下声明 10 个 Integer 对象是不可取的：

```
    Integer  m1, m2, m3, m4, m5, m6, m7, m8, m9, m0;
```

正确的做法是使用对象数组，即数组的元素是对象。例如：

```
    Integer[]  m;
    m = new Integer[10];
```

注意，上述代码仅定义了数组 m 有 10 个元素，并且每个元素都是 Integer 类型的对象，但这些对象目前都是空对象，因此在使用数组 m 中的对象之前，应当创建数组所包含的对象。例如：

```
    m[0] = new Integer(120);
```

【例 4-19】 使用对象数组。

```
    public class Exa mple4_19 {
      public static void main(String args[ ]) {
        Integer[]  m = new Integer[10];            // 创建对象数组 m
        for(int i=0; i<m.length; i++) {
          m[i] = new Integer(101+i);               // 创建 Integer 对象 m[i]
        }
        for(int i=0; i<m.length; i++) {
          System.out.println(m[i].intValue());
        }
      }
    }
```

4.16 反编译和文档生成器

使用 SDK 提供的反编译器 javap.exe 可以将字节码反编译为源码，查看源码类中的 public 方法名字和 public 成员变量的名字，如

```
    javap java.awt.Button
```

将列出 Button 中的 public 方法和 public 成员变量。下列命令

```
    javap -private java.awt.Button
```

将列出 Button 中的全部方法和成员变量。

使用 SDK 提供的 javadoc.exe 可以制作源文件类结构的 HTML 文档。

假设 D:\test 有源文件 Example.java，用 javadoc 生成 Example.java 的 HTML 文档：

```
    javadoc Example.java
```

这时在文件夹 test 中将生成若干 HTML 文档。查看这些文档，可以知道源文件中类的组成结构，如类中的方法和成员变量。

使用 javadoc 时，也可以使用参数 "-d" 指定生成文档所在的目录，如

```
    javadoc -d F:\gxy\book  Example.java
```

4.17　JAR 文件

Java 应用程序在运行时，需要将使用到的类的字节加载到内存，因此，对字节码文件所在的位置就有着特殊的要求。以下分 4 种情形，其中前 3 种情形已在 4.11 节讲述过，本节主要介绍第 4 种情形。

1. 使用当前应用程序所在目录中没有包名的类

对于当前应用程序所在目录中没有包名的类，可直接加载使用。

2. 使用 Java 运行环境中类库中的类

Java 运行环境所提供的类库中的类都是有包名的，应用程序必须使用 import 语句引入相应包中的类。

3. 使用应用程序当前目录的子目录中的类

应用程序当前目录下的子目录可以作为用户自定义包的包名，具有该包名的类必须存放在这些子目录中，应用程序就可以使用 import 语句引入用户自定义包中的类了。

4. 使用 Java 运行环境扩展中的类

本节介绍怎样使用 Java 运行环境扩展中的类。可以使用 jar.exe 命令把一些类的字节码文件压缩成一个 JAR 文件，然后将这个 JAR 文件存放到 Java 运行环境的扩展中，即将该 JAR 文件存放在 JDK 安装目录的 jre\lib\ext 文件夹中。这样，Java 应用程序就可以使用该 JAR 文件中的类来创建对象。

（1）有包名的类

下列 TestOne 和 TestTwo 类的包名为 moon.star。

TestOne.java

```
package moon.star;                          // 包语句
public class TestOne{
  public void fTestOne(){
    System.out.println("I am a method In TestOne class");
  }
}
```

TestTwo.java

```
package moon.star;                          // 包语句
public class TestTwo{
  public void fTestTwo(){
    System.out.println("I am a method In TestTwo class");
  }
}
```

将上述 TestOne.java 和 TestTwo.java 保存到某个\moon\star 目录中，如 C:\1000\moon\star，然后进入该目录分别编译这两个源文件。

现在将 C:\1000\moon\star 目录中的 TestOne.class 和 TestTwo.class 压缩成一个 JAR 文件 Jerry.jar。首先编写一个清单文件：hello.mf（Manifestfiles）。

> 在编写清单文件 hello.mf 时，在 "Manifest-Version:" 与 "1.0" 之间、"Class:" 与类之间，以及 "Created-By:" 与 "1.5" 之间必须有且只有一个空格。

hello.mf

```
Manifest-Version: 1.0
Class: moon.start.TestOne moon.star.TestTwo
Created-By: 1.5
```

将 hello.mf 保存到 C:\1000 目录中（不可以保存到 C:\1000\moon\star 中）。

为了使用 jar 命令来生成一个 JAR 的文件，首先需要进入到 C:\1000 目录（不可以进入到 C:\1000\moon\star），即进入包名的上一层目录，然后使用 jar 命令来生成一个名为 Jerry.jar 的文件，如下所示：

```
C:\1000\jar cfm Jerry.jar hello.mf moon\star\TestOne.class moon\star\TestTwo.class
```

如果 C:\1000\moon\star 中只有 TestOne.class 和 TestTwo.class 两个字节码文件，也可以使用如下命令：

```
C:\1000\jar cfm Jerry.jar hello.mf moon\star\*.class
```

最后，将 jar 命令在 C:\1000 目录中生成的 Jerry.jar 文件复制到 Java 运行环境的扩展中，即将该 Jerry.jar 文件存放在 JDK 安装目录的 jre\lib\ext 文件夹中。

下面的 Use 类中使用 import 语句引入了 Jerry.jar 中的 TestOne、TestTwo 类。

```
import moon.star.*;
public class Use{
    public static void main(String args[]){
        TestOne a=new TestOne();
        a.fTestOne();
        TestTwo b=new TestTwo();
        b.fTestTwo();
    }
}
```

（2）无包名的类

如果 TestOne 和 TestTwo 类没有包名，只需将 TestOne.java 和 TestTwo 保存到 C:\1000 中、编译得到字节码文件。将（1）中清单文件中类的包名去掉后保存到 C:\1000 中。进入到 C:\1000 目录，使用 jar 命令：

```
C:\1000\jar cfm Jerry.jar hello.mf TestOne.class TestTwo.class
```

如果 C:\1000 只有 TestOne.class 和 TestTwo.class 两个字节码文件，也可以使用如下命令：

```
C:\1000\jar cfm Jerry.jar hello.mf *.class
```

最后，将 jar 命令在 C:\1000 目录中生成的 Jerry.jar 文件复制到 JDK 安装目录的 jre\lib\ext 文件夹中，应用程序就可以直接使用 Jerry.jar 文件中的 TestOne.class 和 TestTwo.class。

问 答 题

1．在声明类时，类名应遵守哪些习惯？

2．类体内容有哪两种重要的成员？

3．实例方法可以操作类变量吗？类方法可以操作实例变量吗？

4．当类的字节码加载到内存时，类变量就一定分配了内存空间吗？

5．类的实例变量在什么时候会被分配内存空间？

6．一个类的类变量被该类创建的所有对象共享吗？

7. 不同对象的实例变量分配的内存空间地址一定不同吗？

8. 什么叫方法的重载？构造方法可以重载吗？

9. 为什么类方法不可以调用实例方法。

10. 为什么类方法中不能操作实例成员变量。

11. 实例方法可以用类名直接调用吗？

12. 关键字 this 可以出现在构造方法中吗？可以出现在实例方法中吗？可以出现在类方法中吗？

13. 源文件中声明编写的类一定在同一包中吗？

14. "import java.awt.*;" 和 "import java.awt.Button" 有什么不同？

15. 程序中如果使用了 "import java.util.*;"，程序运行时，要加载 java.util 包中的全部类到内存吗？

16. 有哪几种访问权限修饰符？说出其中一种修饰符的作用。

17. 怎样反编译一个类？

18. 请写出下列代码中类 A 的输出结果。

```
class B{
    int  n;
    static int  sum=;
    void setN(int n){
        this.n=n;
    }
    int getSum(){
        for(int i=1; i<=n; i++){
            sum=sum+i;
        }
        return sum;
    }
}
public class A{
    public static void main(String args[]){
        B  b1=new B(), b2=new B();;
        b1.setN(3);
        b2.setN(5);
        int  s1=b1.getSum();
        int  s2=b2.getSum();
        System.out.println(s1+s2);
    }
}
```

作 业 题

1. 编写一个类，该类创建的对象可以计算等差数列的和。

2. 编写一个类，该类创建的对象可以输出英文字母表。

3. 编写一个类，该类封装了一元二次方程共有的属性和功能，即该类有刻画方程系数的 3 个成员变量以及计算实根的方法。要求：该类的所有对象共享常数项。

4. 编写两个类：A 和 B，A 创建的对象可以计算两个正整数的最大公约数，B 创建的对象可以计算两个数的最小公倍数。要求：B 类中有一个成员变量是用 A 类声明对象。

5. 编写使用了包语句的类，然后在应用程序中用 import 语句引入该类，并用该类创建对象。

第 5 章 继承、接口和泛型

本章导读

✿ 子类和父类
✿ 子类的继承性
✿ 子类对象的构造过程
✿ 成员变量的隐藏和方法的重写
✿ final 类和 final 方法
✿ 对象的上转型对象
✿ 继承和多态
✿ abstract 类
✿ 面向抽象编程
✿ 接口和接口回调
✿ 面向接口编程
✿ 内部类、匿名类、异常类和泛型类

　　第 4 章主要讲述了类和对象的有关知识,讨论了类的构成以及用类创建对象等主要问题,主要体现了面向对象编程的一个重要特点：数据的封装。面向对象编程的另一个特点就是继承。本章的主要内容之一就是类的继承、与继承有关的多态性以及接口等重要概念,本章还将初步介绍 JDK 1.5 新推出的泛型。

5.1　子类和父类

　　继承是一种由已有的类创建新类的机制。利用继承,可以先创建一个共有属性的一般类,根据该一般类再创建具有特殊属性的新类,新类继承一般类的状态和行为,并根据需要增加自己的新的状态和行为。由继承而得到的类称为子类,被继承的类称为父类（超类）。父类可以是 Java 类库中的类,也可以是自己编写的类。利用继承可以有效地实现代码的重复使用,子类只需添加新的功能代码即可。Java 不支持多重继承,即子类只能有一个父类。

　　在类的声明中,使用关键字 extends 来声明一个类是另一个类的子类,格式如下：

```
class 子类名 extends 父类名{
    ……
}
```

例如：

```
class Students extends People{
```

```
        ......
    }
```

把 Students 声明为 People 类的子类（扩展），而 People 是 Students 的父类（超类）。

如果一个类的声明中没有使用关键字 extends，这个类被系统默认为是 Object 的子类，Object 是包 java.lang 中的类。也就是说，类声明

```
    class A{
        ......
    }
```

与

```
    class A extends Object{
        ......
    }
```

是等同的。

5.2 子类的继承性

1. 继承的定义

子类的成员中有一部分是子类自己声明定义的，另一部分是从它的父类继承的。子类继承父类的成员变量作为自己的一个成员变量，就好像它们是在子类中直接声明一样，可以被子类中自己声明的任何实例方法操作。也就是说，一个子类继承的成员应当是这个类的完全意义的成员，如果子类中声明的实例方法不能操作父类的某个成员变量，该成员变量就没有被子类继承。子类继承父类的方法作为子类中的一个方法，就像它们是在子类中直接声明一样，可以被子类中自己声明的任何实例方法调用。

2. 子类和父类在同一包中的继承性

如果子类和父类在同一个包中，那么子类自然地继承了其父类中不是 private 的成员变量作为自己的成员变量，也自然地继承了父类中不是 private 的方法作为自己的方法。继承的成员变量以及方法的访问权限保持不变。

【例 5-1】 Son 是 Father 的子类，而 GrandSon 是 Son 的子类，注意子类的继承性（效果如图 5-1 所示）。

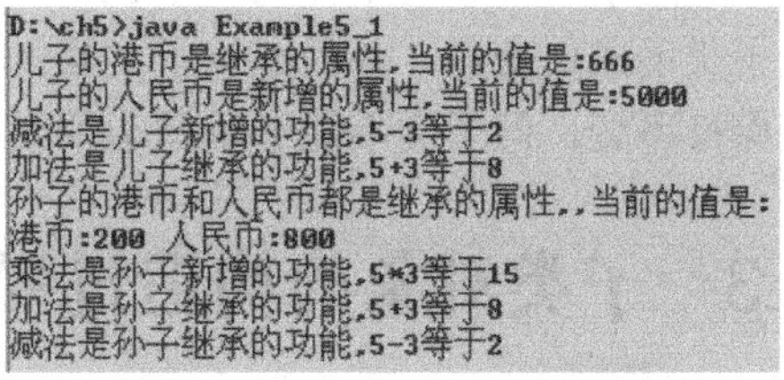

```
    class Father{
        private int  moneyDollar=300;
        int  moneyHK=200;
        int add(int x, int y){
            return x+y;
        }
    }
    class Son extends Father{
        int  moneyRMB=800;
        public void changMoneyHK(int x){
            moneyHK=x;
        }
        public void changMoneyRMB(int x){
            moneyRMB=x;
        }
```

```
D:\ch5>java Example5_1
儿子的港币是继承的属性,当前的值是:666
儿子的人民币是新增的属性,当前的值是:5000
减法是儿子新增的功能,5-3等于2
加法是儿子继承的功能,5+3等于8
孙子的港币和人民币都是继承的属性,,当前的值是:
港币:200 人民币:800
乘法是孙子新增的功能,5*3等于15
加法是孙子继承的功能,5+3等于8
减法是孙子继承的功能,5-3等于2
```

图 5-1 子类的继承性

```
      int subs(int x,int y){
         return x-y;
      }
   }
   class GrandSon extends Son{
      int multi(int x, int y){
         return x*y;
      }
   }
   public class Example5_1{
      public static void main(String args[]){
         int  a=5, b=3;
         Son  son=new Son();
         GrandSon sunzi=new GrandSon();
         son.changMoneyHK(666);
         son.changMoneyRMB(5000);
         System.out.println("儿子的港币是继承的属性，当前的值是：" +son.moneyHK);
         System.out.println("儿子的人民币是新增的属性，当前的值是：" +son.moneyRMB);
         System.out.printf("减法是儿子新增的功能，%d-%d 等于%d\n", a,b,son.subs(a,b));
         System.out.printf("加法是儿子继承的功能，%d+%d 等于%d\n", a,b,son.add(a,b));
         System.out.println("孙子的港币和人民币都是继承的属性，当前的值是：");
         System.out.println("港币：" +sunzi.moneyHK+" 人民币：" +sunzi.moneyRMB);
         System.out.printf("乘法是孙子新增的功能，%d*%d 等于%d\n", a,b,sunzi.multi(a,b));
         System.out.printf("加法是孙子继承的功能，%d+%d 等于%d\n", a,b,sunzi.add(a,b));
         System.out.printf("减法是孙子继承的功能，%d-%d 等于%d\n", a,b,sunzi.subs(a,b));
      }
   }
```

按照继承性，Son 类继承了父类 Father 的 moneyHK 作为自己的成员变量，就像在子类 Son 中声明了 "int moneyHK=200;"。同样，GrandSon 类继承了父类 Son 的 moneyHK 和 moneyRMB 作为自己的成员变量，就像在子类 GrandSonn 中声明了 "int moneyHK=200; int moneyRMB=800;"。

3．子类和父类不在同一包中的继承性

如果子类和父类不在同一个包中，那么子类继承了父类的 protected、public 成员变量作为子类的成员变量，并且继承了父类的 protected、public 方法，继承的成员或方法的访问权限保持不变，但子类不能继承父类的友好变量和友好方法。

5.3　子类对象的构造过程

当用子类的构造方法创建一个子类的对象时，子类的构造方法总是先调用父类的某个构造方法。也就是说，如果子类的构造方法没有明显地指明使用父类的哪个构造方法，子类就调用父类的不带参数的构造方法。因此，我们可以这样来理解子类创建的对象：① 将子类中声明的成员变量作为子类对象的成员变量；② 父类的成员变量也都分配了内存空间，但只将其中一部分（继承的那部分）作为子类对象的成员变量。也就是说，父类中的 private 成员变量尽管分配了内存空间，也不作为子类对象的成员，即子类不继承父类的私有成员。同样，如果子类和父类不在同一包中，尽管父类的友好成员分配了内存空间，也不作为子类的成员，

即子类不继承父类的友好成员。

子类对象内存示意如图 5-2 所示，叉号表示子类中声明定义的方法不可以操作这些内存单元，对号表示子类中声明定义的方法可以操作这些内存单元。

通过上面的讨论，我们有这样的感觉：子类创建对象时似乎浪费了一些内存，因为当用子类创建对象时，父类的成员变量也都分配了内存空间，但只将其中一部分作为子类对象的成员变量。比如，父类中的 private 成员变量尽管分配了内存空间，也不作为子类对象的成员，

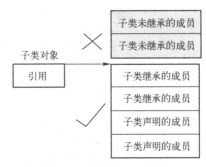

图 5-2　子类对象内存示意

当然它们也不是父类某个对象的成员，因为我们根本没有使用父类创建任何对象。这部分内存似乎成了垃圾一样，但实际情况并非如此。**注意**：子类中还有一部分方法是从父类继承的，这部分方法却可以操作这部分变量。

【例 5-2】　子类调用继承的方法操作这些未被子类继承却被分配了内存空间的变量（效果如图 5-3 所示）。

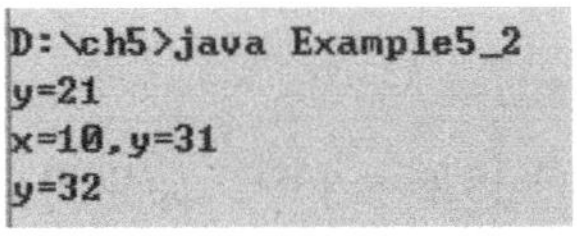

```java
class A{
    private int  x=10;
    protected int  y=20;
    void f(){
        y=y+x;
        System.out.printf("x=%d, y=%d\n", x, y);
    }
}
class B extends A{
    void g(){
        y=y+1;
        System.out.printf("y=%d\n",y);
    }
}
class Example5_2{
    public static void main(String args[]){
        B  b=new B();
        b.g();                    // 调用子类自己声明的方法
        b.f();                    // 调用从父类继承的方法
        b.g();                    // 调用子类自己声明的方法
    }
}
```

```
D:\ch5>java Example5_2
y=21
x=10,y=31
y=32
```

图 5-3　子类对象调用方法

5.4　成员变量隐藏和方法重写

1．成员变量的隐藏

子类也可以隐藏继承的成员变量。在子类中定义的成员变量只要与父类中的成员变量同名（不必类型相同），则子类隐藏了继承的成员变量，即子类重新声明定义了这个成员变量。

【例 5-3】　子类隐藏了从父类继承的 double 类型变量（效果如图 5-4 所示）。

```java
class A{
    public double  y=11.456789;
```

```
        public void f(){
            y=y+1;
            System.out.printf("y是double型的变量,y=%f\n",y);
        }
    }
    class B extends A{
        int  y=0;
        public void g(){
            y=y+100;
            System.out.printf("y是int型的变量,y=%d\n",y);
        }
    }
    class Example5_3{
        public static void main(String args[ ]){
            B  b=new B();
            b.y=200;
            b.g();                          // 调用子类新增的方法
            b.f();                          // 调用子类继承的方法
        }
    }
```

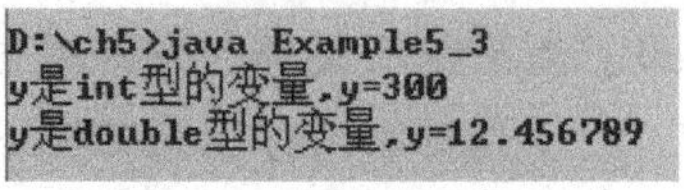

```
D:\ch5>java Example5_3
y是int型的变量.y=300
y是double型的变量.y=12.456789
```

图 5-4　成员变量的隐藏

在上述例 5-3 中，如果将语句

```
        b.y=200;
```

改成

```
        b.y=2.18;
```

程序编译时会出现错误，因为对象 b 的成员变量 y 已经是 int 类型，而不是 double 类型。

　　注意：尽管子类可以隐藏从父类继承来的成员变量，但是子类仍然可以使用从父类继承的方法操作被隐藏的成员变量。比如，在上述例子中，子类对象通过使用从父类继承的方法 f 操作被隐藏的 double 型成员变量 y。

　　2．方法重写

　　子类可以隐藏已继承的方法，子类通过方法重写来隐藏继承的方法。方法重写是指：子类中定义一个方法，并且这个方法的名字、返回类型、参数个数和类型与从父类继承的方法完全相同。子类通过方法的重写可以隐藏继承的方法，子类通过方法的重写可以把父类的状态和行为改变为自身的状态和行为。如果父类的方法 f()可以被子类继承，子类就有权力重写 f()，一旦子类重写了父类的方法 f()，就隐藏了继承的方法 f()，那么子类对象调用方法 f()一定是调用重写的方法 f()。重写的方法既可以操作继承的成员变量，也可以操作子类声明定义的成员变量。如果子类想使用被隐藏的方法，必须使用关键字 super，我们将在 5.5 节讲述其用法。

　　【例 5-4】　子类继承父类的 speak()方法和 cry()方法，但子类通过重写 speak()隐藏了继承的 speak()方法（效果如图 5-5 所示）。

```
    class A{
        protected double x=8.0,y=0.888888;
        public void speak(){
            System.out.println("我喜欢 NBA");
        }
        public void cry(){
```

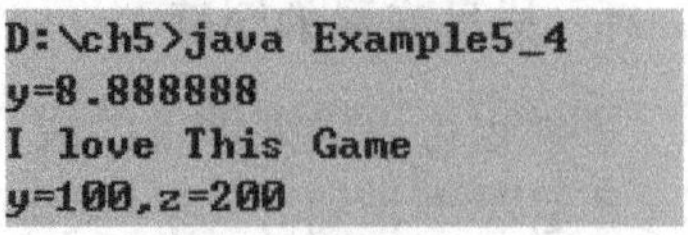

```
D:\ch5>java Example5_4
y=8.888888
I love This Game
y=100,z=200
```

图 5-5　方法重写

```
            y=x+y;
            System.out.printf("y=%f\n",y);
        }
    }
    class B extends A{
        int  y=100, z;
        public void speak(){
            z=2*y;
            System.out.println("I love This Game");
            System.out.printf("y=%d,z=%d",y,z);
        }
    }
    class Example5_4{
        public static void main(String args[ ]){
            B  b=new B();
            b.cry();
            b.speak();
        }
    }
```

在上述例 5-4 中，子类对象 b 调用继承的方法 cry()时，方法体中出现的变量 x 和 y 是子
类继承的 x 和隐藏的 y，因此

```
        b.cry();
```

输出的结果是：

```
    y=8.888888
```

而子类对象 b 调用重写的方法 speak()时，方法体中出现的变量 y 和 z 是指子类自己声明
的 y 和 z，因此

```
        b.speak();
```

输出的结果是：

```
    I love This game
    y=100, z=200
```

注意：方法重写时一定要保证方法的名字、类型、参数个数和类型同父类的某个方法完
全相同，只有这样，子类继承的这个方法才被隐藏。但是，子类在准备隐藏继承的方法时，
参数个数及其类型同父类的方法完全相同，而没有保证方法的类型也相同，实际上就没有隐
藏继承的方法，这时子类就出现两个方法具有相同的名字，但没有保证参数的不同，程序就
出现编译错误。如果子类在准备隐藏继承的方法时，参数个数或参数类型与父类的方法不尽
相同，实际上也没有隐藏继承的方法，这时子类就出现两个方法具有相同的名字，但保证了
参数的不同，也就是说，子类出现了重载的方法，即有两个方法的名字相同但参数不同。

【例 5-5】 子类没有隐藏父类的方法 f()（效果如图 5-6 所示）。

```
    class A{
        public int f(int x, int y){
            return x+y;
        }
    }
    class B extends A{
        public int f(byte x, int y){
            return x*y;
```

```
D:\ch5>java Example5_5
20
100
```

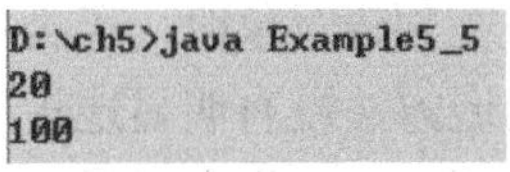

图 5-6 未隐藏继承的方法

```
        }
    }
public class Example5_5{
    public static void main(String args[]){
        int  z=0;
        B  b=new B();
        z=b.f(10,10);                    // z 的值是 20
        System.out.println(z);
        z=b.f((byte)10,10);              // z 的值是 100
        System.out.println(z);
    }
}
```

重写父类的方法时，不可以降低方法的访问权限。例如，子类重写父类的方法 f()，在父类中的访问权限是 protected 级别，那么子类重写时不允许级别低于 protected 级别，即子类重写方法 f()时，级别可以是 protected 或 public，但不允许是 private 和友好的。

3．访问修饰符 protected 的进一步说明

一个类 A 中的 protected 成员变量和方法可以被它的直接子类和间接子类继承，如 B 是 A 的子类，C 是 B 的子类，D 又是 C 的子类，那么类 B、C 和 D 都继承了 A 的 protected 成员变量和方法。在没有讲述子类之前，我们曾对访问修饰符 protected 进行了讲解，现在需要对 protected 总结得更全面。如果用类 D 在 D 本身中创建了一个对象，那么该对象总是可以通过运算符 "." 访问继承的或自己定义的 protected 变量和 protected 方法。如果在另一个类中（如类 Other），用类 D 创建了一个对象 object，该对象通过 "." 运算符访问 protected 变量和 protected 方法的权限如下所述：

子类 D 的 protected 成员变量和方法如果不是从父类继承来的，对象访问这些 protected 成员变量和方法时，只要类 Other 和类 D 在同一个包中就可以了。

如果子类 D 的对象的 protected 成员变量或 protected 方法是从父类继承的，就要一直追溯到该 protected 成员变量或方法的 "祖先" 类，即类 A。如果类 Other 和类 A 在同一个包中，object 对象能访问继承的 protected 变量和 protected 方法。

5.5　关键字 super

关键字 super 有两种用法：一种是子类使用 super 调用父类的构造方法，另一种是子类使用 super 调用被子类隐藏的成员变量和方法。

1．使用 super 调用父类的构造方法

子类不继承父类的构造方法，因此子类如果想使用父类的构造方法，必须在子类的构造方法中使用且必须使用关键字 super 来表示，而且 super 必须是子类构造方法中的第一条语句。子类在创建对象时，子类的构造方法总是先调用父类的某个构造方法。也就是说，如果子类的构造方法没有明显地指明使用父类的哪个构造方法，子类就调用父类的不带参数的构造方法。因此，如果在子类的构造方法中，没有使用关键字 super 调用父类的某个构造方法，那么默认有语句

```
        super();
```
即调用父类的不带参数的构造方法。如果父类没有提供不带参数的构造方法，会出现错误。

【例5-6】 在子类的构造方法中使用 super 调用父类的构造方法（效果如图 5-7 所示）。

```
class A{
    int  x, y;
    A(){
        x=100;
        y=200;
    }
    A(int x, int y){
        this.x=x;
        this.y=y;
    }
}
class B extends A{
    int  z;
    B(int x, int y){
        super(x, y);
        z=300;
    }
    B(){
        super();                                    // 可以省略
        z=800;
    }
    public void f(){
        System.out.printf("x=%d, y=%d, z=%d\n", x, y, z);
    }
}
public class Example5_6{
    public static void main(String args[]){
        B  b1=new B(10, 20);
        b1.f();
        B b2=new B();
        b2.f();
    }
}
```

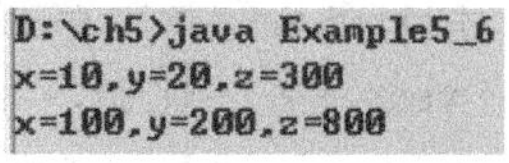

```
D:\ch5>java Example5_6
x=10,y=20,z=300
x=100,y=200,z=800
```

图 5-7　使用 super

2. 使用 super 操作被隐藏的成员变量和方法

如果子类中定义的成员变量与父类中的成员变量同名，子类就隐藏了从父类继承的成员变量。当子类中定义了一个方法，并且这个方法的名字、返回类型、参数个数和类型与父类的某个方法完全相同时，子类从父类继承的这个方法将被隐藏。如果在子类中想使用被子类隐藏的成员变量或方法，就可以使用关键字 super。比如：

```
super.x=100;
super.play();
```

就是操作被子类隐藏的成员变量 x 和方法 play()。通过 super 调用被隐藏的方法 play()时，该方法中出现的成员变量 x 是指被隐藏的成员变量 x。

假设银行已经有了按整年 year 计算利息的一般方法，其中 year 只能取正整数。比如，按整年计算的方法：

```
double computerInterest() {
    interest=year*0.35*savedMoney;
```

```
        return interest;
    }
```

　　银行准备隐藏继承的成员变量 year，并重写计算利息的方法，即自己声明一个 double 类型的 year 变量。比如，当 year 取值是 5.216 时，表示要计算 5 年零 216 天的利息，但希望先按银行的方法计算出 5 整年的利息，再自己计算 216 天的利息。那么，银行必须把 5.216 的整数部分赋给隐藏的 n，并让 super 调用隐藏的、按整年计算利息的方法。

　　【例 5-7】 ConstructionBank 和 BankOfDalian 是 Bank 类的子类，ConstructionBank 和 BankOfDalian 都使用 super 调用隐藏的成员变量和方法（效果如图 5-8 所示）。

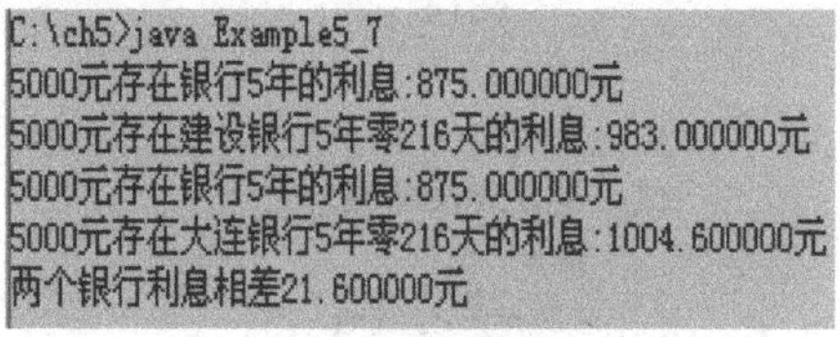

Bank.java

```
    public class Bank {
        int  savedMoney;
        int  year;
        double  interest;
        public double computerInterest() {
            interest=year*0.035*savedMoney;
            System.out.printf("%d 元存在银行%d 年的利息：%f 元\n", savedMoney, year, interest);
            return interest;
        }
    }
```

```
C:\ch5>java Example5_7
5000元存在银行5年的利息：875.000000元
5000元存在建设银行5年零216天的利息：983.000000元
5000元存在银行5年的利息：875.000000元
5000元存在大连银行5年零216天的利息：1004.600000元
两个银行利息相差21.600000元
```

图 5-8　super 调用隐藏的方法

ConstructionBank.java

```
    public class ConstructionBank extends Bank {
        double  year;
        public double computerInterest() {
            super.year=(int)year;
            double remainNumber=year-(int)year;
            int day=(int) (remainNumber*1000);
            interest=super.computerInterest()+day*0.0001*savedMoney;
            System.out.printf("%d 元存在建设银行%d 年零%d 天的利息：%f 元\n",
                                            savedMoney,super.year,day,interest);
            return interest;
        }
    }
```

BankOfDalian.java

```
    public class BankOfDalian extends Bank {
        double  year;
        public double computerInterest() {
            super.year=(int)year;
            double remainNumber=year-(int)year;
            int day=(int)(remainNumber*1000);
            interest=super.computerInterest()+day*0.0001*savedMoney;
            System.out.printf("%d 元存在建设银行%d 年零%d 天的利息：%f 元\n",savedMoney,super.year,day,interest);
            return interest;
        }
    }
```

Example5_7.java

```
    public class Example5_7 {
        public static void main(String args[]) {
            int  amount=5000;
            ConstructionBank bank1=new ConstructionBank();
```

```
        bank1.savedMoney=amount;
        bank1.year=5.216;
        double interest1=bank1.computerInterest();
        BankOfDalian bank2=new BankOfDalian();
        bank2.savedMoney=amount;
        bank2.year=5.216;
        double interest2=bank2.computerInterest();
        System.out.printf("两个银行利息相差%f 元\n", interest2-interest1);
    }
}
```

5.6 final 类和 final 方法

final 类不能被继承，即不能有子类，如

```
final class A{
    ……
}
```

A 就是一个 final 类。有时出于安全性的考虑，将一些类修饰为 final 类。例如，String 类对于编译器和解释器的正常运行有重要作用，它不能被轻易改变，因此被修饰为 final 类。

如果一个方法被修饰为 final 方法，则这个方法不能被重写，即不允许子类重写隐藏继承的 final 方法，final 方法的行为不允许子类窜改。

5.7 对象的上转型对象

我们经常说"老虎是哺乳动物"、"狗是哺乳动物"等。若哺乳类是老虎类的父类，这样说当然正确。当我们说老虎是哺乳动物时，强调的是老虎从哺乳动物继承的属性和功能，不再关心老虎独有的属性和功能。

本节介绍对象的上转型对象，其内容对于理解多态（5.8 节）以及在程序设计中的重要性（5.10 节）都是非常重要的。

假设 B 是 A 的子类或间接子类，用子类 B 创建一个对象，并把这个对象的引用放到类 A 声明的对象中时，如

```
A a;
B b=new B();
a=b;
```

那么，就称对象 a 是子类对象 b 的上转型对象（好比说"老虎是哺乳动物"）。

对象的上转型对象的实体是子类负责创建的，但上转型对象会失去原对象的一些属性和功能。上转型对象具有如下特点（如图 5-9 所示）。

① 上转型对象不能操作子类声明定义的成员变量（失掉了这部分属性），不能使用子类声明定义的方法（失掉了一些功能）。

② 上转型对象可以代替子类对象去调用子类重写的实例方法。如果子类重写的方法是实例方法，那么上转型对象调用重写的方法时，就是通知对应的子类对象去调用这些方法。因此，如果子类重写了父类的某个实例方法后，子类对象的上转型对象调用这个方法时，一定是调用了这个重写的方法。

③ 上转型对象可以调用子类继承的成员变量和隐藏的成员变量。

可以将对象的上转型对象再强制转换到一个子类对象，这时该子类对象又具备了子类的所有属性和功能。

可以这样来简单理解上转型对象，上转型对象不是父类创建的对象，而是子类对象的"简化"形态，它不关心子类新增的功能，只关心子类继承和重写的功能。

【例 5-8】　使用上转型对象，请注意程序给出的注释部分（效果如图 5-10 所示）。

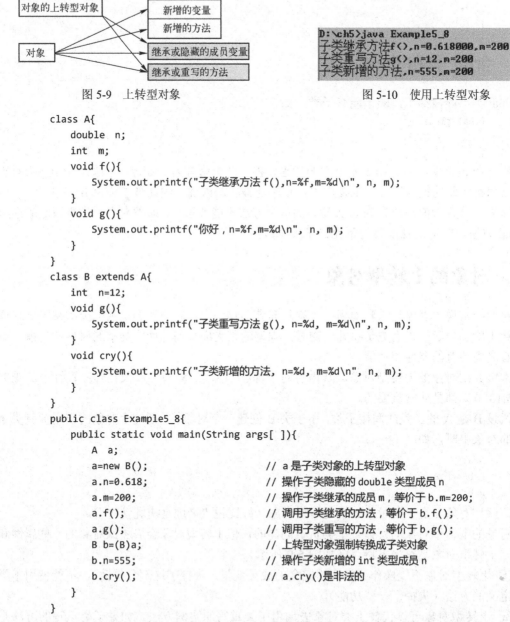

图 5-9　上转型对象　　　　　　　　　　　　　　图 5-10　使用上转型对象

```java
class A{
    double  n;
    int  m;
    void f(){
        System.out.printf("子类继承方法 f(),n=%f,m=%d\n", n, m);
    }
    void g(){
        System.out.printf("你好 ,n=%f,m=%d\n", n, m);
    }
}
class B extends A{
    int  n=12;
    void g(){
        System.out.printf("子类重写方法 g(), n=%d, m=%d\n", n, m);
    }
    void cry(){
        System.out.printf("子类新增的方法, n=%d, m=%d\n", n, m);
    }
}
public class Example5_8{
    public static void main(String args[ ]){
        A  a;
        a=new B();              // a 是子类对象的上转型对象
        a.n=0.618;              // 操作子类隐藏的 double 类型成员 n
        a.m=200;                // 操作子类继承的成员 m，等价于 b.m=200;
        a.f();                  // 调用子类继承的方法，等价于 b.f();
        a.g();                  // 调用子类重写的方法，等价于 b.g();
        B b=(B)a;               // 上转型对象强制转换成子类对象
        b.n=555;                // 操作子类新增的 int 类型成员 n
        b.cry();                // a.cry()是非法的
    }
}
```

不要将父类创建的对象与子类对象的上转型对象混淆，对象的上转型对象的实体是由子类负责创建的，只不过失掉了一些属性和功能而已。**注意**：不可以将父类创建的对象的引用赋值给子类声明的对象。

5.8　继承和多态

与继承有关的多态性是指父类的某个实例方法被其子类重写时，可以各自产生自己的功能行为，指同一个操作被不同类型对象调用时可能产生不同的行为。

如果一个类有很多子类，并且这些子类都重写了父类中的某个实例方法，把子类创建的对象的引用放到一个父类的对象中时，就得到了该对象的一个上转型对象，那么这个上转型对象在调用这个实例方法时就可能具有多种形态，因为不同的子类在重写父类的实例方法时可能产生不同的行为。例如，狗类的上转型对象调用"叫声"方法时产生的行为是"汪汪"，而猫类的上转型对象调用"叫声"方法时，产生的行为是"喵喵"。也就是说，不同对象的上转型对象调用同一方法可能产生不同的行为。

【例 5-9】　类的多态（效果如图 5-11 所示）。

```
class Animal{
    void cry(){}
}
class Dog extends Animal{
    void cry(){
        System.out.println("Wang!Wang!......");
    }
}
class Cat extends Animal{
    void cry(){
        System.out.println("miao~~miao~~...");
    }
}
public class Example5_9{
    public static void main(String args[]){
        Animal  animal;
        animal=new Dog();                    // animal 是 Dog 对象的上转型对象
        animal.cry();
        animal=new Cat();                    // animal 是 Cat 对象的上转型对象
        animal.cry();
    }
}
```

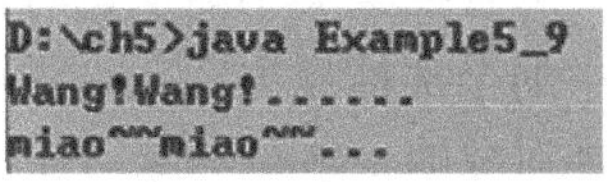

图 5-11　类的多态

5.9　抽象类

用关键字 abstract 修饰的类称为抽象类（abstract 类）。例如：

```
abstract class A{
    ......
}
```

抽象类有如下特点：

（1）抽象类中可以有抽象方法

与普通的类相比，抽象类可以有抽象方法（abstract 方法），也可以有非抽象方法。对于抽象方法，只允许声明，不允许实现，而且不允许使用 final 和 abstract 同时修饰一个方法。

下面的 A 类中的 min()方法是抽象方法。

```
abstract class A{
    abstract int min(int x, int y);
    int max(int x, int y){
        return x>y?x:y;
    }
}
```

（2）抽象类不能用 new 运算创建对象

对于抽象类，我们不能使用 new 运算符创建该类的对象。如果一个非抽象类是某个抽象类的子类，那么它必须重写父类的抽象方法，给出方法体，即在子类中将抽象方法重新声明，但必须去掉 abstract 修饰，同时保证声明的方法名字、返回类型、参数个数和类型与父类的抽象方法完全相同。这就是为什么不允许使用 final 和 abstract 同时修饰一个方法的原因。

（3）做上转型对象

尽管抽象类不能创建对象，但它的非抽象子类必须重写其中的全部抽象方法，这样可以让抽象类声明的对象成为其子类对象的上转型对象，并调用子类重写的方法。

> 抽象类也可以没有抽象方法。如果一个抽象类是 abstract 类的子类，它可以重写父类的抽象方法，也可以继承这个抽象方法。

5.10　面向抽象

软件设计好后，都希望更容易维护，当增加或修改某部分时，不必去修改其他部分。要想使得软件容易维护，软件的设计就显得非常重要。

"开-闭原理"（Open-Closed Principle）是一个程序应当对扩展开放，对修改关闭。"面向抽象"可以很好地体现开-闭原理，本节将结合一个具体的简单例子来说明"面向抽象"的思想。当然，设计出符合开-闭原理的模式有很多，有些也相当复杂，但最终目的都是使得软件更容易维护。本节只是通过简单例子说明"面向抽象"的基本思想。

比如，要设计一个 Pillar 类，通过用 Pillar 类创建的对象计算各种柱体的体积。首先观察下面的 Pillar 类设计得是否合理。

```
public class Pillar{
    double getBottomArea(double r){
        return 3.14*r*r;
    }
    public double getVolume(double r,double h){
        h*getBottomArea(r);
    }
}
```

显然，上面 Pillar 类的设计是不合理的，因为 Pillar 创建的对象（如 pillar）只能计算底是圆形的柱体的体积。pillar.getVolume(100, 15)计算的是底半径是 100、高是 15 的柱体的体积，pillar 对象无法计算具有三角形、梯形以及其他形状底的柱体的体积。因此，如果想计算具有三角形底的柱体的体积，Pillar 类就需要修改其中的 getBottomArea(double r)方法。

现在，我们发现 Pillar 类中经常需要修改的就是计算底面积的算法，显然不能让 Pillar 类的设计者陷入研究怎样计算各种具体图形面积的算法细节，而且这些算法细节可能很复杂而且经常发生变化，如果面向这些算法细节去编写 Pillar 类，不仅影响了 Pillar 类的设计时间，更严重的问题是：只要算法细节需要变化，设计者就需要修改 Pillar 类，这显然是 Pillar 的设计者最不愿意看到的。正确的做法是应当将 Pillar 类的设计和底面积的计算相分割，将计算底面积的任务交给其他的类去负责。

面向抽象的核心思想如下：

（1）抽象细节

面向抽象的第一步就是将经常需要变化的部分分割出来，将其作为 abstract 类的中的抽象方法，不让设计者去关心实现的细节，避免所设计的类依赖于这些细节。

现在，我们就把 Pillar 类中计算底面积的算法作为下列 abstract 类的抽象方法。

Geometry.java

```
public abstract class Geometry{
    public abstract double getArea();
}
```

（2）面向抽象设计类

面向抽象编程的第二步就是面向抽象类来设计一个新类。现在 Pillar 类的设计者必须面向 Geometry 类编写代码，即 Pillar 类应当把 Geometry 对象作为自己的成员，该成员可以调用 Geometry 的子类重写的 getArea()方法来计算底面积。这样一来，Pillar 类就将计算底面积的任务指派给了 Geometry 类的子类，Pillar 类的设计不再依赖计算底面积的算法细节。

下面是面向 Geometry 类编写的 Pillar 类。

Pillar.java

```
public class Pillar{
    Geometry  bottom;                            // 将 Geometry 对象作为成员
    double  height;
    Pillar(Geometry bottom, double height){
        this.bottom=bottom;
        this.height=height;
    }
    void changeBottom(Geometry bottom){
        this.bottom=bottom;
    }
    public double getVolume(){
        return bottom.getArea()*height;          // bottom 可以调用子类重写的 getArea 方法
    }
}
```

上面设计的 Pillar 类的对象 pillar 可以计算各种柱体的体积，因为 Pillar 类的设计没有依赖底面积计算的算法细节，而是将计算面积的细节交给 Geometry 的子类去实现，只需在 Pillar 类中使用子类对象的上转型对象 bottom 调用 getArea()方法即可得到底面积。比如，下列 Geometry 的子类 Lader 和 Cirlce 重写了 Geometry 类的 getArea()方法，给出了各自计算面积的算法细节（方法体的详细内容）。

Lader.java

```
public class Lader extends Geometry{
    double  a, b, h;
    Lader(double a, double b, double h){
        this.a=a;    this.b=b;    this.h=h;
    }
    public double getArea(){
        return((1/2.0)*(a+b)*h);
```

```
        }
    }
```

Circle.java

```
    public class Circle extends Geometry{
        double  r;
        Circle(double r){
            this.r=r;
        }
        public double getArea(){
            return(3.14*r*r);
        }
    }
```

现在可以将上述 Geometry.java、Pillar.java、Lader.java 以及 Circle.java 保存到 D:\ch5 中编译通过，然后编写一个应用程序，如例 5-10，计算具有 Cirlce 底和 Lader 底的柱体的体积。

【例 5-10】 计算柱体的体积（效果如图 5-12 所示）。

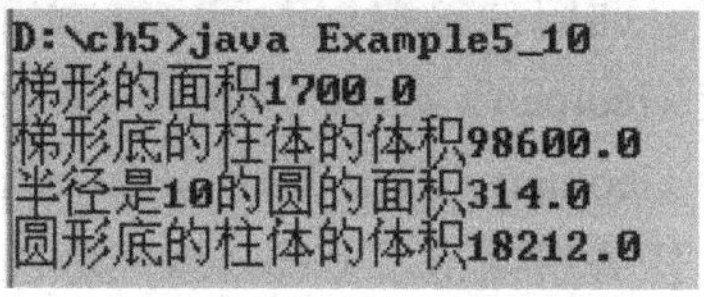

```
    public class Example5_10{
        public static void main(String args[]){
            Pillar  pillar;
            Geometry  tuxing;
            tuxing=new Lader(12,22,100);
            System.out.println("梯形的面积"+tuxing.getArea());
            pillar =new Pillar (tuxing,58);
            System.out.println("梯形底的柱体的体积"+ pillar.getVolume());
            tuxing=new Circle(10);
            System.out.println("半径是 10 的圆的面积"+tuxing.getArea());
            pillar.changeBottom(tuxing);
            System.out.println("圆形底的柱体的体积"+pillar.getVolume());
        }
    }
```

```
D:\ch5>java Example5_10
梯形的面积1700.0
梯形底的柱体的体积98600.0
半径是10的圆的面积314.0
圆形底的柱体的体积18212.0
```

图 5-12　计算柱体的体积

如果增加一个 Java 源文件（对扩展开放），该源文件有一个 Geometry 的子类，负责计算三角形的面积，那么不需修改 Pillar 类（对 Pillar 类的修改关闭），Pillar 类创建的对象就能计算三角形底的柱体的体积。现在，我们已经实现了我们的目的：通过用 Pillar 类创建的对象可以计算出各种柱体的体积。

上面通过一个简单的例子体现了怎样面向抽象设计一个体现开-闭原理的类，以下用图 5-13 给出一个直观的描述。

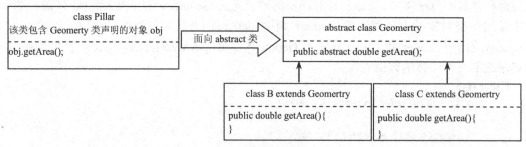

图 5-13　面向抽象编程

Pillar 类将自己经常需要变化的细节分割出来，作为 absrtact 类 A 中的抽象方法，然后面向 Geometry 类来设计 Pillar 类，即 Pillar 类含有 Geomerty 类声明的对象 obj，那么 obj 对象可以调用 Geometry 的子类重写的 getArea()方法计算面积，使得 Pillar 类的设计不依赖抽象类 Geometry 的子类，当程序再增加一个 Geometry 类的子类时，Pillar 类不需要做任何修改。为了满足"开-闭原理"，在程序设计好后，先对 abstract 类的修改"关闭"，否则一旦修改 abstract 类，那么 abstract 类所有的子类都需要做出修改。程序设计好后，应当对增加 abstract 类的子类"开放"，即在程序中再增加子类时，不需要修改其他重要的类。

5.11 接口

Java 不支持多继承性，即一个类只能有一个父类。单继承性使得 Java 简单、易于管理程序。为了克服单继承的缺点，Java 使用了接口，一个类可以实现多个接口。

关键字 interface 定义接口。接口的定义与类的定义相似，分为接口的声明和接口体。

1. 接口的声明和使用

（1）接口声明

我们曾使用关键字 class 来声明类，接口通过关键字 interface 来声明，格式如下：

```
interface  接口的名字
```

（2）接口体

接口体中包含常量定义和方法定义两部分。接口体中只进行方法的声明，不允许提供方法的实现，所以方法的定义没有方法体。例如：

```
interface Printable{
    final int  MAX=100;
    void add();
    float sum(float x, float y);
}
```

（3）接口的使用

一个类通过使用关键字 implements 声明自己实现一个或多个接口。如果实现多个接口，用逗号隔开接口名，如

```
class A implements Printable, Addable
```

类 A 使用接口 Printable 和接口 Addable，而

```
class Dog extends Animal implements Eatable, Sleepable
```

类 Dog 实现接口 Eatable 和接口 Sleepable。

如果一个类实现某个接口，那么这个类必须实现该接口的所有方法，即为这些方法提供方法体。在类中实现接口的方法时，方法的名字、返回类型、参数个数及类型必须与接口中的完全一致。注意，接口中的方法默认是 public 和 abstract，接口在声明方法时可以省略方法前面的关键字 public 和 abstract，但是类在实现接口方法时，一定要用 public 来修饰。另外，如果接口的方法的返回类型不是 void 类型，那么在类中实现该接口方法时，方法体中至少有一个 return 语句；如果是 void 类型，类体除了"{"和"}"外，也可以没有任何语句。类实现的接口方法以及接口中的常量可以被类的对象调用。

Java 提供的接口都在相应的包中，通过引入包可以使用 Java 提供的接口，也可以自己定义接口，一个 Java 源文件就是由类和接口组成的。

接口声明时，如果关键字 interface 前面加上关键字 public，就称这样的接口是一个 public

接口。public 接口可以被任何一个类使用。如果一个接口不加 public 修饰，就称为友好接口类，友好接口可以被同一包中的类使用。

如果父类实现某个接口，那么子类就自然实现了该接口，子类不必再显式地使用关键字 implements 声明自己实现这个接口。

接口也可以被继承，即可以通过关键字 extends 声明一个接口是另一个接口的子接口。由于接口中的方法和常量都是 public 的，子接口将继承父接口中的全部方法和常量。

【例 5-11】 类实现接口（效果如图 5-14 所示）。

```java
interface Computable{
    final int  MAX=100;
    int f(int x);
    public abstract int g(int x, int y);
}
class A implements Computable{
    public int f(int x){
        return x*x;
    }
    public int g(int x, int y){
        return x+y;
    }
}
class B implements Computable{
    public int f(int x){
        return x*x*x;
    }
    public int g(int x, int y){
        return x*y;
    }
}
public class Example5_11{
    public static void main(String args[]){
        A a=new A();
        B b=new B();
        System.out.println(a.MAX);
        System.out.println(""+a.f(10)+" "+a.g(12, 6));
        System.out.println(b.MAX);
        System.out.println(""+b.f(10)+" "+b.g(29, 2));
    }
}
```

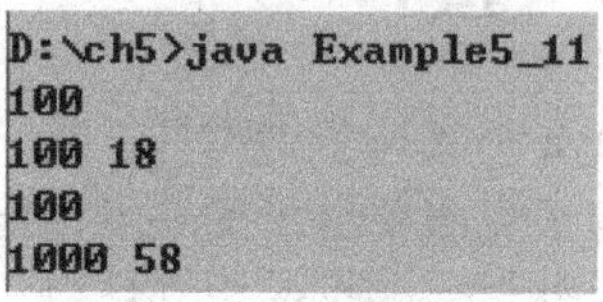

```
D:\ch5>java Example5_11
100
100 18
100
1000 58
```

图 5-14　使用接口

2. 接口和多态

接口的语法规则很容易记住，但真正理解接口更重要。读者可能注意到，在例 5-11 中如果去掉接口，并把程序中的 a.MAX 和 b.MAX 去掉，上述程序的运行没有任何问题。那为什么要用接口呢？

假如轿车、卡车、拖拉机、摩托车、客车都是机动车的子类，其中机动车是一个抽象类。如果机动车中有 3 个抽象方法："刹车"、"收取费用"、"调节温度"，那么所有的子类都要实现这 3 个方法，即给出方法体，产生各自的刹车、收费或控制温度的行为。这显然不符合人们的思维方法，因为拖拉机可能不需要有"收取费用"或"调节温度"的功能，合理的处理就是去掉机动车的"收取费用"和"调节温度"这两个方法。如果允许多继承，轿车类想具有"调节温度"的功能，轿车类可以是机动车的子类，也是另一个具有"调节温度"功能类的子类。多继承有可能增加了子类的负担，因为轿车可能从它的多个父类继承了一些并不需要的功能。

Java 支持继承，但不支持多继承，即一个类只能有一个父类。单继承使得程序更容易维护和健壮，使得编程更灵活，但增加了子类的负担，使用不当会引起混乱。为了保证程序的健壮性和易维护，且不失灵活性，Java 使用了接口，一个类可以实现多个接口，接口可以增加很多类都需要实现的功能，不同的类可以使用相同的接口，同一个类也可以实现多个接口。例如，轿车、飞机、轮船等可能也需要具体实现"收取费用"和"调节温度"的功能，而它们的父类可能互不相同。接口只关心功能，并不关心功能的具体实现，如"客车类"实现一个接口，该接口中有一个"收取费用"的方法，那么这个"客车类"必须具体给出怎样收取费用的操作，即给出方法的方法体，不同车类都可以实现"收取费用"，但"收取费用"的手段可能不同，这是功能"收取费用"的多态，即不同对象调用同一操作可能具有不同的行为。

接口的思想在于它可以增加很多类都需要实现的功能，使用相同的接口类不一定有继承关系，就像各式各样的商品它们可能隶属不同的公司，工商部门要求都必须具有显示商标的功能（实现同一接口），但商标的具体制作由各公司自己去实现。

5.12 接口回调

在讲述继承与多态时，我们通过子类对象的上转型体现了继承的多态性，即把子类创建的对象的引用放到一个父类的对象中时，得到该对象的一个上转型对象，那么这个上转型对象在调用方法时就可能具有多种形态，不同对象的上转型对象调用同一方法可能产生不同的行为。

1. 接口回调

接口回调是多态的另一种体现。接口回调是指：可以把使用某一接口的类创建的对象的引用赋给该接口声明的接口变量中，那么该接口变量就可以调用被类实现的接口中的方法，当接口变量调用被类实现的接口中的方法时，就是通知相应的对象调用接口的方法，这一过程称为对象功能的接口回调。不同的类在使用同一接口时，可能具有不同的功能体现，即接口的方法体不必相同，因此接口回调可能产生不同的行为。

【例 5-12】 接口回调（效果如图 5-15 所示）。

```
interface ShowMessage{
    void showTradeMark();
}
class TV implements ShowMessage{
    public void showTradeMark(){
        System.out.println("我是电视机");
    }
}
class PC implements ShowMessage{
    public void showTradeMark(){
        System.out.println("我是电脑");
    }
```

```
D:\ch5>java Example5_12
我是电视机
我是电脑
```

图 5-15 接口回调

```
    }
    public class Example5_12{
        public static void main(String args[]){
            ShowMessage sm;                      // 声明接口变量 sm
            sm=new TV();                         // 接口变量 sm 中存放对象的引用
            sm.showTradeMark();                  // 接口 sm 回调 showTradeMark()方法
            sm=new PC();                         // 接口变量 sm 中存放对象的引用
            sm.showTradeMark();                  // 接口回调
        }
    }
```

2．接口作为参数

当一个方法的参数是一个接口类型时，如果一个类实现了该接口，就可以把该类的实例的引用传值给该参数，参数可以回调类实现的接口方法。

【例 5-13】 接口作为参数（效果如图 5-16 所示）。

```
interface Show{
    void show();
}
class A implements Show{
    public void show(){
        System.out.println("I love This Game");
    }
}
class B implements Show{
    public void show(){
        System.out.println("我喜欢看 NBA");
    }
}
class C{
    public void f(Show s){                    // 接口作为参数
        s.show();
    }
}
public class Example5_13{
    public static void main(String args[]){
        C  c=new C();
        c.f(new A());
        c.f(new B());
    }
}
```

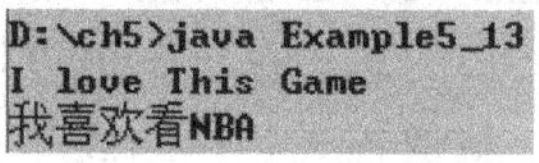

```
D:\ch5>java Example5_13
I love This Game
我喜欢看NBA
```

图 5-16　接口作为参数

5.13　面向接口

在设计程序时，经常会使用接口，其原因是，接口只关心功能，但不关心这些功能的具体实现细节。我们可以把主要精力放在程序的设计上，而不必拘泥于细节的实现。也就是说，我们可以通过在接口中声明若干个抽象方法，表明这些方法的重要性，方法体的内容细节由实现接口的类去完成。使用接口进行程序设计的核心思想是使用接口回调，即接口变量存放实现该接口的类的对象的引用，从而接口变量就可以回调类实现的接口方法。

面向接口也可以体现程序设计的"开-闭原理"（Open-Closed Principle），即对扩展开放，对修改关闭。比如，我们可以设计出如图 5-17 的一种结构关系，Pillar 类将自己经常需要变化的细节分割出来，作为接口 Geometry 中的的抽象方法，然后面向接口 Geometry 来设计 Pillar 类，即 Pillar 类把 Geometry 定义的接口变量作为其中的成员。从图 5-17 可以看出，当程序再增加一个实现接口 Geometry 的 D 类时，接口变量所在的 Pillar 类不需要做任何修改，接口变量就可以回调 D 类实现的接口方法。

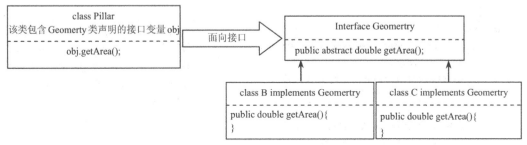

图 5-17 面向接口编程

为了满足"开-闭原理"，在程序设计好后，首先对接口的修改"关闭"，否则一旦修改接口，如为它再增加一个抽象方法，那么实现该接口类都需要做出修改。程序设计好后应当对增加实现该接口的类"开放"，即在程序中再增加实现该接口的类时不需修改其他重要的类。

【例 5-14】 使用接口。Example5_14.java、Geometry.java、Pillar.java、Lader.java、Circle.java 源文件分别保存到 D:\ch5 中，并编译通过，然后运行主类 Example5_14（效果如图 5-18 所示）。

Example5_14.java

```java
public class Example5_14{
    public static void main(String args[]){
        Pillar pillar;
        Geometry tuxing;                      // 接口变量
        tuxing=new Lader(12,22,100);
        System.out.println("梯形的面积"+tuxing.getArea());
        pillar =new Pillar (tuxing,58);
        System.out.println("梯形底的柱体的体积"+ pillar.getVolume());
        tuxing=new Circle(10);
        System.out.println("半径是 10 的圆的面积"+tuxing.getArea());
        pillar.changeBottom(tuxing);
        System.out.println("圆形底的柱体的体积"+pillar.getVolume());
    }
}
```

```
D:\ch5>java Example5_14
梯形的面积1700.0
梯形底的柱体的体积98600.0
半径是10的圆的面积314.0
圆形底的柱体的体积18212.0
```

图 5-18 计算柱体的体积

Geometry.java

```java
public interface Geometry{
    public abstract double getArea();
}
```

Pillar.java

```java
public class Pillar{
    Geometry  bottom;                        // 将 bottom 接口变量作为成员
    double height;
    Pillar (Geometry bottom,double height){
        this.bottom=bottom;
```

```
            this.height=height;
        }
        void changeBottom(Geometry bottom){
            this.bottom=bottom;
        }
        public double getVolume(){
            return bottom.getArea()*height;        // bottom 可以回调类实现的接口方法 getArea()
        }
    }
```

Lader.java

```
    public class Lader implements Geometry{
        double a,b,h;
        Lader(double a,double b,double h){
            this.a=a;this.b=b;this.h=h;
        }
        public double getArea(){
            return((1/2.0)*(a+b)*h);
        }
    }
```

例 5-14 增加了一个 Java 源文件，该源文件是一个实现 Geometry 接口的类，该类将接口的 getArea()方法实现为计算三角形的面积，那么 Pillar.java 源文件不需要做任何修改。

Circle.java

```
    public class Circle implements Geometry{
        double r;
        Circle(double r){
            this.r=r;
        }
        public double getArea(){
            return(3.14*r*r);
        }
    }
```

5.14 抽象类与接口的比较

接口与抽象类的比较如下：① 抽象类和接口都可以有抽象方法；② 接口中只可以有常量，不能有变量，而抽象类中既可以有常量，也可以有变量；③ 抽象类中也可以有非抽象方法，接口不可以。在设计程序时，应当根据具体的问题来确定是使用抽象类还是接口，二者本质上都是让设计忽略细节，将重心放在整个系统的设计上。抽象类除了提供重要的需要子类去实现的抽象方法外，也提供了子类可以继承的变量和非抽象方法。如果某个问题需要使用继承才能更好的解决，如子类除了需要实现父类的抽象方法，还需要从父类继承一些变量或继承一些重要的非抽象方法，就可以考虑用抽象类。如果某个问题不需要继承，只是需要若干类给出某些重要的抽象方法的实现细节，就可以考虑使用接口。

5.15 内部类

类可以有两种成员：成员变量和方法，类还可以有一种成员：内部类。Java 支持在一个类中声明另一个类，这样的类称为内部类，而包含内部类的类成为内部类的外嵌类。声明内部类如同在类中声明方法或成员变量一样，一个类把内部类看成是自己的成员。内部类的外嵌类的成员变量在内部类中仍然有效，内部类中的方法也可以调用外嵌类中的方法。

内部类的类体中不可声明类变量和类方法。外嵌类可以把内部类声明对象作为外嵌类的成员。

【例 5-15】 内部类的用法（效果如图 5-19 所示）。

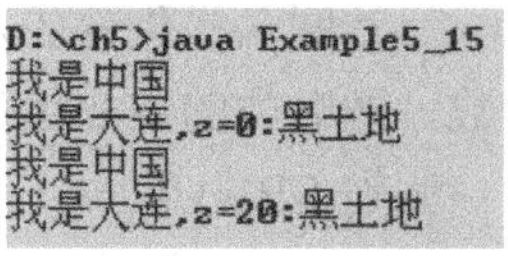

```
class NorthEast{
    String  land="黑土地";
}
class China{
    int  x=10, y=10;
    LiaoNing  dalian;                    // 内部类声明对象的作为外嵌类的成员
    China(){
        dalian=new LiaoNing();
    }
    void f(){
        System.out.println("我是中国");
        dalian.speak();
    }
    class LiaoNing extends NorthEast{     // 内部类的声明
        int  z;
        void speak(){
            System.out.println("我是大连,z="+z+":"+land);
        }
        void g(){
            z=x+y;                        // 使用外嵌类中的 x、y
            f();                          // 调用外嵌类中的方法 f()
        }
    }                                     // 内部类结束
}
public class Example5_15{
    public static void main(String args[]){
        China china=new China();
        china.f();
        china.dalian.g();
    }
}
```

图 5-19 使用内部类

5.16 匿名类

1. 与类有关的匿名类

使用类创建对象时，程序允许我们把类体与对象的创建组合在一起。也就是说，类创建对象时，除了构造方法还有类体，此类体被认为是该类的一个子类去掉类声明后的类体，即匿名类。匿名类是一个子类，由于无名可用，所以不可能用匿名类声明对象，却可以直接用匿名类创建一个对象。假设 Hello 是类，那么下列代码就是用 Hello 的一个子类（匿名类）创建对象：

```
new Hello (){
    匿名类的类体;
}
```

因此，匿名类可以继承类的方法，也可以重写类的方法。我们使用匿名类时，必然是在某个类中直接用匿名类创建对象，因此匿名类一定是内部类。匿名类可以访问外嵌类中的成员变量和方法，匿名类不可以声明 static 成员变量和 static 方法。

尽管匿名类创建的对象没有经过类声明步骤，但匿名对象的引用必须传递给一个匹配的参数，匿名类的主要用途就是向方法的参数传值。

假设 f(B x)是一个方法

```
void f(B x){
    x 调用 B 类中的方法;
}
```

其中的参数是 B 类对象，那么在调用方法 f()时可以向 f()的参数 x 传递一个匿名对象：

```
f( new B() {
        匿名类的类体，继承 B 类的方法或重写 B 类的方法
    }
);
```

如果匿名类继承了类的方法，x 就调用继承的方法；如果匿名类重写了父类的方法，x 就调用重写的方法。

【例 5-16】 匿名类的用法（效果如图 5-20 所示）。

```
abstract class Student{
    abstract void speak();
}
class Teacher{
    void look(Student stu){
        stu.speak();                        // 执行匿名类体中重写的 speak()方法
    }
}
public class Example5_16{
    public static void main(String args[]){
        Teacher zhang=new Teacher();
        zhang.look( new Student(){          // 匿名类的类体，即 Student 的子类的类体
                    void speak(){
                        System.out.println("这是匿名类中的方法");
                    }
                }                           // 匿名类类体结束
        );
    }
}
```

D:\ch5>java Example5_16
这是匿名类中的方法

图 5-20　与类相关的匿名类

2. 与接口有关的匿名类

假设 Computable 是一个接口，那么 Java 允许直接用接口名和一个类体创建一个匿名对象，此类体被认为是实现了 Computable 接口的类去掉类声明后的类体，即匿名类。下列代码就是用实现了 Computable 接口的类（匿名类）创建对象：

```
new Computable(){
    实现接口的匿名类的类体;
}
```

如果某个方法的参数是接口类型，那么可以使用接口名和类体组合创建一个匿名对象传递给方法的参数，类体必须实现接口中的全部方法。

假设 f(ComPutable x)是一个方法，ComPutable 是一个接口：

```
void f(ComPutable x){
    x 调用匿名类实现的接口方法；
}
```

其中的参数是接口，那么在调用方法 f()时，可以向 f()的参数 x 传递一个匿名对象：

```
f( new ComPutable (){
        实现接口的方法；
    }
);
```

x 就可以调用匿名类实现的接口方法。

【例 5-17】　与接口相关的匿名类的用法（效果如图 5-21 所示）。

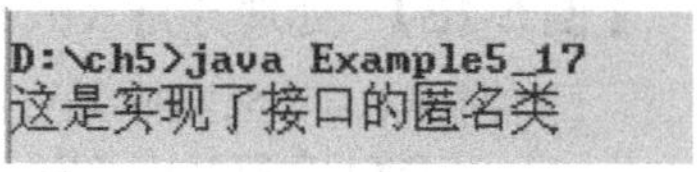

```
interface Show{
    public void show();
}
class A{
    void f(Show s){
        s.show();                          // s 调用匿名类体中实现的接口方法（接口回调）
    }
}
public class Example5_17{
    public static void main(String args[]){
        A a=new A();
        a.f( new Show(){
                public void show(){
                    System.out.println("这是实现了接口的匿名类");
                }
            });
    }
}
```

```
D:\ch5>java Example5_17
这是实现了接口的匿名类
```

图 5-21　与接口相关的匿名类

5.17　异常类

所谓异常，就是程序运行时可能出现一些错误，如试图打开一个根本不存在的文件等。异常处理将改变程序的控制流程，让程序有机会对错误做出处理。本节将初步介绍异常，Java 程序中出现的具体异常问题在后续的章节中还将讲述。

当程序运行出现异常时，Java 运行环境就用异常类 Exception 的相应子类创建一个异常对象，并等待处理。例如，读取一个不存在的文件时，运行环境用异常类 IOException 创建一个对象。Java 使用 try-catch 语句来处理异常，将可能出现的异常操作放在 try-catch 语句的 try 部分，当 try 部分中的某个语句发生异常后，try 部分将立刻结束执行，而转向执行相应的 catch 部分，所以程序可以将发生异常后的处理放在 catch 部分。try-catch 语句可以由几个 catch 组成，分别处理相应的异常。

1．try-catch 语句

try-catch 语句的格式如下：

```
try{
    包含可能发生异常的语句；
```

```
        }
        catch(ExceptionSubClass1 e){ }
        catch(ExceptionSubClass2 e){ }
```

各 catch 参数中的异常类都是 Exception 的某个子类，表明 try 部分可能发生的异常。这些子类之间不能有父子关系，否则保留一个含有父类参数的 catch 即可。

java.lang 包中的 Integer 类调用其类方法 public static int parseInt(String s)，可以将数字格式的字符串（如"12387"）转化为 int 类型数据。当试图将字符串"12abc34"转换成数字时，如

```
        int a=Double.parseInt(12abc34);
```

程序的运行会出现 NumberFormatException 异常，应当把可能出现异常的操作放在 try-catch 语句中。

【例 5-18】 处理异常（效果如图 5-22 所示）。

```
public class Example5_18{
    public static void main(String args[ ]){
        int n=0,m=0,t=0;
        try{
            t=9999;
            m=Integer.parseInt("8888");
            n=Integer.parseInt("12s3a");        // 发生异常，转向 catch
            System.out.println("我没有机会输出");
        }
        catch(Exception e){
            System.out.println("发生异常");
            n=123;
        }
        System.out.println("n="+n+", m="+m+", t="+t);
    }
}
```

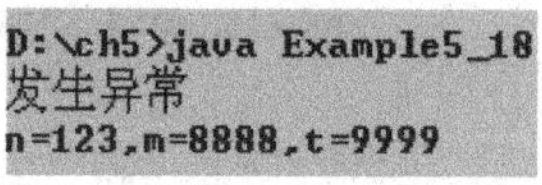

```
D:\ch5>java Example5_18
发生异常
n=123,m=8888,t=9999
```

图 5-22　处理异常

2. 自定义异常类

我们也可以扩展 Exception 类定义自己的异常类，然后规定哪些方法产生这样的异常。一个方法在声明时可以使用关键字 throws 声明抛出所要产生的若干个异常，并在该方法的方法体中具体给出产生异常的操作，即用相应的异常类创建对象，这将导致该方法结束执行并抛出所创建的异常对象。程序必须在 try-catch 语句中调用抛出异常的方法。

【例 5-19】 求偶正数的平方根。自己定义一个异常类，当向该方法传递的参数是负数时发生 MyException 异常（效果如图 5-23 所示）。

```
class MyException extends Exception{
    String message;
    MyException(int n){
        message=n+"不是正数";
    }
    public String getMessage(){
        return message;
    }
}
class A{
    public void f(int n) throws MyException{
        if(n<0){
```

```
D:\ch5>java Example5_19
28的平方根:5.291502622129181
-8不是正数
```

图 5-23　自定义异常类

```
                MyException ex=new MyException(n);
                throw(ex);                          // 抛出异常，结束方法 f 的执行
            }
            double  number=Math.sqrt(n);
            System.out.println(n+"的平方根："+number);
        }
    }
public class Example5_19{
    public static void main(String args[]){
        A a=new A();
        try{
            a.f(28);
            a.f(-8);
        }
        catch(MyException e){ System.out.println(e.getMessage()); }
    }
}
```

5.18 泛型类

泛型（Generics）是 Sun 公司在 SDK 1.5 中推出的，其主要目的是可以建立具有类型安全的集合框架，如链表、散列映射等数据结构，这一点将在第 7 章讨论。在本节，读者将对 Java 的泛型有一个初步的认识，更深刻、详细的讨论已超出本书的范围，有关详细内容可参见 Sun 网站上的泛型教程：http://java.sun.com/j2se/1.5/pdf/generics-tutorial.pdf。

1. 泛型类声明

可以使用"class 名称<泛型列表>"声明一个类。为了与普通的类有所区别，这样声明的类称为泛型类，如

```
    class A<E >
```

其中，A 是泛型类的名称，E 是其中的泛型。也就是说，我们并没有指定 E 是何种类型的数据，它可以是任何对象或接口，但不能是基本类型数据。也可以不用 E 表示泛型，使用任何一个合理的标识符都可以，但最好与我们熟悉的类型名称有所区别。泛型类声明时，"泛型列表"给出的泛型可以作为类的成员变量的类型、方法的类型以及局部变量的类型。

泛型类的类体与普通类的类体完全类似，由成员变量和方法构成。例如：

```
    class Chorus<E,F>{
        void makeChorus(E person, F yueqi){
            yueqi.toString();
            person.toString();
        }
    }
```

2. 使用泛型类声明对象

使用泛型类声明对象时，必须指定类中使用的泛型的具体实际类型，如

```
    Chorus<Student, Button> model
    model=new Chorus<Student, Button>();
```

【例 5-20】 实现"歌手"和"乐器"的和声，用上面的 Chorus 泛型类创建一个基于"歌

手"和"乐器"的对象（效果如图 5-24 所示）。

```java
class Chorus<E, F>{
    void makeChorus(E person, F yueqi){
        person.toString();
        yueqi.toString();
    }
}
class 歌手{
    public String toString(){
        System.out.println("好一朵美丽的茉莉花");
        return "";
    }
}
class 乐器{
    public String toString(){
        System.out.println("|3 35 6116|5 56 5-|");
        return "";
    }
}
public class Example5_20{
    public static void main(String args[]){
        Chorus<歌手，乐器> model=new Chorus<歌手，乐器>();        // 创建一个对象 model
        歌手 pengliyuan=new 歌手();
        乐器 piano=new 乐器();
        model.makeChorus(pengliyuan, piano);
    }
}
```

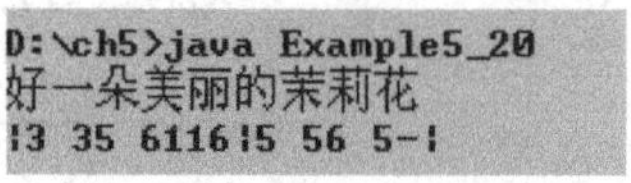

```
D:\ch5>java Example5_20
好一朵美丽的茉莉花
|3  35  6116|5  56  5-|
```

图 5-24　使用泛型类一

Java 中的泛型类与 C++的类模板有很大不同。在例 5-20 中，泛型类中的泛型数据 person 和乐器只能调用类 Object 中的方法，因此"学生类"和"乐器类"都重写了类 Object 的 toString() 方法。

【例 5-21】　声明一个泛型类：锥。一个锥对象计算体积时，只关心它的"底"是否能计算面积，并不关心"底"的类型（效果如图 5-25 所示）。

```java
class 锥<E>{
    double height;
    E bottom;
    public 锥(E b){
        bottom=b;
    }
    public void computerVolume(){
        String s=bottom.toString();
        double area=Double.parseDouble(s);
        System.out.println("体积是："+1.0/3.0*area*height);
    }
}
class Circle{
    double area,radius;
    Circle(double r){
        radius=r;
    }
}
```

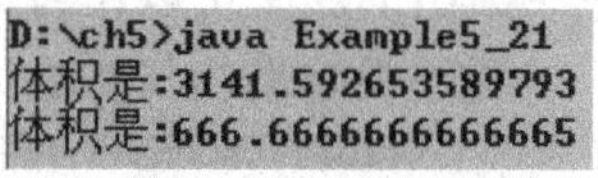

```
D:\ch5>java Example5_21
体积是:3141.592653589793
体积是:666.6666666666665
```

图 5-25　使用泛型类二

```
        public String toString(){
            area=radius*radius*Math.PI;
            return ""+area;
        }
    }
    class Rectangle{
        double  sideA, sideB, area;
        Rectangle(double a, double b){
            sideA=a;
            sideB=b;
        }
        public String toString(){
            area=sideA*sideB;
            return ""+area;
        }
    }
    public class Example5_21{
        public static void main(String args[]){
            Circle  circle=new Circle(10);
            锥<Circle> coneOne=new 锥<Circle>(circle);          // 创建一个（圆）锥对象 coneOne
            coneOne.height=30;
            coneOne.computerVolume();
            Rectangle rect=new Rectangle(10,20);
            锥<Rectangle> coneTwo=new 锥<Rectangle>(rect);      // 创建一个（方）锥对象 coneTwo
            coneTwo.height=10;
            coneTwo.computerVolume();
        }
    }
```

3. 泛型接口

可以使用"interface 名称<泛型列表>"声明一个接口，这样的接口称为泛型接口。例如：

```
        interface Computer<E >
```

其中，Computer 是泛型接口的名称，E 是其中的泛型。泛型类可以使用泛型接口。

【例 5-22】泛型接口示例（效果如图 5-26 所示）。

```
        interface Computer<E,F>{
            void makeChorus(E x, F y);
        }
        class Chorus<E,F> implements Computer<E,F>{
            public void makeChorus(E x, F y){
                x.toString();
                y.toString();
            }
        }
        class 乐器{
            public String toString(){
                System.out.println("|5 6 3-|5  17 56|");
                return "";
            }
        }
        class 歌手{
```

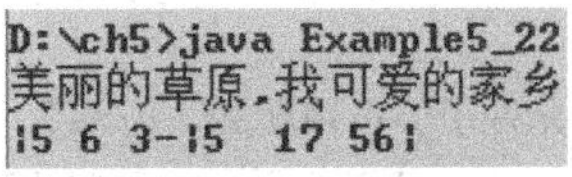

图 5-26　使用泛型接口

```
        public String toString(){
            System.out.println("美丽的草原，我可爱的家乡");
            return "";
        }
    }
    public class Example5_22{
        public static void main(String args[ ]){
            Chorus<歌手,乐器> model=new Chorus<歌手,乐器>();          // 创建一个对象 model
            歌手 pengliyuan=new 歌手();
            乐器 piano=new 乐器();
            model.makeChorus(pengliyuan,piano);
        }
    }
```

    Java 泛型的主要目的是建立具有类型安全的数据结构，如链表、散列表等数据结构，最重要的一个优点就是：在使用这些泛型类建立的数据结构时，不必进行强制类型转换，即不要求进行运行时类型检查。SDK 1.5 是支持泛型的编译器，它将运行时类型检查提前到编译时执行，使代码更安全。

    《Thinking in Java》的作者 Bruce Eckel 曾写了一篇批判 Java 泛型的文章，他认为："Java 完全没有必要使用泛型，在 Java 语言中泛型完全没有优势"，Java 使用继承和接口已足矣。同时，他也理解 Java 推出泛型的用意，主要是为了建立具有类型安全的数据结构。

问 答 题

1. 子类在什么情况下可以继承父类的友好成员？
2. 子类通过怎样的办法可以隐藏继承的成员变量？
3. 子类重写继承的方法的规则是什么？
4. 子类的构造方法的第一条语句是什么？
5. 子类对象一旦重写了继承的方法，就会隐藏继承的方法。是这样吗？
6. 子类重写继承的方法时，可以降低方法的访问权限吗？
7. 简述关键字 super 的用法。
8. 假设父类有一个方法

```
public double f(double x, double y){
    return x+y;
}
```

是否允许子类再声明如下方法？

```
public float f(double x, double y){
    return 23;
}
```

9. 父类的 final 方法可以被子类重写吗？
10. 什么类中可以有抽象方法？
11. 什么叫对象的上转型对象？
12. 什么叫接口回调？
13. 与类有关的匿名类一定是该类的一个子类吗？与接口有关的匿名类一定是实现该接口的一个类吗？
14. 怎样声明一个泛型类？怎样评价 SDK 1.5 新推出的泛型？
15. 阅读下列程序，写出程序的输出结果。

```java
class NegativeIntegerException extends Exception{
    String  message;
    public NegativeIntegerException(){
        message="方法的参数值不是正整数";
    }
    public String toString(){
        return message;
    }
}
class MaxCommonDivisor{
    public int getMaxCommonDivisor(int a, int b) throws NegativeIntegerException{
        if(a<0||b<0)
            throw new NegativeIntegerException();
        int  r=0;
        if(b>a){
            int  t=a;
            a=b;
            b=t;
        }
        r=a%b;
        while(r!=0){
            a=b;
            b=r;
            r=a%b;
        }
        return b;
    }
}
class MinCommonMultiple extends MaxCommonDivisor{
    public int getMinCommonMultiple(int a,int b) throws NegativeIntegerException{
        if(a<0||b<0)
            throw new NegativeIntegerException();
        int  y=0;
        int  x=getMaxCommonDivisor(a, b);
        y=(a*b)/x;
        return y;
    }
}
public class Example{
    public static void main (String args[ ]){
        int  maxCommonDivisor, minCommonMultiple;
        MaxCommonDivisor max=new MaxCommonDivisor();
        MinCommonMultiple min=new MinCommonMultiple();
        try{
            maxCommonDivisor=max.getMaxCommonDivisor(18,12);
            System.out.println("最大公约数:"+maxCommonDivisor);
            minCommonMultiple=min.getMinCommonMultiple(18,12);
            System.out.println("最小公倍数:"+minCommonMultiple);
            maxCommonDivisor=max.getMaxCommonDivisor(-64,48);
            System.out.println("最大公约数:"+maxCommonDivisor);
        }
        catch(NegativeIntegerException e){  System.out.println(e.toString());  }
```

```
    }
  }
```

16. 下列程序中，错误的代码是哪个？

```
abstract class A{
    abstract float getFloat();                    // 代码1
    void f(){ }                                   // 代码2
}
public class B extends A{
    private float  m=1.0f;                        // 代码3
    private float getFloat(){                     // 代码4
        return m;
    }
}
```

作 业 题

1. 编写一个类，该类有如下一个方法：

```
public int f(int a, int b){
    ……                         // 要求该方法返回 a 和 b 的最大公约数
}
```

再编写一个该类的子类，要求子类重写方法 f()，而且重写的方法将返回两个整数的最小公倍数。

　　要求：在重写的方法的方法体中首先调用被隐藏的方法返回 a 和 b 的最大公约数 m，然后将(a*b)/m 返回；在应用的程序的主类中分别使用父类和子类创建对象，并分别调用方法 f() 计算两个正整数的最大公约数和最小公倍数。

　　2. 首先编写一个抽象类，要求该抽象类有 3 个抽象方法：

```
public abstract void f(int x);
public abstract void g(int x, int y);
public abstract double h(double x);
```

然后分别给出这个抽象类的 3 个子类。

　　要求：在应用程序的主类中使用这些子类创建对象，再让它们的上转型对象调用方法 f()、g()和 h()。

　　3. 编写一个类，要求该类实现一个接口，该接口有 3 个抽象方法：

```
public abstract void f(int x);
public abstract void g(int x, int y);
public abstract double h(double x);
```

要求：在应用程序的主类中使用该类创建对象，并使用接口回调来调用方法 f()、g()和 h()。

　　4. 举例说明匿名类的用法。

　　5. 编写一个异常类，并具体给出一个产生该异常的方法。在一个应用程序中测试该异常类。

第 6 章 字符串和正则表达式

本章导读

✿ String 类
✿ StringBuffer 类
✿ StringTokenizer 类
✿ 正则表达式与字符串的替换和分解
✿ Scanner 类
✿ 模式匹配

6.1 String 类

Java 使用 java.lang 包中的 String 类来创建一个字符串变量，因此字符串变量是类类型变量，是一个对象。

1. 创建字符串对象

String 类的构造方法可创建字符串对象，如

```
String  s;
s=new String("we are students");
```

声明和创建可用一步完成：

```
String  s=new String("we are students");
```

也可以用一个已创建的字符串创建另一个字符串，如

```
String  tom=new String(s);
```

String 类还有两个较常用的构造方法：

① String (char a[]) ——用一个字符数组 a 创建一个字符串对象，如

```
char[]  a={'b', 'o', 'y'};
String  s=new String(a);
```

② String(char a[], int startIndex, int count) ——提取字符数组 a 中的一部分字符创建一个字符串对象，参数 startIndex 和 count 分别指定在 a 中提取字符的起始位置和从该位置开始截取的字符个数，如

```
char[]  a={'s', 't', 'b', 'u', 's', 'n'};
String  s=new String(a,2,3);
```

2. 引用字符串常量对象

字符串常量是对象，因此可以把字符串常量的引用赋值给一个字符串变量，如

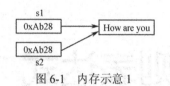

图 6-1　内存示意 1

```
string  s1, s2;
s1="How are you";
s2="How are you";
```

这样，s1 和 s2 具有相同的引用，因而具有相同的实体。s1 和 s2 的内存示意如图 6-1 所示。

3．String 类的常用方法

（1）public int length()

String 类中的 length()方法可以获取一个字符串的长度，如

```
String  s= "we are students", tom="我们是学生";
int  n1, n2;
n1=s.length();
n2=tom.length();
```

那么，n1 的值是 15，n2 的值是 5。字符串常量也可调用 length()获得自身长度，如

```
"你的爱好".length()
```

的值是 4。

（2）public boolean equals(String s)

字符串对象调用 String 类中的 equals 方法，比较当前字符串对象的实体是否与参数指定的字符串 s 的实体相同，如

```
String tom=new String("we are students");
String boy=new String("We are students");
String jerry= new String("we are students");
```

tom.equals(boy)的值是 false，tom.equals(jerry)的值是 true。

tom==jerry 的值是 false。因为字符串是对象，tom 和 jerry 是引用。内存示意如图 6-2 所示。字符串对象调用 public boolean equalsIgnoreCase(String s)比较当前字符串对象与参数指定的字符串 s 是否相同，比较时忽略大小写。

（3）public boolean contains(String s)

字符串对象调用 contains()方法，判断当前字符串对象是否含有参数指定的字符串 s，例如，tom.contains("stu")的值就是 true，而 tom.contains("ok")的值是 false。

【例 6-1】　方法 equals()和 contains()的用法（效果如图 6-3 所示）。

图 6-2　内存示意 2　　　　　图 6-3　equals()和 contains()

```
public class Example6_1{
    public static void main(String args[ ]){
        String s1, s2;
        s1=new String("we are students");
        s2=new String("we are students");
        System.out.print(s1.equals(s2)+" ");
        System.out.println(s1==s2);
        String  s3, s4;
        s3="how are you";
```

```
            s4="how are you";
            System.out.print(s3.equals(s4)+" ");
            System.out.println(s3==s4);
            System.out.print(s1.contains(s3)+" ");
            System.out.println(s2.contains("stu"));
        }
    }
```

（4）public boolean startsWith(String s)和 public boolean endsWith(String s)

字符串对象调用 startsWith(String s)方法，判断当前字符串对象的前缀是否是参数指定的字符串 s，如

```
        String tom= "220302620629021", jerry= "21079670924022";
```

则 tom.startsWith("220")的值是 true，jerry.startsWith("220")的值是 false。

方法 endsWith(String s)用来判断一个字符串的后缀是否是字符串 s，如

```
        String tom= "220302620629021", jerry= "21079670924022";
```

则 tom.endsWith("021")的值是 true，jerry.endsWith("021")的值是 false。

（5）public int compareTo(String s)

字符串对象可以使用 String 类中的方法 compareTo(String s)，按字典序与参数 s 指定的字符串比较大小。如果当前字符串与 s 相同，该方法的返回值是 0；如果当前字符串对象大于 s，该方法返回正值；如果小于 s，该方法返回负值。例如：

```
        String str= "abcde";
```

则 str.compareTo("boy")小于 0，str.compareTo("aba")大于 0，str.compareTo("abcde")等于 0。

按字典序比较两个字符串还可以使用方法 public int compareToIgnoreCase(String s)，该方法忽略大小写。

（6）public int indexOf (String s)

字符串调用方法 indexOf (String s)从当前字符串的头开始检索字符串 s，并返回首次出现 s 的位置。如果没有检索到字符串 s，该方法的返回值是–1。

字符串调用方法 indexOf(String s, int startpoint)从当前字符串的 startpoint 位置处开始检索字符串 s，并返回首次出现 s 的位置。如果没有检索到字符串 s，该方法的返回值是–1。

字符串调用方法 lastIndexOf(String s)从当前字符串的头开始检索字符串 s，并返回最后出现 s 的位置。如果没有检索到字符串 s，该方法的返回值是–1。例如：

```
        String tom="I am a good cat";
        tom.indexOf("a");                    // 值是 2
        tom.indexOf("good",2);               // 值是 7
        tom.indexOf("a",7);                  // 值是 13
        tom.indexOf("w",2);                  // 值是-1
```

（7）public String substring(int startpoint)

字符串对象调用该方法获得一个当前字符串的子串，该子串是从当前字符串的 startpoint 处截取到最后所得到的字符串。

字符串对象调用方法 substring(int start, int end)获得一个当前字符串的子串，该子串是从当前字符串的 start 处截取到 end 处所得到的字符串，但不包括 end 处所对应的字符。例如：

```
        String tom="I love tom";
        String s=tom.substring(2,5);
```

则 s 为“lov”。

（8）public String trim()

一个字符串 s 通过调用方法 trim()得到一个字符串对象，该字符串对象是 s 去掉前后空格后的字符串。

4．字符串与基本数据的相互转化

java.lang 包中的 Integer 类调用其类方法如下：

```
public static int parseInt(String s)
```

可以将数字格式的字符串转化为 int 类型数据，如

```
int  x;
String  s="6542";
x=Integer.parseInt(s);
```

类似地，使用 java.lang 包中的 Byte、Short、Long、Float、Double 类调用相应的类方法：

```
public static byte parseByte(String s)
public static short parseShort(String s)
public static long parseLong(String s)
public static float parseFloat(String s)
public static double parseDouble(String s)
```

可以将数字格式的字符串转化为相应的基本数据类型。

使用 Long 类中的下列类方法可得到整数的各种进制的字符串表示：

```
public static String toBinaryString(long i)
public static String toOctalString(long i)
public static String toHexString(long i)
public static String toString(long i, int p)
```

其中的 toString(long i, int p)返回整数 i 的 p 进制表示。

【例 6-2】 求若干个数的平均数，这些数从键盘输入（效果如图 6-4 所示）。

```
public class Example6_2{
    public static void main(String args[ ]){
        double  n, sum=0.0 ;
        for(int i=0; i<args.length; i++){
            sum=sum+Double.parseDouble(args[i]);
        }
        n=sum/args.length;
        System.out.println("平均数："+n);
        int  number=8658;
        String binaryString=Long.toBinaryString(number);
        System.out.println(number+"的二进制表示："+binaryString);
        System.out.println(number+"的八进制表示："+Long.toOctalString(number));
        System.out.println(number+"的十六进制表示："+Long.toString(number,16));
    }
}
```

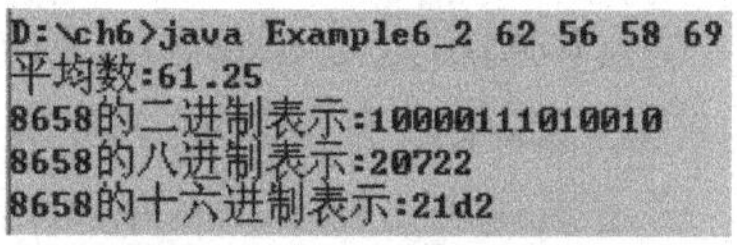

```
D:\ch6>java Example6_2 62 56 58 69
平均数:61.25
8658的二进制表示:10000111010010
8658的八进制表示:20722
8658的十六进制表示:21d2
```

图 6-4 args[]参数的使用

这是一个应用程序，应用程序中的 main 方法中的参数 args 能接收从键盘输入的字符串。

首先，应编译上述源程序：

```
C:\2000\>javac Example.java
```

编译通过后，使用解释器 java.exe 来执行字节码文件：

```
C:\2000\>java Example  62 56 58 69 (回车)
```

这时，程序中的 args[0]、args[1]、args[2]和 args[3]分别得到字符串"62"、"56"、"58"和"69"。

在源程序中，再将这些字符串转化为数值进行运算，得到所需的结果。

有时，需要将数字转化为字符串，可以使用 String 类的下列 static 方法：

```
public static String valueOf(byte n)
public static String valueOf(int n)
public static String valueOf(long n)
public static String valueOf(float n)
public static String valueOf(double n)
```

将形如 123、1232.98 的数值转化为字符串，如

```
String str=String.valueOf(12313.9876);
float x=123.987f;
String temp=String.valueOf(x);
```

5. 对象的字符串表示

所有的类都默认是 java.lang 包中 Object 类的子类或间接子类。Object 类有一个 public 方法 public String toString()，一个对象通过调用该方法可以获得该对象的字符串表示。一个类可以通过重写 public String toString()方法，以便获得该类对象想要的字符串表示，如 java.util 包中的 Date 类就重写了 public String toString()，使得 Date 对象调用 toString()得到的字符串是由日期信息组成的字符序列。如果一个类没有重写 public String toString()方法，那么该类所创建的对象调用 toString()方法得到的字符串格式为：

　　　类名@对象的引用

【例 6-3】　Student 类重写 toString()方法，TV 类没有重写 toString()方法。

```
import java.util.Date;
public class Example6_3{
    public static void main(String args[ ]){
        Date date=new Date();
        Student stu=new Student("张三", 89);
        TV tv=new TV("电视机", 8776);
        System.out.println(date.toString());
        System.out.println(stu.toString());
        System.out.println(tv.toString());
    }
}
class Student{
    String name;
    double score;
    Student(String name,double score){
        this.name=name;
        this.score=score;
    }
    public String toString(){
        return "姓名："+name+"，分数："+score;
    }
}
class TV{
    String name;
    double price;
    TV(String name,double price){
        this.name=name;
```

```
        this.price=price;
    }
}
```

上述程序在本机的输出结果如下：

```
Sat Aug 23 10:46:49 CST 2008
姓名：张三，分数：89.0
TV@14318bb
```

6．字符串与字符数组、字节数组

（1）字符串与字符数组

String 类的构造方法 String(char[])和 String(char[],int offset,int length)分别用数组 a 中的全部字符或部分字符创建字符串对象。String 类也提供了将字符串存放到数组中的方法：

```
public void getChars(int start, int end, char c[], int offset)
```

字符串调用方法 getChars()，将当前字符串中的一部分字符复制到参数 c 指定的数组中，将字符串中从位置 start 到 end−1 位置上的字符复制到数组 c 中，并从数组 c 的 offset 处开始存放这些字符。注意：必须保证数组 c 能容纳下要被复制的字符。

String 类还提供了一个方法：

```
public char[] toCharArray()
```

字符串对象调用该方法可以初始化一个字符数组，该数组的长度与字符串的长度相等，并将字符串对象的全部字符复制到该数组中。

【例 6-4】 将用户在键盘输入的字符串加密，然后输出密文。

```
import java.util.Scanner;
public class Example6_4{
    public static void main(String args[ ]){
        Scanner reader=new Scanner(System.in);
        String s=reader.nextLine();
        char a[]=s.toCharArray();
        for(int i=0;i<a.length;i++){
            a[i]=(char)(a[i]^'w');
        }
        String secret=new String(a);
        System.out.println("密文："+secret);
        for(int i=0;i<a.length;i++){
            a[i]=(char)(a[i]^'w');
        }
        String code=new String(a);
        System.out.println("原文："+code);
    }
}
```

（2）字符串与字节数组

String 类的构造方法 String(byte[])用指定的字节数组构造一个字符串对象。构造方法 String(byte[], int offset, int length)用指定的字节数组的一部分，即从数组起始位置 offset 开始取 length 个字节构造一个字符串对象。方法 public byte[] getBytes()使用平台默认的字符编码，将当前字符串转化为一个字节数组。

【例 6-5】 将字符串转化为字节数组。

```
public class Example6_5{
```

```
public static void main(String args[ ]){
    byte d[]="YOUIHE 你我他".getBytes();
    System.out.println("数组 d 的长度是（一个汉字占 2 字节）: "+d.length);
    String s=new String(d,6,2);
    System.out.println(s);
    }
}
```

上述程序的输出结果如下：

数组 d 的长度是（一个汉字占 2 字节）: 12
你

6.2 StringBuffer 类

前面学习了 String 字符串对象，String 类创建的字符串对象是不可修改的。也就是说，String 字符串不能修改、删除或替换字符串中的某个字符，即 String 对象一旦创建，实体是不可以再发生变化的（如图 6-5 所示），如

```
String s=new String("I love this game");
```

图 6-5 实体不可变

本节将介绍 StringBuffer 类，该类能创建可修改的字符串序列，即该类的对象的实体的内存空间可以自动改变大小，便于存放一个可变的字符串。一个 StringBuffer 对象调用 append() 方法可以追加字符串序列，如

```
StringBuffer s=new StringBuffer("I love this game");
```

对象 s 调用 append()再追加一个字符串序列（如图 6-6 所示）：

```
s.append("ok");
```

图 6-6 实体可变

1. StringBuffer 类的构造方法

StringBuffer 类有 3 个构造方法：StringBuffer()，StringBuffer(int size)和 StringBuffer(String s)。

构造方法 StringBuffer()创建一个 StringBuffer 对象，分配给该对象的实体的初始容量可以容纳 16 个字符，当该对象的实体存放的字符序列的长度大于 16 时，实体的容量自动增加，以便存放所增加的字符。StringBuffer 对象可以通过方法 length()获取实体中存放的字符序列的长度，通过方法 capacity()获取当前实体的实际容量。

构造方法 StringBuffer(int size)创建一个 StringBuffer 对象，可以指定分配给该对象的实体的初始容量为参数 size 指定的字符个数。当该对象的实体存放的字符序列的长度大于 size 个字符时，实体的容量自动增加，以便存放所增加的字符。

构造方法 StringBuffer(String s)创建一个 StringBuffer 对象，可以指定分配给该对象的实

体的初始容量为参数字符串 s 的长度额外再加 16 个字符。

2．StringBuffer 类的常用方法

StringBuffer 类的常用方法如下：

① append() ——将其他 Java 类型数据转化为字符串后，再追加到 StringBuffer 对象中。

② char charAt(int n) ——得到参数 n 指定的置上的单个字符。当前对象实体中的字符串序列的第一个位置为 0，第二个位置为 1，以此类推。n 的值必须是非负的，并且小于当前对象实体中字符串序列的长度。

③ void setCharAt(int n, char ch) ——将当前 StringBuffer 对象实体中的字符串位置 n 处的字符用参数 ch 指定的字符替换。n 的值必须是非负的，并且小于当前对象实体中字符串序列的长度。

④ StringBuffer insert(int index, String str) ——将一个字符串插入另一个字符串中，并返回当前对象的引用。

⑤ public StringBuffer reverse() ——将对象实体中的字符翻转，并返回当前对象的引用。

⑥ StringBuffer delete(int startIndex, int endIndex) ——从当前 StringBuffer 对象实体中的字符串中删除一个子字符串，并返回当前对象的引用。这里，startIndex 指定了需删除的第一个字符的下标，而 endIndex 指定了需删除的最后一个字符的下一个字符的下标。

⑦ StringBuffer replace(int startIndex, int endIndex, String str) ——将当前 StringBuffer 对象实体中的字符串的一个子字符串用参数 str 指定的字符串替换。被替换的子字符串由下标 startIndex 和 endIndex 指定，即从 startIndex 到 endIndex-1 的字符串被替换。该方法返回当前 StringBuffer 对象的应用。

【例 6-6】 StringBuffer 类的常用方法。

```java
public class Example6_6{
    public static void main(String args[ ]){
        StringBuffer  str=new StringBuffer("0123456789");
        str.setCharAt(0, 'a');
        str.setCharAt(1, 'b');
        System.out.println(str);
        str.insert(2, "**");
        System.out.println(str);
        str.delete(6, 8);
        System.out.println(str);
    }
}
```

上述程序的输出结果如下：

```
ab23456789
ab**23456789
ab**236789
```

> 可以使用 String 类的构造方法 String (StringBuffer bufferstring) 创建一个字符串对象。

6.3 StringTokenizer 类

有时需要分析字符串并将字符串分解成可被独立使用的单词，这些单词叫做语言符号。例如，对于字符串"We are students"，如果把空格作为该字符串的分隔标记，那么该字符串有

3 个单词（语言符号）。而对于字符串"We, are ,students"，如果把逗号作为该字符串的分隔标记，那么该字符串有 3 个单词（语言符号）。

分析一个字符串并将字符串分解成可被独立使用的单词时，可以使用 java.util 包中的 StringTokenizer 类，该类有两个常用的构造方法：

① StringTokenizer(String s) ——为字符串 s 构造一个分析器，使用默认的分隔标记，即空格符（若干个空格被看成一个空格）、换行符、回车符、Tab 符等。

② StringTokenizer(String s, String delim) ——为字符串 s 构造一个分析器，参数 delim 中的字符的任意排列组合都是分隔标记，如

```
StringTokenizer fenxi=new StringTokenizer("We,are; student", ", ; ");
```

StringTokenizer 对象称为字符串分析器，封装着语言符号和对其进行操作的方法。分析器可以使用 nextToken()方法逐个获取其中的语言符号（单词），每获取到一个语言符号，字符串分析器中负责计数的变量的值就自动减 1，该计数变量的初始值等于字符串中的单词数目，字符串分析器调用 countTokens()方法可以得到计数变量的值。字符串分析器通常用 while 循环来逐个获取语言符号，为了控制循环，可以使用 StringTokenizer 类中的 hasMoreTokens() 方法，只要计数的变量的值大于 0，该方法就返回 true，否则返回 false。

【例 6-7】 用户从键盘输入一个浮点数，程序分别输出该数的整数部分和小数部分（效果如图 6-7 所示）。

```java
import java.util.*;
public class Example6_7{
    public static void main(String args[ ]){
        String[]  mess={"整数部分", "小数部分"};
        Scanner  reader=new Scanner(System.in);
        double  x=reader.nextDouble();
        String  s=String.valueOf(x);
        StringTokenizer fenxi=new StringTokenizer(s,".");
        for(int i=0; fenxi.hasMoreTokens(); i++){
            String str=fenxi.nextToken();
            System.out.println(mess[i]+":"+str);
        }
    }
}
```

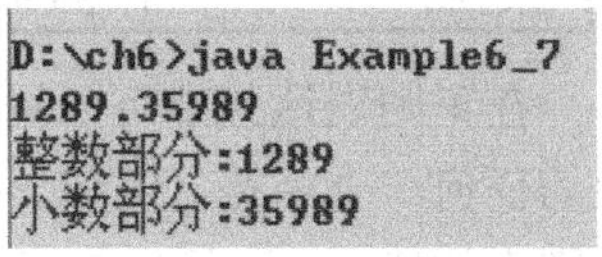

图 6-7　使用 StringTokenizer 类

6.4　正则表达式及字符串的替换和分解

1．正则表达式

一个正则表达式是含有一些具有特殊意义字符的字符串，这些特殊字符称为正则表达式中的元字符。例如，"\\dcat"中的\\d 就是有特殊意义的元字符，代表 0～9 中的任何一个。字符串 0cat，1cat，2cat，…，9cat 都是与正则表达式"\\dcat"匹配的字符串。

字符串对象调用 public boolean matches(String regex)方法可以判断当前字符串对象是否和参数 regex 指定的正则表达式匹配。

表 6.1 列出了常用的元字符及其意义。

表 6.1　元字符

元字符	在正则表达式中的写法	意　　义
.	.	代表任何一个字符
\d	\\d	代表 0～9 的任何一个数字
\D	\\D	代表任何一个非数字字符
\s	\\s	代表空格类字符，'\t'、'\n'、'\x0B'、'\f'、'\r'
\S	\\S	代表非空格类字符
\w	\\w	代表可用于标识符的字符（不包括美元符号）
\W	\\W	代表不能用于标识符的字符
\p{Lower}	\\p{Lower}	小写字母[a～z]
\p{Upper}	\\p{Upper}	大写字母[A～Z]
\p{ASCII}	\\p{ASCII}	ASCII 字符
\p{Alpha}	\\p{Alpha}	字母
\p{Digit}	\\p{Digit}	数字字符，即[0～9]
\p{Alnum}	\\p{Alnum}	字母或数字
\p{Punct}	\\p{Punct}	标点符号：!"#$%&'()*+-/:;<=>?@[\]^`{|}~
\p{Graph}	\\p{Graph}	可视字符：\p{Alnum}\p{Punct}
\p{Print}	\\p{Graph}	可打印字符：\p{Graph}
\p{Blank}	\\p{Blank}	空格或制表符[\t]
\p{Cntrl}	\\p{Cntrl}	控制字符：[\x00-\x1F\x7F]

在正则表达式中可以用方括号扩起若干个字符来表示一个元字符，该元字符代表方括号中的任何一个字符。例如，regex="[159]ABC"，那么"1ABC"、"5ABC"和"9ABC"都是与正则表达式 regex 匹配的字符串。方括号元字符的意义如下：

　　[abc]：代表 a、b、c 中的任何一个。

　　[^abc]：代表除了 a、b、c 以外的任何字符。

　　[a-z, A-Z]：代表英文字母中的任何一个。

　　[a-d]：代表 a～d 中的任何一个。

> 由于"."代表任何一个字符，所以在正则表达式中如果想使用普通意义的点字符，必须使用[.]或用\56 表示普通意义的点字符。

另外，方括号里允许嵌套中方括号，可以进行并、交、差运算。例如：

　　[a-d[m-p]]：代表 a～d，或 m～p 中的任何字符（并）。

　　[a-z&&[def]]：代表 d、e、或 f 中的任何一个（交）。

　　[a-f&&[^bc]]：代表 a、d、e、f（差）。

在正则表达式中可以使用限定修饰符。例如，对于限定修饰符"?"，如果 X 代表正则表达式中的一个元字符或普通字符，那么"X?"就表示 X 出现 0 次或 1 次。例如：

```
regex = "hello[2468]?";
```

那么，"hello"、"hello 2"、"hello 4"、"hello 6"、"hello 8"都是与正则表达式 regex 匹配的字符串。

表 6.2 给出了常用的限定修饰符的用法。

表 6.2　限定符

带限定符号的模式	意　　义	带限定符号的模式	意　　义
X?	X 出现 0 次或 1 次	X{n,}	X 至少出现 n 次
X*	X 出现 0 次或多次	X{n, m}	X 出现 n 次至 m 次
X+	X 出现 1 次或多次	XY	X 后跟 Y
X{n}	X 恰好出现 n 次	X|Y	X 或 Y

例如，regex="@\\w{4}"，那么"@abcd"、"@天道酬勤"、
"@Java"、"@bird"都是与正则表达式 regex 匹配的字符串。

> 有关正则表达式的细节可查阅
> java.util.regex 包中的 Pattern 类。

【例 6-8】 程序判断用户从键盘输入的字符序列是否全部由英文字母所组成（运行效果如图 6-8 所示）。

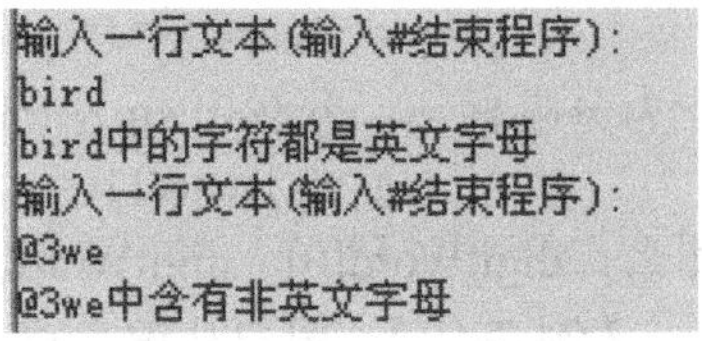

```java
import java.util.Scanner;
public class Example6_8 {
    public static void main (String args[ ]) {
        String regex = "[a-zZ-Z]+";
        Scanner scanner = new Scanner(System.in);
        System.out.println("输入一行文本(输入#结束程序):");
        String str = scanner.nextLine();
        while(str!=null) {
            if(str.matches(regex))
                System.out.println(str+"中的字符都是英文字母");
            else
                System.out.println(str+"中含有非英文字母");
            System.out.println("输入一行文本(输入#结束程序):");
            str = scanner.nextLine();
            if(str.startsWith("#"))
                System.exit(0);
        }
    }
}
```

输入一行文本(输入#结束程序):
bird
bird中的字符都是英文字母
输入一行文本(输入#结束程序):
@3we
@3we中含有非英文字母

图 6-8　使用正则表达式

2. 字符串的替换

JDK1.4 之后，字符串对象调用 public String replaceAll(String regex,String replacement)方法返回一个字符串，该字符串是当前字符串中所有与参数 regex 指定的正则表达式匹配的子字符串被参数 replacement 指定的字符串替换后的字符串。例如：

> 当前字符串调用
> replaceAll()方法返回一个字符串，但不改变当前字符串。

```java
String result="12hello567".replaceAll("[a-zA-Z]+","你好");
```

那么，result 就是"12 你好 567"。

【例 6-9】 字符串调用 replaceAll()方法剔除字符串中的网站链接地址（将网站链接地址替换为不含任何字符的字符串，即替换为""），运行效果如图 6-9 所示。

请登录:http://www.cctv.cn看电视
请登录:看电视

图 6-9　字符串的替换

```java
public class Example6_9 {
    public static void main (String args[ ]) {
        String  str= "请登录:http://www.cctv.cn 看电视";
        String  regex="(http://|www)[.]?\\w+[.]{1}\\w+[.]{1}\\p{Alpha}+";
        String  newStr=str.replaceAll(regex,"");
        System.out.println(str);
        System.out.println(newStr);
    }
}
```

3. 字符串的分解

JDK1.4 之后，String 类提供了一个实用的方法：

```java
public String[] split(String regex)
```

字符串调用该方法时，使用参数指定的正则表达式 regex 作为分隔标记分解出其中的单

词，并将分解出的单词存放在字符串数组中。例如，对于字符串 str="1945 年 08 月 15 日是抗日战争胜利纪念日！"，如果准备分解出全部由数字字符组成的单词，就必须用非数字字符串作为分隔标记，因此可以使用正则表达式

```
String regex="\\D+"
```

作为分隔标记，分解出 str 中的单词：

```
String digitWord[]=str.split(regex);
```

那么，digitWord[0]、digitWord[1]和 digitWord[2]分别是"1945"、"08"和"15"。

【例 6-10】　用户从键盘输入一行文本，程序输出其中的单词，效果如图 6-10 所示。

```
import java.util.Scanner;
public class Example6_10 {
    public static void main (String args[ ]){
        System.out.println("一行文本:");
        Scanner  reader=new Scanner(System.in);
        // 空格字符、数字和符号(!"#$%&'()*+,-./:;<=>?@[\] ^_`{|}~)组成的正则表达式
        String  str= reader.nextLine();
        String  regex="[\\s\\d\\p{Punct}]+";
        String  words[]=str.split(regex);
        for(int i=0; i<words.length; i++){
            int  m=i+1;
            System.out.println("单词"+m+":"+words[i]);
        }
    }
}
```

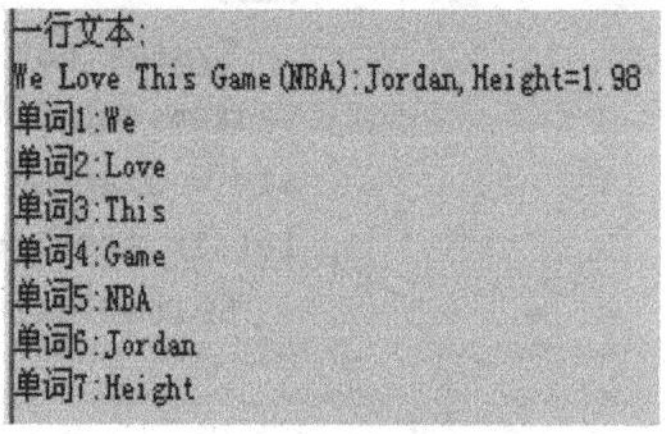

图 6-10　分解字符串

6.5　Scanner 类

6.3 节学习了怎样使用 StringTokenizer 类的实例解析字符串中的单词，6.4 节学习了怎样使用 String 类的 split(String regex)来分解出字符串中的单词。本节学习怎样使用 Scanner 类从字符串中解析程序所需要的数据。Scanner 类不仅可以创建出用于读取用户从键盘输入的数据的对象，而且可以创建出用于解析字符串的对象。当需要 Scanner 类的对象解析字符串 str 时，可以如下构造一个 Scanner 类的对象 scanner：

```
Scanner  scanner=new Scanner(str);
```

1．使用默认分隔标记解析字符串

创建 Scanner 对象，并将要解析的字符串传递给所构造的对象，例如，对于字符串

```
String  NBA = "I Love This Game";
```

为了解析出 NBA 中的单词，可以构造一个 Scanner 对象

```
Scanner  scanner = new Scanner(NBA);
```

那么，scanner 将空白作为分隔标记，调用 next()方法依次返回 NBA 中的单词，如果 NBA 最后一个单词已被 next()方法返回，scanner 调用 hasNext()方法返回 false，否则返回 true。

对于数字型的单词，如 618、168.98 等，可以用 nextInt()或 nextDouble()方法代替 next()方法，即 scanner 可以调用 nextInt()或 nextDouble()方法将数字型单词转化为 int 或 double 类型数据返回。注意，如果单词不是数字型单词，调用 nextInt()或 nextDouble()方法将发生 InputMismatchException 异常，在处理异常时可以调用 next()方法返回该非数字化单词。

【例 6-11】 使用 Scanner 对象解析出字符串"TV cost 876 dollar, Computer cost 2398 dollar"
中的全部价格数字（价格数字的前后需有空格），并计算总消费。运行效果如图 6-11 所示。

```java
import java.util.*;
public class Example6_11 {
    public static void main(String args[]) {
        String  cost= " TV cost 877 dollar,Computer cost 2398";
        Scanner  scanner = new Scanner(cost);
        double  sum=0;
        while(scanner.hasNext()){
            try{
                double price=scanner.nextDouble();
                sum=sum+price;
                System.out.println(price);
            }
            catch(InputMismatchException exp){  String t=scanner.next();  }
        }
        System.out.println("总消费："+sum+"元");
    }
}
```

```
877.0
2398.0
总消费：3275.0元
```

图 6-11　字符串中的价格

2. 使用正则表达式作为分隔标记解析字符串

在上面的例 6-11 中，Scanner 对象使用默认分隔标记解析出了字符串中的全部价格数据，
那么就要求必须使用空格将字符串中的价格数据和其他字符分隔开，否则就无法解析出价格
数据。实际上，Scanner 对象可以调用 useDelimiter(正则表达式)方法将一个正则表达式作为
分隔标记，即和正则表达式匹配的字符串都是分隔标记。

【例 6-12】 使用正则表达式（匹配所有非数字字符串）

```java
String  regex="[^0123456789.]+";
```

作为分隔标记解析字符串"市话费：176.89 元，长途费：187.98 元，网络费：928.66 元"中的
全部价格数字，并计算总的通信费用。程序运行效果如图 6-12 所示。

```java
import java.util.*;
public class Example6_12 {
    public static void main(String args[]) {
        String  cost = "市话费：176.89 元，长途费：187.98 元，网络费：928.66 元";
        Scanner  scanner = new Scanner(cost);
        scanner.useDelimiter("[^0123456789.]+");
        double  sum=0;
        while(scanner.hasNext()){
            try{
                double price=scanner.nextDouble();
                sum=sum+price;
                System.out.println(price);
            }
            catch(InputMismatchException exp){  String t=scanner.next();  }
        }
        System.out.println("总通信费用："+sum+"元");
    }
}
```

```
176.89
187.98
928.66
总通信费用：1293.53元
```

图 6-12　字符串中的通信费

对于上述例 6-12 中提到的字符串，如果用非数字字符串作分隔标记，那么所有的价格数

字就是单词。

6.6　模式匹配

模式匹配就是检索和指定模式匹配的字符串。Java 提供了专门用来进行模式匹配的 Pattern 类和 Match 类，这些类在 java.util.regex 包中。

下面结合具体问题来讲解使用 Pattern 类和 Match 类的步骤。假设有字符串：

```
String input = "Have 7 monkeys on the tree, walk 2 monkeys, still leave how many monkeys?"
```

我们想知道 input 从哪个位置开始至哪个位置结束曾出现了字符串"monkeys"。使用 Pattern 类和 Match 类检索字符串 str 中的子字符串的步骤如下。

1. 模式对象

使用正则表达式 regex 做参数，得到一个称为模式的 Pattern 类的实例 pattern：

```
Pattern  pattern = Pattern.compile(regex);
```

例如：

```
String  regex = "monkeys";
pattern = Pattern.compile(regex);
```

模式对象是对正则表达式的封装。Pattern 类调用类方法 compile(String regex)返回一个模式对象，其中的参数 regex 是一个正则表达式（有关正则表达式的知识参见 6.4 节），称为模式对象使用的模式。如果参数 regex 指定的正则表达式有错，那么 complie()方法将抛出异常：PatternSyntaxException。Pattern 类也可以调用类方法 compile(String regex, int flags)返回一个 Pattern 对象，参数 flags 可取下列值：Pattern.CASE_INSENSITIVE，Pattern.MULTILINE，Pattern.DOTALL，Pattern.UNICODE_CASE，Pattern.CANON_EQ。例如，flags 取值 Pattern.CASE_INSENSITIVE，模式匹配时将忽略大小写。

2. 匹配对象

得到可以检索字符串 input 的 Matcher 类的实例 matcher（称为匹配对象）：

```
Matcher  matcher = pattern.matcher(input);
```

模式对象 pattern 调用 matcher(CharSequence input)方法返回一个 Matcher 对象 matcher，称为匹配对象，参数 input 用于给出 matcher 要检索的字符串，可以是任何一个实现了 CharSequence 接口的类创建的对象。前面的 String 类和 StringBuffer 类实现了 CharSequence 接口。

匹配对象 matcher 可以调用各种方法检索字符串 input，如 matcher 依次调用 booelan find()方法，将检索到 input 中与 regex（前面已设 regex="monkeys"）匹配的子字符串。例如，首次调用 find()方法将检索到 input 中的第一个子字符串 monkeys，即 matcher.find()检索到第一个 monkeys 并返回 true，这时 matcher.start()返回的值是 7（第一个 monkeys 开始的位置）、matcher.end()返回的值是 14（第一个 monkeys 结束位置），matcher.group()返回 monkeys，即返回检索到的字符串。

Matcher 对象 matcher 可以使用下列方法寻找字符串 input 中是否有与模式 regex 匹配的子序列（regex 是创建模式对象 pattern 时使用的正则表达式）。

① public boolean find()：寻找 input 和 regex 匹配的下一子序列，如果成功，返回 true，否则返回 false。matcher 首次调用该方法时，寻找 input 中第一个与 regex 匹配的子序列，如

果 find()方法返回 true，matcher 再调用 find()方法时，就会从上一次匹配模式成功的子序列后开始寻找下一个匹配模式的子字符串。当 find()方法返回 true 时，matcher 可以调用 start()方法和 end()方法，得到该匹配模式子序列在 input 中的开始位置和结束位置。当 find()方法返回 true 时，matcher 调用 group()可以返回 find()方法本次找到的匹配模式的子字符串。

② public boolean matches()：matcher 调用该方法判断 input 是否完全与 regex 匹配。

③ public boolean lookingAt()：matcher 调用该方法判断从 input 的开始位置是否有与 regex 匹配的子序列。若 lookingAt()方法返回 true，matcher 调用 start()方法和 end()方法可以得到 lookingAt()方法找到的匹配模式的子序列在 input 中的开始位置和结束位置。若 lookingAt()方法返回 true，matcher 调用 group()可以返回 lookingAt()方法找到的匹配模式的子序列。

④ public boolean find(int start)：matcher 调用该方法判断 input 从参数 start 指定位置开始是否有与 regex 匹配的子序列，参数 start 取值 0 时，该方法与 lookingAt()的功能相同。

⑤ public String replaceAll(String replacement)：matcher 调用该方法可以返回一个字符串，该字符串是通过把 input 中与模式 regex 匹配的子字符串全部替换为参数 replacement 指定的字符串得到的（注意 input 本身没有发生变化）。

⑥ public String replaceFirst(String replacement)：matcher 调用该方法可以返回一个字符串，该字符串是通过把 input 中第一个与模式 regex 匹配的子字符串替换为参数 replacement 指定的字符串得到的（注意，input 本身没有发生变化）。

【例 6-13】 查找一个字符串中全部的单词 monkeys 以及该单词的在字符串中的位置（位置索引从 0 开始）。运行效果如图 6-13 所示。

```
从7至14是monkeys
从35至42是monkeys
从65至72是monkeys
```

图 6-13 模式匹配

```java
import java.util.regex.*;
public class Example6_13 {
    public static void main(String args[ ]){
        Pattern p;                              // 模式对象
        Matcher m;                              // 匹配对象
        String input="Have 7 monkeys on the tree, walk 2 monkeys, still leave how many monkeys?";
        p=Pattern.compile("monkeys");           // 初始化模式对象
        m=p.matcher(input);                     // 初始化匹配对象
        while(m.find()){
            String str=m.group();
            System.out.println("从"+m.start()+"至"+m.end()+"是"+str);
        }
    }
}
```

【例 6-14】 实现例 6-9 相同的功能，但采用不同的方法。使用模式匹配查找一个字符串中的网址，然后将网址串全部剔除得到一个新字符串。运行效果如图 6-14 所示。

```java
import java.util.regex.*;
public class Example6_14 {
    public static void main(String args[ ]) {
        Pattern p;                              // 模式对象
        Matcher m;                              // 匹配对象
        String regex = "(http://|www)\56?\\w+\56{1}\\w+\56{1}\\p{Alpha}+";
        p = Pattern.compile(regex);             // 初试化模式对象
        String s = "新浪:www.sina.cn,央视:http://www.cctv.com";
        m = p.matcher(s);                       // 得到检索 s 的匹配对象 m
        while(m.find()) {
```

```
        String  str = m.group();
        System.out.println(str);
    }
    System.out.println("剔除网站地址后:");
    String  result = m.replaceAll("");
    System.out.println(result);
}
```

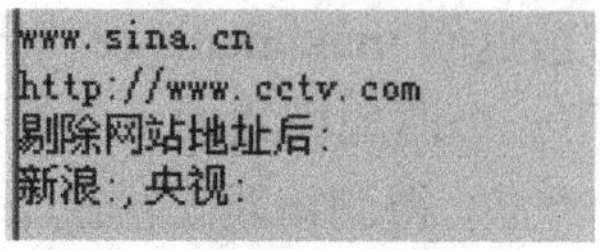

```
www.sina.cn
http://www.cctv.com
剔除网站地址后:
新浪:,央视:
```

图 6-14　剔除网址

3. 模式的逻辑或

模式可以使用位运算符"|"进行逻辑"或"运算得到一个新模式。例如，pattern1 和 pattern2 是两个模式，即两个正则表达式，那么 pattern=pattern1|pattern2 就是两个模式的"或"。一个字符串如果匹配模式 pattren1 或 pattern2，那么匹配模式 pattern。

【例 6-15】 模式运算。

```
import java.util.regex.*;
public class Example6_15{
    public static void main(String args[ ]){
        Pattern  p;
        Matcher  m;
        String  s1="loveyouhatemelove123jkjhate999love888";
        p=Pattern.compile("love\\w{3}|hate\\w{2}");
        m=p.matcher(s1);
        while(m.find()){
            String  str=m.group();
            System.out.print("从"+m.start()+"到"+m.end()+"匹配模式子序列:");
            System.out.println(str);
        }
    }
}
```

上述程序的运行结果如下：

```
从 0 到 7 匹配模式子序列:loveyou
从 7 到 13 匹配模式子序列:hateme
从 13 到 20 匹配模式子序列:love123
从 23 到 29 匹配模式子序列:hate99
从 30 到 37 匹配模式子序列:love888
```

问 答 题

1. 对于字符串
```
String  s1=new String("ok");
String  s2=new String("ok");
```
写出下列表达式的值。
```
s1==s2
s1.equals(s2)
```
2. 对于字符串
```
String  s1=new String("I love you zhht");
String  s2=s1.replaceAll("love", "hate");
```

写出 System.out.printf("%s,%s",s1,s2)的结果。

3．String 类与 StringBuffer 类有何不同？

4．对于 StringBuffer 字符串

```
StringBuffer  str=new StringBuffer("abcdefg");
str=str.delete(2, 4);
```

写出 System.out.println(str)的结果。

5．StringTokenizer 类的主要用途是什么？该类有哪几个重要的方法？

6．下列 System.out.printf 语句的输出结果是什么？

```
String  s=new String("we,go,to,school");
StringTokenizer  token=new StringTokenizer(s, ",");
String  word=token.nextToken();
int  n=token.countTokens();
System.out.printf("%s, %d", word, n);
```

7．Matcher 对象的 find()方法和 lookingAt()方法有什么不同？

8．正则表达式中的元字符[123]代表什么意思？

9．写出与模式"A[135]{2}"匹配的 4 个字符串。

10．下列哪些字符串匹配模式"boy\\w{3}"？

  A．boy111   B．boy!@#

  C．boyweo   D．boyboyboyboy

作 业 题

1．编写一个应用程序，用户从键盘输入一行字符串，程序输出该字符串中与模式"[24680]A[13579]{2}"匹配的子字符串。

2．编写一个应用程序，用户从键盘输入一行含有数字字符的字符串，程序仅仅输出字符串中的全部数字字符。

第 7 章 常用实用类

7.1 Date 类

1. Date 对象

Date 类在 java.util 包中，其无参数构造方法创建的对象可以获取本地当前时间。

用 Date 的构造方法 Date(long time)创建的 Date 对象表示相对 1970 年 1 月 1 日 0 点（GMT）的时间，如参数 time 取值 60×60×1000 秒，表示 Thu Jan 01 01:00:00 GMT 1970。

System 类的静态方法 public long currentTimeMillis()可获取系统当前时间,是从 1970 年 1 月 1 日 0 点（GMT）到目前时刻走过的毫秒数（这是一个不小的数）。根据 currentTimeMillis() 方法得到的数字，用 Date 的构造方法 Date(long time)来创建一个本地日期的 Date 对象。

2. 格式化时间

Date 对象表示时间的默认顺序是：星期、月、日、小时、分、秒、年，如

```
Sat Apr 28 21:59:38 CST 2001
```

我们可能希望按着某种习惯来输出时间，如时间的顺序

```
年 月 星期 日
```

或

```
年 月 星期 日 小时 分 秒
```

这时可以使用 DateFormat 的子类 SimpleDateFormat 来实现日期的格式化。SimpleDateFormat 有一个常用构造方法：

```
public SimpleDateFormat(String pattern)
```

　　该构造方法可以用参数 pattern 指定的格式创建一个对象 sdf，然后调用

```
public String format(Date date)
```

方法格式化时间参数 date 指定的时间对象。format()方法将根据创建 sdf 对象时所使用的参数 pattern 返回一个字符串对象 formatTime：

```
String formatTime=sdf.format(new Date())
```

　　注意：当使用 SimpleDateFormat(String pattern)构造对象 sdf 时，参数 pattern 中应当含有"时间元字符"。例如，对于 pattern=yyyy-mm-dd，如果当前机器的时间是 2008 年 8 月 12 日，那么 sdf.format(new Date())返回的字符串就是"2008-08-12"，也就是说，sdf.format(new Date())返回的字符串是将 pattern 中的时间元字符 yyyy、mm 和 dd 替换相应的时间数据之后的一个字符串。

　　以下是常用时间元字符。

- ❖ y，yy：2 位数字年份，如 98。
- ❖ yyyy：4 位数字年份，如 2008。
- ❖ M，MM：2 位数字月份，如 08。
- ❖ MMM：汉字月份，如八月。
- ❖ d，dd：2 位数字日期，如 09、22。
- ❖ a：上午或下午。
- ❖ H，HH：2 位数字小时（00～23）。
- ❖ h，hh：2 位数字小时（am/pm，01～12）。
- ❖ m，mm：2 位数字分。
- ❖ s，ss：2 位数字秒。
- ❖ E，EE：星期。

　　注意，pattern 中的普通字符（非时间元字符）如果是 ASCII 字符集中的字符，必须用"'"转义字符括起，如 pattern= " 'time':yyyy-MM-dd"。

　　【例 7-1】　用三种格式输出时间。

```java
import java.util.Date;
import java.text.SimpleDateFormat;
public class Example7_1{
    public static void main(String args[ ]){
        Date  nowTime=new Date();
        System.out.println("现在的时间："+nowTime);
        SimpleDateFormat matter1=new SimpleDateFormat(" 'BeijingTime': yyyy-MM-dd");
        System.out.println("现在的时间："+matter1.format(nowTime));
        SimpleDateFormat matter2=new SimpleDateFormat("北京时间yyyy-MM-dd HH:mm:ss(a)(EE)");
        System.out.println("现在的时间："+matter2.format(nowTime));
        long  time=-1000L;
        Date date=new Date(time);
        System.out.println(time+"秒表示的日期时间是："+matter2.format(date));
        time=1000L;
        date=new Date(time);
        System.out.println(time+"秒表示的日期时间是："+matter2.format(date));
    }
}
```

上述程序的输出结果如下：

现在的时间：Tue Aug 12 21:08:41 CST 2008

现在的时间：BeijingTime:2008-08-12

现在的时间：北京时间 2008-08-12 21:08:41(下午)(星期二)

-1000 秒表示的日期时间是：北京时间 1970-01-01 07:59:59(上午)(星期四)

1000 秒表示的日期时间是：北京时间 1970-01-01 08:00:01(上午)(星期四)

7.2　Calendar 类

Calendar 类在 java.util 包中，其 static 方法 getInstance()可以初始化一个日历对象，如

```
Calendar calendar= Calendar.getInstance();
```
然后，calendar 对象可以调用方法：

```
public final void set(int year, int month, int date)
public final void set(int year, int month, int date, int hour, int minute)
public final void set(int year, int month, int date, int hour, int minute, int second)
```
将日历翻到任何一个时间，参数 year 取负数时表示公元前。

calendar 对象调用方法

```
public int get(int field)
```
可以获取有关年份、月份、小时、星期等信息，参数 field 的有效值由 Calendar 的静态常量指定。例如：

```
calendar.get(Calendar.MONTH)
```
返回一个整数（0 表示当前日历是在一月，1 表示当前日历是在二月等）。

日历对象调用方法

```
public long getTimeInMillis()
```
可以将时间表示为毫秒。

【例 7-2】　使用 Calendar 来表示时间，并计算 1931 年 9 月 18 日和 1945 年 8 月 15 日之间相隔的天数。

```
import java.util.*;
public class Example7_2{
    public static void main(String args[ ]){
        Calendar calendar=Calendar.getInstance();        // 创建一个日历对象
        calendar.setTime(new Date());                    // 用当前时间初始化日历时间
        String 年=String.valueOf(calendar.get(Calendar.YEAR)),
               月=String.valueOf(calendar.get(Calendar.MONTH)+1),
               日=String.valueOf(calendar.get(Calendar.DAY_OF_MONTH)),
               星期=String.valueOf(calendar.get(Calendar.DAY_OF_WEEK)-1);
        Int  hour=calendar.get(Calendar.HOUR_OF_DAY),
             minute=calendar.get(Calendar.MINUTE),
             second=calendar.get(Calendar.SECOND);
        System.out.println("现在的时间是：");
        System.out.print(""+年+"年"+月+"月"+日+"日 "+ "星期"+星期);
        System.out.println(" "+hour+"时"+minute+"分"+second+"秒");
        calendar.set(1931,8,18);                // 将日历翻到 1931 年 9 月 18 日，8 表示九月
        long  timeOne=calendar.getTimeInMillis();
        calendar.set(1945,7,15);                // 将日历翻到 1945 年 8 月 15 日，7 表示八月
        long  timeTwo=calendar.getTimeInMillis();
        long  相隔天数=(timeTwo-timeOne)/(1000*60*60*24);
```

```
        System.out.println("1945 年 8 月 15 日和 1931 年 9 月 18 日相隔"+相隔天数+"天");
    }
}
```

上述程序的输出结果如下：

现在的时间是：

2008 年 8 月 30 日 星期 6 16 时 42 分 26 秒

1945 年 8 月 15 日和 1931 年 9 月 18 日相隔 5080 天

【例 7-3】 输出 1931 年 9 月的日历（效果如图 7-1 所示）。

```
import java.util.*;
public class Example7_3{
  public static void main(String args[ ]){
    Calendar  日历=Calendar.getInstance();
    日历.set(1931,8,1);                          // 8 代表九月
    int 星期几=日历.get(Calendar.DAY_OF_WEEK)-1;
    String a[]=new String[星期几+30];            // 存放号码的一维数组
    for(int i=0; i<星期几; i++){
      a[i]="";
    }
    for(int i=星期几,n=1; i<星期几+30; i++){
      a[i]=String.valueOf(n) ;
      n++;
    }
    int  year=日历.get(Calendar.YEAR), month=日历.get(Calendar.MONTH)+1;
    System.out.println(" "+year+"年"+month+"月"+"18 日,日本发动侵华战争");
    System.out.printf("%4c%4c%4c%4c%4c%4c%4c\n",'日','一','二', '三','四','五','六');
    for(int i=0; i<a.length; i++){
      if(i%7==0&&i!=0)
        System.out.printf("\n");
      System.out.printf("%5s", a[i]);
    }
  }
}
```

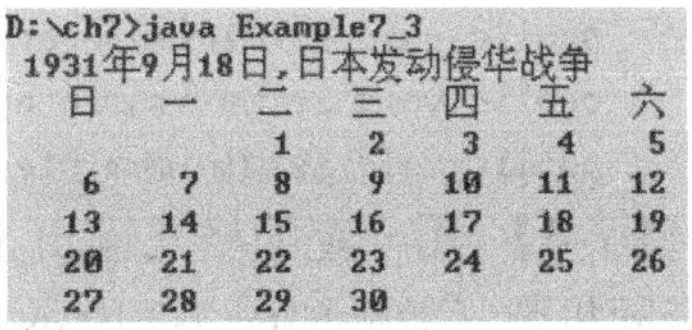

图 7-1 日历

7.3 Math 类和 BigInteger 类

1. Math 类

在编写程序时，可能需要计算一个数的平方根、绝对值、获取一个随机数等。java.lang 包中的类包含许多用来进行科学计算的类方法，这些方法可以直接通过类名调用。Math 类还有两个静态常量：E 和 PI，它们的值分别是 2.71828282845904523536 和 3.14159265358979323846。

以下是 Math 类的常用方法：

❖ public static long abs(double a) ——返回 a 的绝对值。

❖ public static double max(double a,double b) ——返回 a、b 的最大值。

❖ public static double min(double a,double b) ——返回 a、b 的最小值。

❖ public static double random()——产生一个 0 到 1 之间的随机数（不包括 0 和 1）。

❖ public static double pow(double a,double b) ——返回 a 的 b 次幂。

❖ public static double sqrt(double a) ——返回 a 的平方根。

❖ public static double log(double a) ——返回 a 的对数。

❖ public static double sin(double a) ——返回正弦值。

❖ public static double asin(double a) ——返回反正弦值。

有时我们可能需要对输出的数字结果进行必要的格式化。例如，对于 3.14356789，我们希望保留小数位 3 位、整数部分至少显示 3 位，即将 3.14356789 格式化为 003.144。可以使用 java.text 包中的 NumberFormat 类，该类调用类方法

```
public static final NumberFormat getInstance()
```

实例化一个 NumberFormat 对象；该对象调用

```
public final String format(double number)
```

方法可以格式化数字 number。

NumberFormat 类有如下常用方法：

```
public void setMaximumFractionDigits(int newValue)
public void setMinimumFractionDigits(int newValue)
public void setMaximumIntegerDigits(int newValue)
public void setMinimumIntegerDigits(int newValue)
```

【例 7-4】 用一定的格式输出 10 的平方根，通过一个 20 次的循环，每次获取 1～8 之间的一个随机数（效果如图 7-2 所示）。

```
import java.text.NumberFormat;
public class Example7_4{
    public static void main(String args[ ]){
        double a=Math.sqrt(10);
        System.out.println("格式化前："+a);
        NumberFormat f=NumberFormat.getInstance();
        f.setMaximumFractionDigits(5);
        f.setMinimumIntegerDigits(3);
        String s=f.format(a);
        System.out.println("格式化后："+s);
        System.out.println("得到的随机数：");
        int number=8;
        for(int i=1;i<=20;i++){
            int randomNumber=(int)(Math.random()*number)+1;        // 产生 1～8 之间的随机数
            System.out.print(" "+randomNumber);
            if(i%10==0)
                System.out.println("");
        }
    }
}
```

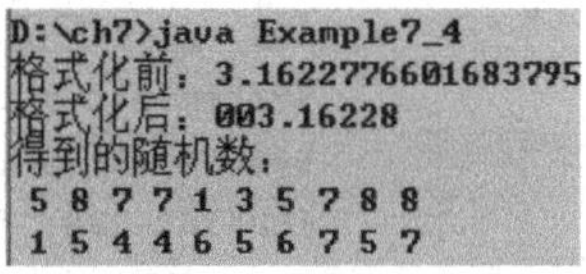

图 7-2 格式化数字、随机数

也可以用学习过的字符串的常用方法来实现数字输出样式的格式化。

【例 7-5】 使用自己编写的 MyNumberFormat 类中的方法格式化 10 的平方根（效果如图 7-3 所示）。

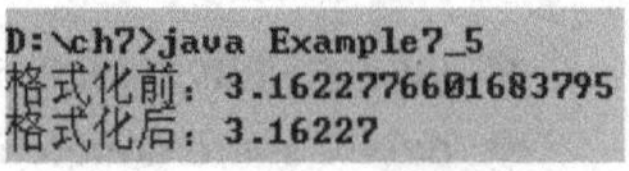

```
public class Example7_5{
    public static void main(String args[]){
        double  a=Math.sqrt(10);
        System.out.println("格式化前："+a);
        MyNumberFormat myFormat=new MyNumberFormat();
```

图 7-3 自定义格式化类

```
            System.out.println("格式化后：" + myFormat.format(a, 5));        // 保留 5 位小数
        }
    }
    class MyNumberFormat{
        public String format(double a,int n){
            String  str=String.valueOf(a);                    // 用数字 a 得到一个串对象
            int  index=str.indexOf(".");                      // 获取小数点的位置
            String  temp=str.substring(index+1);              // 截取小数部分
            int  fractionLeng=temp.length();                  // 首先知道小数点后面有几个数字
            n=Math.min(fractionLeng,n);                       // 取 n 和 fractionLeng 中的最小值
            str=str.substring(0,index+n+1);                   // 得到保留 n 位小数后的字符串
            return str;
        }
    }
```

2. BigInteger 类

程序有时需要处理大整数，java.math 包中的 BigInteger 类提供任意精度的整数运算。可以使用构造方法 public BigInteger(String val)构造一个十进制的 BigInteger 对象。该构造方法可能发生 NumberFormatException 异常。也就是说，字符串参数 val 中如果包含非数字字母，就会发生 NumberFormatException 异常。

以下是 BigInteger 类的常用方法：

❖ public BigInteger add(BigInteger val) ——返回当前大整数对象与参数指定的大整数对象的和。

❖ public BigInteger subtract(BigInteger val) ——返回当前大整数对象与参数指定的大整数对象的差。

❖ public BigInteger multiply(BigInteger val) ——返回当前大整数对象与参数指定的大整数对象的积。

❖ public BigInteger divide(BigInteger val) ——返回当前大整数对象与参数指定的大整数对象的商。

❖ public BigInteger remainder(BigInteger val) ——返回当前大整数对象与参数指定的大整数对象的余。

❖ public int compareTo(BigInteger val) ——返回当前大整数对象与参数指定大整数的比较结果，返回值是 1、–1 或 0，分别表示当前大整数对象大于、小于或等于参数指定的大整数。

❖ public BigInteger abs()——返回当前大整数对象的绝对值。

❖ public BigInteger pow(int exponent) ——返回当前大整数对象的 exponent 次幂。

❖ public String toString()——返回当前大整数对象十进制的字符串表示。

❖ public String toString(int p) ——返回当前大整数对象 p 进制的字符串表示。

【例 7-6】 计算两个大整数的和、差、积和商，并计算出一个大整数的因子个数（因子中不包括 1 和大整数本身）。

```
        import java.math.*;
        public class Example7_6{
            public static void main(String args[]){
                BigInteger  n1=new BigInteger("9876543219876543219876543321"),
```

```
                    n2=new BigInteger("123456789123456789123456789"),
                    result=null;
        result=n1.add(n2);
        System.out.println(n1+"+"+n2+"=");
        System.out.println(result);
        result=n1.subtract(n2);
        System.out.println(n1+"-"+n2+"=");
        System.out.println(result);
        result=n1.multiply(n2);
        System.out.println(n1+"*"+n2+"=");
        System.out.println(result);
        result=n1.divide(n2);
        System.out.println(n1+"/"+n2+"=");
        System.out.println(result);
        BigInteger  m=new BigInteger("77889988"),
                    COUNT=new BigInteger("0"),
                    ONE=new BigInteger("1"),
                    TWO=new BigInteger("2");
        for(BigInteger i=TWO; i.compareTo(m)<0; i=i.add(ONE)){
           if((n1.remainder(i).compareTo(BigInteger.ZERO))==0){
               COUNT=COUNT.add(ONE);
               System.out.println(m+"的因子："+i);
           }
        }
        System.out.println(m+"一共有"+COUNT+"个因子");
    }
  }
```

7.4　数字格式化

程序有时需要将数字进行格式化。所谓数字格式化，就是按照指定格式得到一个字符串。例如，希望 3.141592 最多保留 2 位小数，那么得到的格式化字符串应当是"3.14"；希望整数 1234789 按"千"分组，那么得到的格式化字符串应当是"1,234,789"；数字 59.88887 的小数保留 3 位小数、整数部分至少显示 3 位，那么得到的格式化字符串应当是"059.889"。

1. Formatter 类

在 JDK 1.5 版本之前，程序需要使用 java.text 包中的相关类（如 DecimalFormat 类）对数字型数据进行格式化。JDK 1.5 版本提供了更方便的 Formatter 类，Formatter 类提供了一个与 C 语言 printf()函数类似的 format()方法：

```
format(格式化模式，值列表)
```
该方法按照"格式化模式"返回"值列表"的字符串表示。Java 已将 format()方法作为 String 类的静态方法，因此程序可以直接使用 String 类调用 format()方法对数字进行格式化。

（1）格式化模式

format()方法中的"格式化模式"是一个用双引号括起的字符序列（字符串），该字符序列中的字符由格式符和普通字符所构成。例如：

```
"输出结果%d,%f,%d"
```

中的%d 和%f 是格式符号；开始的 4 个汉字、中间的两个逗号是普通字符（不是格式符的都被认为是普通字符，建议读者查阅 Java API 的 java.utilFormatter 类，了解更多的格式符）。format()方法返回的字符串就是"格式化模式"中的格式符被替换为它得到的格式化结果后的字符串。例如：

```
String s = String.format("%.2f",3.141592);
```

那么，s 就是"3.14"（%.2f 对 3.141592 格式化的结果是 3.14）。

（2）值列表

format()方法中的"值列表"是用逗号分隔的变量、常量或表达式。要保证 format()方法"格式化模式"中的格式符的个数与"值列表"中列出的值的个数相同。例如：

```
String s=format("%d 元%0.3f 千克%d 台",888,999.777666,123);
```

那么，s 就是"888 元 999.778 千克 123 台"。

（3）格式化顺序

format()方法默认按从左到右的顺序使用"格式化模式"中的格式符来格式化"值列表"中对应的值，而"格式化模式"中的普通字符保留原样。例如，假设 int 类型变量 x 和 double 类型变量的值分别是 888 和 3.1415926，那么对于

```
String s = format("从左向右：%d,%.3f,%d",x,y,100);
```

字符串 s 就是：

```
从左向右：888,3.142,100
```

如果不希望使用默认的顺序（从左向右）进行格式化，可以在格式符前面添加索引符号"$"。例如，1$表示"值列表"中的第 1 个，2$表示"值列表"中的第 2 个，对于

```
String s=String.format("不是从左向右：%2$.3f,%3$d,%1$d",x,y,100);
```

字符串 s 就是：

```
不是从左向右：3.142,100,888
```

如果准备在"格式化模式"中包含普通的%，在编写代码时需要连续输入两个%，如 String s=String.format("%d%%", 89)，输出字符串 s 是 "89%"。

2. 格式化整数

（1）%d，%o，%x 和%X

%d，%o，%x 和%X 格式符可格式化 byte、Byte、short、Short、int、Integer、long 和 Long 型数据，详细说明如下：① %d，将值格式化为十进制整数；② %o，将值格式化为八进制整数；③ %x，将值格式化为小写的十六进制整数，如 abc58；④ %X，将值格式化为大写的十六进制整数，如 ABC58。例如，对于

```
String s = String.format("%d,%o,%x,%X",703576,703576,703576,703576);
```

字符串 s 就是：

```
703576,2536130,abc58,ABC58
```

（2）修饰符

加号修饰符"+"：格式化正整数时，强制加上正号，如"%+d"将 123 格式化为"+123"。

逗号修饰符","：格式化整数时，按"千"分组，如对于

```
String s=String.format("按千分组:%,d。按千分组带正号%+,d",1235678,9876);
```

字符串 s 就是：

```
按千分组:1,235,678。按千分组带正号+9,876
```

（3）数据的宽度

数据的宽度就是 format()方法返回的字符串的长度。规定数据宽度的一般格式为"%md"（其效果是在数字的左面增加空格）或"%-md"（其效果是在数字的右面增加空格）。例如，将数字 59 格式化为宽度为 8 的字符串：

```
String s=String.format("%8d",59);
```

字符串 s 就是"   59"，其长度（s.length()）为 8，即 s 在 59 左面添加了 6 个空格字符。对于

```
String s=String.format("%-8d",59);
```

字符串 s 就是"59   "，其长度（s.length()）为 8，即 s 在 59 右面添加了 6 个空格字符。对于

```
String s=String.format("%5d%5d%8d",59,60,90);
```

字符串 s 就是：

```
"   59   60      90"            (长度为18)
```

> 如果实际数字的宽度大于格式中指定的宽度，就按数字的实际宽度进行格式化。

可以在宽度的前面增加前缀 0，表示用数字 0（不用空格）填充宽度左面的富裕部分。例如：

```
String s=String.format("%08d",12);
```

字符串 s 就是"00000012"，其长度（s.length()）为 8，即 s 在 12 的左面添加了 6 个数字 0。

3. 格式化浮点数

（1）float、Float、double 和 Double

%f, %e（%E），%g（%G）和%a（%A）格式符可格式化 float、Float、double 和 Double，详细说明为：① %f，将值格式化为十进制浮点数，小数保留 6 位；② %e（%E），将值格式化为科学记数法的十进制的浮点数（%E 在格式化时将其中的指数符号大写，如 5E10）。例如，对于

```
String s = String.format("%f,%e",13579.98,13579.98);
```

字符串 s 就是：

```
13579.980000,1.357998e+04
```

（2）修饰符

加号修饰符"+"：格式化正数时，强制加上正号。例如，"%+f"将 123.78 格式化为"+123.78"，"%+E"将 123.78 格式化为"+1.2378E+2"。

逗号修饰符 "," ：格式化浮点数时，将整数部分按"千"分组。例如，对于

```
String s=String.format("整数部分按千分组:%,f。按千分组带正号%+,f",1235678.9876);
```

字符串 s 就是：

```
整数部分按千分组:+1,235,678.987600
```

（3）限制小数位数与数据的"宽度"

"%.nf"可以限制小数的位数，其中的 n 是保留的小数位数，如"%.3f"将 3.1256 格式化为"3.126"（保留 3 位小数）。

规定宽度的一般格式为"%mf"（在数字的左面增加空格）或"%-mf"（在数字的右面增加空格）。例如，将数字 59.88 格式化为宽度为 11 的字符串：

```
String s=String.format("%11f",59.88);
```

字符串 s 就是" 59.880000"，其长度为 11，即 s 在 59.880000 左面添加 2 个空格字符。对于

```
String s=String.format("%-11f",59.88);
```

字符串 s 就是"59.880000　"，其长度为 11，即 s 在 59.880000 右面添加 2 个空格字符。

在指定宽度的同时也可以限制小数位数（%m.nf）。对于

```
String s=String.format("%11.2f",59.88);
```

字符串 s 就是"　　　　59.88"，即 s 在 59.88 左面添加 6 个空格字符。

可以在宽度的前面增加前缀 0，表示用数字 0（不用空格）填充宽度左面的富裕部分。例如：

> 如果实际数字的宽度大于格式中指定的宽度，就按数字的实际宽度进行格式化。

```
String s=String.format("%011f",59.88);
```

字符串 s 就是"0059.880000"，其长度为 11，即 s 在 59.880000 的左面添加 2 个数字 0。

【例 7-7】　格式化数字，运行效果如图 7-4 所示。

```
import java.text.*;
public class Example7_7 {
    public static void main(String args[]){
        int n= 12356789;
        System.out.println("整数"+n+"按千分组（带正号）：");
        String s=String.format("%,+d",n);
        System.out.println(s);
        double number = 98765.6789;
        System.out.println(number+"格式化为整数7位，小数3位：");
        s=String.format("%011.3f",number);
        System.out.println(s);
    }
}
```

```
整数12356789按千分组（带正号）：
+12,356,789
98765.6789格式化为整数7位，小数3位：
0098765.679
```

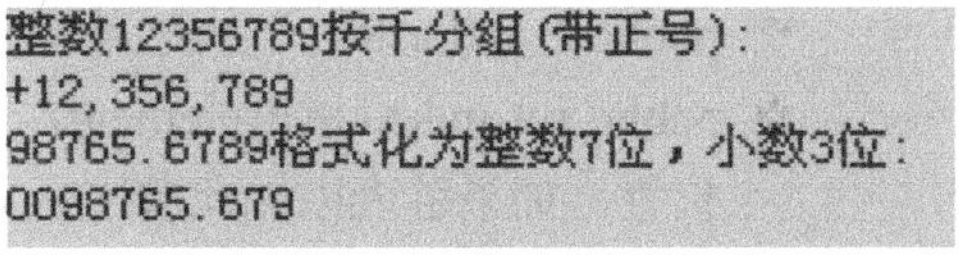

图 7-4　格式化数字

7.5　LinkedList<E>泛型类

使用 LinkedList<E>泛型类可以创建链表结构的数据对象。链表是由若干节点组成的一种数据结构，每个节点包括一个数据和下一个节点的引用（单链表），或包括一个数据以及上一个节点的引用和下一个节点的引用（双链表），节点的索引从 0 开始。链表适合动态改变它存储的数据，如增加、删除节点等。

1. LinkedList<E>对象

java.util 包中的 LinkedList<E>泛型类创建的对象以链表结构存储数据，习惯上称 LinkedList 类创建的对象为链表对象。例如：

```
LinkedList<String> mylist=new LinkedList<String>();
```

创建一个空双链表。然后 mylist 可以使用 add(String obj)方法向链表依次增加节点，节点中的数据是参数 obj 指定对象的引用，如

```
mylist.add("How");
mylist.add("Are");
mylist.add("You");
mylist.add("Java");
```

这时，双链表 mylist 就有了 4 个节点。节点是自动连接在一起的，不需人工连接。也就是说，不需要用户去操作安排节点中所存放的下一个或上一个节点的引用。

2. 常用方法

以下是 LinkedList<E>泛型类的一些常用方法：

❖ public boolean add(E element) ——向链表末尾添加一个新的节点，该节点中的数据是参数 elememt 指定的对象。

❖ public void add(int index, E element) ——向链表的指定位置添加一个新的节点，该节点中的数据是参数 elememt 指定的对象。

❖ public void addFirst(E element) ——向链表的头添加新节点，该节点中的数据是参数 elememt 指定的对象。

❖ public void addLast(E element) ——向链表的末尾添加新节点，该节点中的数据是参数 elememt 指定的对象。

❖ public void clear() ——删除链表的所有节点，使当前链表成为空链表。

❖ public E remove(int index) ——删除指定位置上的节点。

❖ public boolean remove(E element) ——删除首次出现含有数据 element 的节点。

❖ public E removeFirst() ——删除第一个节点，并返回该节点中的对象。

❖ public E removeLast() ——删除最后一个节点对象，并返回该节点中的对象。

❖ public E get(int index) ——得到链表中指定位置处节点中的对象。

❖ public E getFirst() ——得到链表中第一个节点中的对象。

❖ public E getLast() ——得到链表中最后一个节点中的对象。

❖ public int indexOf(E element) ——返回包含数据 element 的节点在链表中首次出现的位置，如果链表中无此节点，则返回-1。

❖ public int lastIndexOf(E element) ——返回包含数据 element 的节点在链表中最后出现的位置，如果链表中无此节点，则返回-1。

❖ public E set(int index ,E element) ——将当前链表 index 位置节点中的对象 element 替换为参数 element 指定的对象，并返回被替换的对象。

❖ public int size() ——返回链表的长度，即节点的个数。

❖ public boolean contains(Object element) ——判断链表节点中是否有节点包含对象 element。

❖ public Object clone() ——得到当前链表的一个克隆链表，该克隆链表中节点数据的改变不会影响到当前链表中节点的数据，反之亦然。

【例 7-8】 使用泛型类的一些方法（效果如图 7-5 所示）。

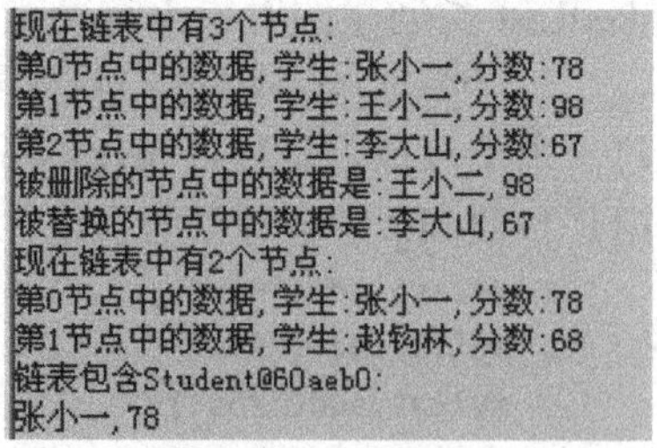

```java
import java.util.*;
class Student{
    String  name;
    int  score;
    Student(String name, int score){
        this.name=name;
        this.score=score;
    }
}
public class Example7_8{
    public static void main(String args[]){
        LinkedList<Student>  mylist=new LinkedList<Student>();
        Student  stu1=new Student("张小一",78),
```

现在链表中有3个节点：
第0节点中的数据，学生：张小一，分数:78
第1节点中的数据，学生：王小二，分数:98
第2节点中的数据，学生：李大山，分数:67
被删除的节点中的数据是：王小二,98
被替换的节点中的数据是：李大山,67
现在链表中有2个节点：
第0节点中的数据，学生：张小一，分数:78
第1节点中的数据，学生：赵钧林，分数:68
链表包含Student@60aeb0:
张小一,78

图 7-5　使用链表

```
                    stu2=new Student("王小二",98),
                    stu3=new Student("李大山",67);
            mylist.add(stu1);
            mylist.add(stu2);
            mylist.add(stu3);
            int  number=mylist.size();
            System.out.println("现在链表中有"+number+"个节点：");
            for(int i=0; i<number; i++){
               Student  temp=mylist.get(i);
               System.out.printf("第"+i+"节点中的数据,学生：%s,分数：%d\n", temp.name, temp.score);
            }
            Student  removeSTU=mylist.remove(1);
            System.out.printf("被删除的节点中的数据是:%s,%d\n", removeSTU.name, removeSTU.score);
            Student  replaceSTU=mylist.set(1, new Student("赵钩林",68));
            System.out.printf("被替换的节点中的数据是：%s,%d\n", replaceSTU.name, replaceSTU.score);
            number=mylist.size();
            System.out.println("现在链表中有"+number+"个节点：");
            for(int i=0; i<number; i++){
               Student temp=mylist.get(i);
               System.out.printf("第"+i+"节点中的数据,学生:%s,分数:%d\n", temp.name, temp.score);
            }
            if(mylist.contains(stu1)){
               System.out.println("链表包含"+stu1+"：");
               System.out.println(stu1.name+","+stu1.score);
            }
            else{
               System.out.println("链表没有节点含有"+stu1);
            }
         }
      }
```

3. 遍历链表

例 7-8 借助 get()方法实现了遍历链表。我们可以借助泛型类 Iterator<E>实现遍历链表，一个链表对象可以使用 iterator()方法返回一个 Iterator<E>类型的对象，该对象中每个数据成员刚好是链表节点中的数据，而且这些数据成员是按顺序存放在 Iterator 对象中的。Iterator 对象使用 next()方法可以得到其中的数据成员。显然，使用 Iterator 对象遍历链表要比链表直接使用 get()方法遍历链表的速度快。

【例 7-9】 把学生的成绩存放在一个链表中，并实现遍历链表。

```
import java.util.*;
class Student{
    String  name ;
    int  number;
    float  score;
    Student(String name, int number, float score){
        this.name=name;
        this.number=number;
        this.score=score;
    }
}
```

```java
public class Example7_9{
    public static void main(String args[]){
        LinkedList<Student>  mylist=new LinkedList<Student>();
        Student  stu_1=new Student("赵一" ,9012,80.0f),
                 stu_2=new Student("钱二" ,9013,90.0f),
                 stu_3=new Student("孙三" ,9014,78.0f),
                 stu_4=new Student("周四" ,9015,55.0f);
        mylist.add(stu_1);
        mylist.add(stu_2);
        mylist.add(stu_3);
        mylist.add(stu_4);
        Iterator<Student>  iter=mylist.iterator();
        while(iter.hasNext()){
            Student te=iter.next();
            System.out.println(te.name+" "+te.number+"  "+te.score);
        }
    }
}
```

4. LinkedList<E>泛型类实现的接口

LinkedList<E>泛型类实现了泛型接口 List<E>，而 List<E>接口是 Collection<E>接口的子接口。LinkedList<E>类中的绝大部分方法都是接口方法的实现。编程时，可以使用接口回调技术，即把 LinkedList<E>对象的引用赋值给 Collection<E>接口变量或 List<E>接口变量，那么接口就可以调用类实现的接口方法。

5. JDK 1.5 之前的 LinkedList 类

JDK 1.5 之前没有泛型的 LinkedList 类，可以用普通的 LinkedList 创建一个链表对象，如"LinkedList mylist=new LinkedList()"创建了一个空双链表，然后 mylist 链表可以使用 add(Object obj)方法向这个链表依次添加节点。由于任何类都是 Object 类的子类，因此可以把任何一个对象作为链表节点中的对象。注意，使用 get()获取一个节点中的对象时，要用类型转换运算符转换回原来的类型。Java 泛型的主要目的是可以建立具有类型安全的集合框架，如链表、散列表等数据结构，最重要的一个优点就是：在使用这些泛型类建立的数据结构时，不必进行强制类型转换，即不要求进行运行时类型检查。JDK 1.5 是支持泛型的编译器，将运行时类型检查提前到编译时执行，使代码更安全。如果使用旧版本的 LinkedList 类，JDK 1.5 编译器会给出警告信息，但程序仍能正确运行。

【例 7-10】　使用旧版本 LinkedList。

```java
import java.util.*;
public class Example7_10{
    public static void main(String args[]){
        LinkedList  mylist=new LinkedList();
        mylist.add("It");                         // 链表中的第一个节点
        mylist.add("is");                         // 链表中的第二个节点
        mylist.add("a");                          // 链表中的第三个节点
        mylist.add("door");                       // 链表中的第四个节点
        int number=mylist.size();                 // 获取链表的长度
        for(int i=0; i<number; i++){
            String  temp=(String)mylist.get(i);   // 必须强制转换取出的数据
```

```
        System.out.println("第"+i+"节点中的数据："+temp);
      }
      Iterator iter=mylist.iterator();
      while(iter.hasNext()){
        String  te=(String)iter.next();          // 必须强制转换取出的数据
        System.out.println(te);
      }
    }
  }
```

> Java 也提供了顺序结构的动态数组类 ArrayList<E>，数组采用顺序结构来存储数据，可以有效利用空间，可用于存储大量的数据。数组不适合动态改变它存储的数据，如增加、删除单元等。由于数组采用顺序结构存储数据，数组获得第 n 单元中的数据的速度要比链表获得第 n 单元中的数据快。类 ArrayList<E>的很多方法与类 LinkedList 类似，两者的本质区别就是：一个使用顺序结构，一个使用链式结构。

7.6　HashSet<E>泛型类

HashSet<E>泛型类在数据组织上类似数学的集合，可以进行"交"、"并"、"差"等运算。

1．HashSet<E>对象

HashSet<E>泛型类创建的对象称为集合，如

```
    HashSet<String>  set= HashSet<String>();
```

那么 set 就是一个可以存储 String 类型数据的集合。set 可以调用 add(String s)方法将 String 类型的数据添加到集合中，添加到集合中的数据称为集合的元素。集合不允许有相同的元素，也就是说，如果 b 已经是集合中的元素，再执行 set.add(b)操作是无效的。集合对象的初始容量是 16 字节，装载因子是 0.75。如果集合添加的元素超过总容量的 75%，集合的容量将增加 1 倍。

2．常用方法

HashSet<E>泛型类的常用方法如下：

- ❖ public boolean add(E o) ——向集合添加参数指定的元素。
- ❖ public void clear() ——清空集合，使集合不含有任何元素。
- ❖ public boolean contains(Object o) ——判断参数指定的数据是否属于集合。
- ❖ public boolean isEmpty() ——判断集合是否为空。
- ❖ public boolean remove(Object o) ——集合删除参数指定的元素。
- ❖ public int size() ——返回集合中元素的个数。
- ❖ Object[] toArray() ——将集合元素存放到数组中，并返回这个数组。
- ❖ boolean containsAll(HanshSet set) ——判断当前集合是否包含参数指定的集合。
- ❖ public Object clone()——得到当前集合的一个克隆对象，该对象中元素的改变不会影响到当前集合中元素，反之亦然。

我们可以借助泛型类 Iterator<E>实现遍历集合，一个集合对象可以使用 iterator()方法返回一个 Iterator<E>类型的对象。如果集合是"Student 类型"的集合，即集合中的元素是 Student 类创建的对象，那么该集合使用 iterator()方法返回一个 Iterator<Student>类型的对象，该对象使用 next()方法遍历集合。

【**例 7-11**】　把学生的成绩存放在一个集合中，并实现遍历集合（效果如图 7-6 所示）。

```java
import java.util.*;
class Student{
    String  name;
    int  score;
    Student(String name,int score){
        this.name=name;
        this.score=score;
    }
}
public class Example7_11{
    public static void main(String args[]){
        Student  zh=new Student("张红铭",77),  wa=new Student("王家家",68),
                    li=new Student("李佳佳",67);
        HashSet<Student> set=new HashSet<Student>();
        HashSet<Student> subset=new HashSet<Student>();
        set.add(zh);
        set.add(wa);
        set.add(li);
        subset.add(wa);
        subset.add(li);
        if(set.contains(wa)){
            System.out.println("集合 set 中含有："+wa.name);
        }
        if(set.containsAll(subset)){
            System.out.println("集合 set 包含集合 subset");
        }
        int  number=subset.size();
        System.out.println("集合 subset 中有"+number+"个元素：");
        Object s[]=subset.toArray();
        for(int i=0;i<s.length;i++){
            System.out.printf("姓名：%s，分数：%d\n", ((Student)s[i]).name,
                                                    ((Student)s[i]).score);
        }
        number=set.size();
        System.out.println("集合 set 中有"+number+"个元素：");
        Iterator<Student>  iter=set.iterator();
        while(iter.hasNext()){
            Student te=iter.next();
            System.out.printf("姓名：%s，分数：%d\n",te.name,te.score);
        }
    }
}
```

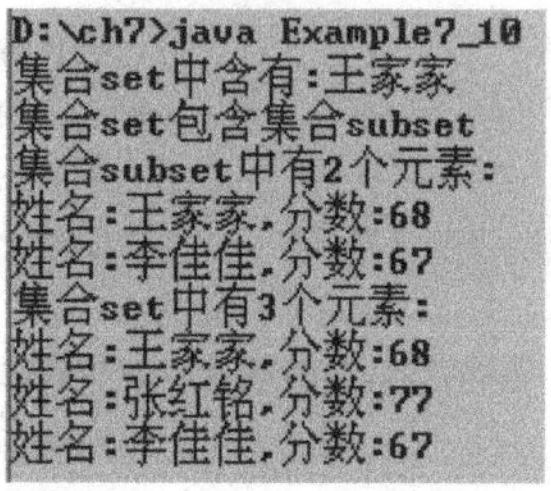

图 7-6　使用集合

3. 集合的交、并与差

　　集合对象调用 boolean addAll(HashSet set)方法可以与参数指定的集合求并运算，使得当前集合成为两个集合的并。

　　集合对象调用 boolean retainAll(HashSet set)方法可以与参数指定的集合求交运算，使得当前集合成为两个集合的交。

集合对象调用 boolean removeAll(HashSet set)方法可以与参数指定的集合求差运算,使得当前集合成为两个集合的差。

参数指定的集合必须与当前集合是同种类型的集合,否则上述方法返回 false。

【例 7-12】 求 2 个集合 A、B 的对称差集合,即求 $(A-B)\cup(B-A)$(效果如图 7-7 所示)。

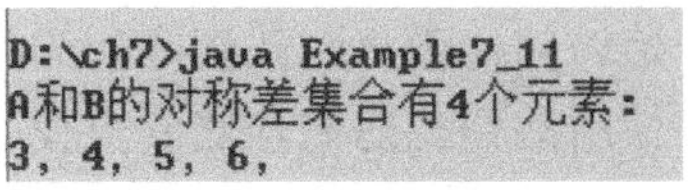

```java
import java.util.*;
public class Example7_12{
    public static void main(String args[]){
        Integer  one=new Integer(1),
                 two=new Integer(2),
                 three=new Integer(3),
                 four=new Integer(4),
                 five=new Integer(5),
                 six=new Integer(6);
        HashSet<Integer>  A=new HashSet<Integer>(), B=new HashSet<Integer>(),
                                         tempSet=new HashSet<Integer>();
        A.add(one);
        A.add(two);
        A.add(three);
        A.add(four);
        B.add(one);
        B.add(two);
        B.add(five);
        B.add(six);
        tempSet=(HashSet<Integer>)A.clone();
        A.removeAll(B);               // A 变成调用该方法之前的 A 集合与 B 集合的差集
        B.removeAll(tempSet);         // B 变成调用该方法之前的 B 集合与 tempSet 集合的差集
        B.addAll(A);                  // B 就是最初的 A 与 B 的对称差
        int  number=B.size();
        System.out.println("A 和 B 的对称差集合有"+number+"个元素:");
        Iterator<Integer>  iter=B.iterator();
        while(iter.hasNext()){
            Integer te=iter.next();
            System.out.printf("%d , ",te.intValue());
        }
    }
}
```

```
D:\ch7>java Example7_11
A和B的对称差集合有4个元素:
3, 4, 5, 6,
```

图 7-7 集合运算

4. HashSet<E>泛型类实现的接口

HashSet<E>泛型类实现了泛型接口 Set<E>,而 Set<E>接口是 Collection<E>接口的子接口。HashSet<E>类中的绝大部分方法都是接口方法的实现。编程时,可以使用接口回调技术,即把 HashSet<E>对象的引用赋值给 Collection<E>接口变量或 Set<E>接口变量,那么接口就可以调用类实现的接口方法。

7.7 HashMap<K,V>泛型类

HashMap<K, V>也是一个很实用的类,HashMap<K, V>对象采用散列表这种数据结构存储数据,习惯上称 HashMap<K,V>对象为散列映射对象。散列映射用于存储键-值对数据,允

许把任何数量的键-值对数据存储在一起。键不可以发生逻辑冲突，两个数据项不要使用相同的键，如果出现两个数据项对应相同的键，那么先前散列映射中的键-值对数据将被替换。散列映射在它需要更多的存储空间时会自动增大容量。例如，如果散列映射的装载因子是 0.75，那么当散列映射的容量被使用了 75% 时，它就把容量扩展到原始容量的 2 倍。对于数组和链表这两种数据结构，如果要查找它们存储的某个特定的元素却不知道它的位置，就需要从头开始访问元素直到找到匹配的为止；如果数据结构中包含很多元素，就会浪费时间。这时最好使用散列映射来存储要查找的数据，使用散列映射可以减少检索的开销。

1. HashMap<K,V>对象

HashMap<K,V>泛型类创建的对象称为散列映射，如

```
HashMap<String,Student> hashtable= HashMap<String,Student>();
```

那么，hashtable 就可以存储键-值数据对，其中的键必须是一个 String 对象，键对应的值必须是 Student 对象。hashtable 可以调用 public V put(K key, V value) 将键-值对数据存放到散列映射中，该方法同时返回键所对应的值。

2. 常用方法

HashMap<K,V>泛型类的常用方法如下：

❖ public void clear() ——清空散列映射。

❖ public Object clone() ——返回当前散列映射的一个克隆。

❖ public boolean containsKey(Object key) ——如果散列映射有键-值对使用了参数指定的键，返回 true，否则返回 false。

❖ public boolean containsValue(Object value) ——如果散列映射有键-值对的值是参数指定的值，返回 true，否则返回 false。

❖ public V get(Object key) ——返回散列映射中使用 key 作为键的键-值对中的值。

❖ public boolean isEmpty() ——如果散列映射不包含任何键-值对，返回 true，否则返回 false。

❖ public V remove(Object key) ——删除散列映射中键为参数指定的键-值对，并返回键对应的值。

❖ public int size() ——返回散列映射的大小，即散列映射中键-值对的数目。

3. 遍历散列映射

如果想获得散列映射中所有键-值对中的值，首先使用 public Collection<V> values() 方法返回一个实现 Collection<V>接口类创建的对象的引用，并要求将该对象的引用返回到 Collection<V>接口变量中。values()方法返回的对象中存储了散列映射中所有键-值对中的"值"，这样接口变量就可以调用类实现的方法，如获取 Iterator 对象，然后输出所有的值。

【例 7-13】 使用散列映射的常用方法，并遍历散列映射（效果如图 7-8 所示）。

```
import java.util.*;
class Book{
    String  ISBN, name;
    Book(String ISBN, String name){
        this.name=name;
```

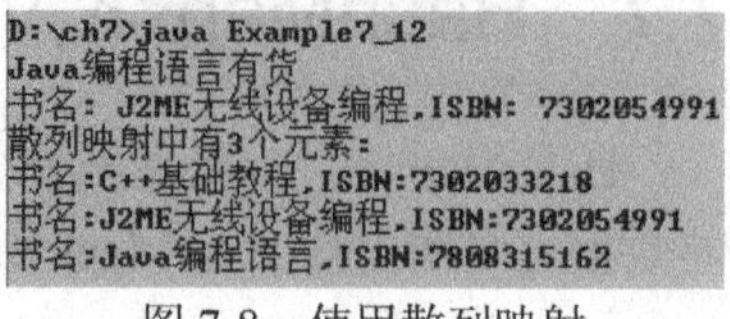

图 7-8 使用散列映射

```
        this.ISBN=ISBN;
    }
}
public class Example7_14{
    public static void main(String args[]){
        Book  book1=new Book("7302033218","C++基础教程"),
            book2=new Book("7808315162","Java 编程语言"),
            book3=new Book("7302054991","J2ME 无线设备编程");
        String  key="7808315162";
        HashMap<String, Book> table=new HashMap<String, Book>();
        table.put(book1.ISBN, book1);
        table.put(book2.ISBN, book2);
        table.put(book3.ISBN, book3);
        if(table.containsKey(key)){
            System.out.println(table.get(key).name+"有货");
        }
        Book  b=table.get("7302054991");
        System.out.println("书名："+b.name+",ISBN："+b.ISBN);
        int  number=table.size();
        System.out.println("散列映射中有"+number+"个元素：");
        Collection<Book>  collection=table.values();
        Iterator<Book>  iter=collection.iterator();
        while(iter.hasNext()){
            Book  te=iter.next();
            System.out.printf("书名：%s, ISBN：%s\n",te.name,te.ISBN);
        }
    }
}
```

4. HashMap<E>泛型类实现的接口

HashMap<E>泛型类实现了泛型接口 Map<E>，HashMap<E>>类中的绝大部分方法都是 Map<E>接口方法的实现。编程时，可以使用接口回调技术，即把 HashMap<E>对象的引用赋值给 Map<E>接口变量，那么接口就可以调用类实现的接口方法。

7.8 TreeSet<E>泛型类

TreeSet <E>类是实现 Set 接口的类，它的大部分方法都是接口方法的实现。TreeSet <E> 泛型类创建的对象称为树集，如

```
    TreeSet <Student> tree= TreeSet <Student>();
```

那么 tree 是一个可以存储 Student 对象的集合。tree 可以调用 add(Student s)方法将 Student 对象添加到树集中。树集采用树结构存储数据，树集节点的排列与链表不同，不按添加的 先后顺序排列。树集用 add()方法增加节点，节点会按其存放的数据的 "大小" 顺序一层 一层地依次排列，在同一层中的节点从左到右按 "大小" 顺序递增排列，下一层的都比上 一层的小。

为了能使树集按大小关系排列节点，要求添加到树集中的节点中的对象必须实现 Comparable 接口类的实例，即实现 Comparable 接口类所创建的对象，这样树集就可以按对

象的大小关系排列节点。比如，String 类实现了 Comparable 接口中的 compareTo(Object str)
方法，字符串对象调用 compareTo(String s)方法按字典序与参数 s 指定的字符串比较大小，也
就是说，两个字符串对象知道怎样比较大小。因此，当树集中节点存放的是 String 对象时，
树集的节点数据的"大小"顺序一层一层地依次排列。例如：

```
TreeSet<String> mytree=new TreeSe<String>();
```

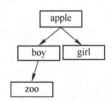

然后使用 add()方法为树集添加节点：

```
mytree.add("boy");
mytree.add("zoo");
mytree.add("apple");
mytree.add("girl");
```

那么树集的示意如图 7-9 所示。

图 7-9　按大小排列节点

实现 Comparable 接口类创建的对象可以调用 compareTo(Object str)方法，与参数指定的对象比较大小关系。Java 规定：如 a 和 b 是实现 Comparable 接口类创建的两个对象，a.compareTo(b)<0 时，称 a 小于 b；a.compare(b)>0 时，称 a 大于 b；a.compare(b)==0 时，称 a 等于 b。

当一个树集中的数据是实现 Comparable 接口类创建的对象时，节点就按对象的大小关系顺序排列。以下是 TreeSet <E>类的常用方法：

❖ public boolean add(E o) ——向树集添加加对象，添加成功，则返回 true，否则返回 false。

❖ public void clear() ——删除树集中的所有对象。

❖ public void contains(Object o) ——如果包含对象 o 方法，则返回 true，否则返回 false。

❖ public E first() ——返回树集中的第一个对象（最小的对象）。

❖ public E last() ——返回最后一个对象（最大的对象）。

❖ public isEmpty() ——判断是否是空树集，如果树集不含对象，则返回 true。

❖ public boolean remove(Object o) ——删除树集中的对象 o。

❖ public int size() ——返回树集中对象的数目。

【例 7-14】　使用树集，其中的 Student 类实现了 Comparable 接口，按成绩的高低规定了 Student 对象的大小关系。树集将 Student 对象作为节点中数据添加到该树集中（效果如图 7-10 所示）。

```
D:\ch7>java Example7_13
wang heng 66
Liuh qing 86
zhan ying 90
```

图 7-10　使用树集

```java
import java.util.*;
class Student implements Comparable{
    int  english=0;
    String  name;
    Student(int e,String n){
        english=e;
        name=n;
    }
    public int compareTo(Object b){
        Student  st=(Student)b;
        return (this.english-st.english);
    }
}
public class Example7_14{
    public static void main(String args[]){
        TreeSet<Student> mytree=new TreeSet<Student>();
```

```
            Student  st1, st2, st3;
            st1=new Student(90,"zhan ying");
            st2=new Student(66,"wang heng");
            st3=new Student(86,"Liuh qing");
            mytree.add(st1);
            mytree.add(st2);
            mytree.add(st3);
            Iterator<Student> te=mytree.iterator();
            while(te.hasNext()){
                Student stu=te.next();
                System.out.println(" "+stu.name+" "+stu.english);
            }
        }
    }
```

树集中不允许出现大小相等的两个节点。例如，在例 7-14 中如果添加语句
```
        st4= new Student(90,"zhan ying");
        mytree.add(st4);
```
是无效的。如果允许成绩相同，可把例 7-14 中 Student 类中的 compareTo 方法更改为
```
        public int compareTo(Object b){
            Student st=(Student)b;
            if((this.english-st.English)==0) return 1;
            else return (this.english-st.english);
        }
```

7.9　TreeMap<K, V>泛型类

　　TreeMap 类实现了 Map 接口。TreeMap 提供了按排序顺序存储键-值对的有效手段。注意，不像散列映射（HashMap），树映射（TreeMap）保证它的元素按照键（即关键字）升序排列。下面是 TreeMap 的构造函数：
```
        TreeMap<K,V>()
        TreeMap<K,V>(Comparator<K> comp)
```
　　第一种形式构造的树映射，按关键字的大小顺序来排序树映射中的键-值对，关键字的大小顺序是按其字符串表示的字典顺序。第二种形式构造的树映射，关键字的大小顺序按 Comparator 接口规定的大小顺序，树映射按关键字的大小顺序来排序树映射中的键-值对。TreeMap 类的常用方法与 HashMap<K,V>类相似。

　　【例 7-15】　使用 TreeMap，分别按照学生的身高和体重排序对象（效果如图 7-11 所示）。
```
        import java.util.*;
        class MyKey implements Comparable{
            int   number=0;
            MyKey(int number){
                this.number=number;
            }
            public int compareTo(Object b){
                MyKey  st=(MyKey)b;
                if((this.number-st.number)==0){
                    return -1;
                }
```

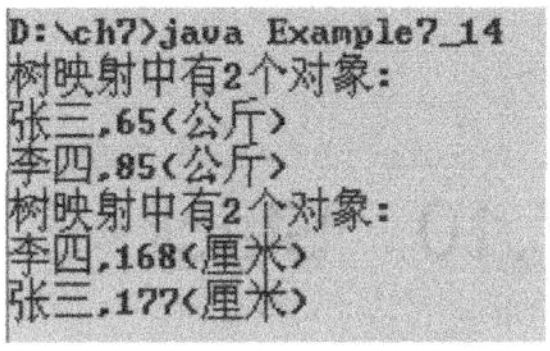

```
D:\ch7>java Example7_14
树映射中有2个对象：
张三.65<公斤>
李四.85<公斤>
树映射中有2个对象：
李四.168<厘米>
张三.177<厘米>
```

图 7-11　使用树映射

```
        else{
            return (this.number-st.number);
        }
    }
}
class Student{
    String  name=null;
    int  height, weight;
    Student(int w, int h, String name){
        weight=w;
        height=h;
        this.name=name;
    }
}
public class Example7_14{
    public static void main(String args[ ]){
        Student  s1=new Student(65,177,"张三"), s2=new Student(85,168,"李四");
        TreeMap<MyKey,Student> treemap=new TreeMap<MyKey,Student>();
        treemap.put(new MyKey(s1.weight),s1);
        treemap.put(new MyKey(s2.weight),s2);
        int number=treemap.size();
        System.out.println("树映射中有"+number+"个对象：");
        Collection<Student> collection=treemap.values();
        Iterator<Student> iter=collection.iterator();
        while(iter.hasNext()){
            Student  te=iter.next();
            System.out.printf("%s, %d（千克）\n", te.name, te.weight);
        }
        treemap.clear();
        treemap.put(new MyKey(s1.height),s1);
        treemap.put(new MyKey(s2.height),s2);
        number=treemap.size();
        System.out.println("树映射中有"+number+"个对象：");
        collection=treemap.values();
        iter=collection.iterator();
        while(iter.hasNext()){
            Student  te=iter.next();
            System.out.printf("%s, %d（厘米）\n", te.name, te.height);
        }
    }
}
```

7.10 Stack<E>泛型类

堆栈是一种"后进先出"的数据结构，只能在一端进行输入或输出数据的操作。堆栈把第一个放入该堆栈的数据放在最下面，而把后续放入的数据放在已有数据的上面，如图 7-12 所示。

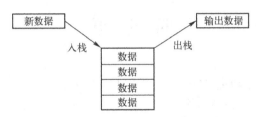

图 7-12　堆栈结构示意

向堆栈中输入数据的操作称为"入栈"，从栈中输出数据的操作称为"出栈"。由于堆栈总是在顶端进行数据的输入输出操作，所以出栈总是输出（删除）最后入栈的数据，这就是"后进先出"的来历。

使用 java.util 包中的 Stack 类创建一个堆栈对象，堆栈对象可以使用 public E push(E item) 方法输入数据，实现入栈操作；使用 public E pop()方法输出数据，实现出栈操作；使用 public Boolean empty()方法判断堆栈是否还有数据，有数据返回 false，否则返回 true；使用 public E peek()方法获取堆栈顶端的数据，但不删除该数据；使用 public int search(Object data)方法获取数据在堆栈中的位置，最顶端的位置是 1，向下依次增加，如果堆栈不包含此数据，则返回−1。

堆栈是很灵活的数据结构，使用堆栈可以节省内存的开销。比如，递归是一种很消耗内存的算法，可以借助堆栈消除大部分递归，达到与递归算法相同的目的。Fibonacci 整数序列是一个递归序列，它的第 n 项是前两项的和，第一项和第二项是 1。

【例 7-16】　用堆栈输出该递归序列的若干项。

```java
import java.util.*;
public class Example7_16{
    public static void main(String args[]){
        Stack<Integer>  stack=new Stack<Integer>();
        stack.push(new Integer(1));
        stack.push(new Integer(1));
        int  k=1;
        while(k<=10){
          for(int i=1; i<=2; i++){
            Integer  F1=stack.pop();
            int  f1=F1.intValue();
            Integer  F2=stack.pop();
            int  f2=F2.intValue();
            Integer  temp=new Integer(f1+f2);
            System.out.println(""+temp.toString());
            stack.push(temp);
            stack.push(F2);
          }
          k++;
        }
    }
}
```

问 答 题

1. 怎样实例化一个 Calendar 对象？
2. Calendar 对象调用 set(1949,9,1)设置的年、月、日分别是多少？
3. 怎样得到一个 1～100 之间的随机数？
4. BigInteger 类的常用构造方法是什么？
5. 两个 BigInteger 对象怎样进行加法运算的？
6. LinkedList<E>泛型类是一种什么数据结构？
7. 对于经常需要查找的数据，应当选用 LinkedList<E>，还是选用 HashMap<K, V>来存储？

作 业 题

1. 编写一个应用程序，输出某年某月的日历页，通过 main 方法的参数将年和月份传递到程序中。
2. 编写一个应用程序，计算某年、某月、某日和某年、某月、某日之间的天数间隔。要求：年、月、日通过 main()方法的参数传递到程序中。
3. 编写一个应用程序，使用 BigInteger 类计算大整数的阶乘。
4. 有集合 A={1, 2, 3, 4}和 B={1, 3, 7, 9, 11}，编写一个应用程序输出它们的交集、并集和差集。
5. 硬盘有两个重要的属性：价格和容量。编写一个应用程序，使用 TreeMap<K, V>类，分别按照价格和容量排序输出 10 个硬盘的详细信息。

第 8 章 线 程

本章导读

✿ Java 中的线程
✿ 线程的生命周期
✿ 线程的优先级和调度管理
✿ Thread 的子类创建线程
✿ Runable 接口
✿ 线程同步
✿ wait()、notify()和 notifyAll()方法
✿ 挂起、恢复和终止线程
✿ 线程联合
✿ 守护线程

以往我们开发的程序大多是单线程的，即一个程序只有一条从头至尾的执行线索。现实世界中的很多过程都具有多条线索同时动作的特性，如一个网络服务器可能需要同时处理多个客户机的请求。

Java 语言的一大特点就是内置对多线程的支持（java.lang 包中的 Thread 类）。多线程是指同时存在几个执行体，按几条不同的执行线索共同工作的情况，使得编程人员可以方便地开发出具有多线程功能、能同时处理多个任务的应用程序。虽然执行线程给人一种几个事件同时发生的感觉，但这只是一种错觉，因为计算机在任何给定的时刻只能执行这些线程中的一个。为了建立这些线程正在同步执行的感觉，Java 快速地把控制从一个线程切换到另一个线程。例如：

```
class Qution{
  public static void main(String args[]){
    while(true){
      System.out.println("123");
    }
    while(true){
      System.out.println("abc");
    }
  }
}
```

上述代码是有问题的，因为第 2 个 while 语句永远也没有机会执行。如果在程序中创建两个线程，每个线程分别执行一个 while(true)循环，那么两个循环就都有机会执行，即一个

线程中的 while(true)语句执行一段时间后，就会轮到另一个线程中的 while(true)语句执行一段时间。这是因为，Java 虚拟机（JVM）负责管理这些线程，这些线程将被轮流执行，使得每个线程都有机会使用 CPU 资源，如图 8-1 所示。

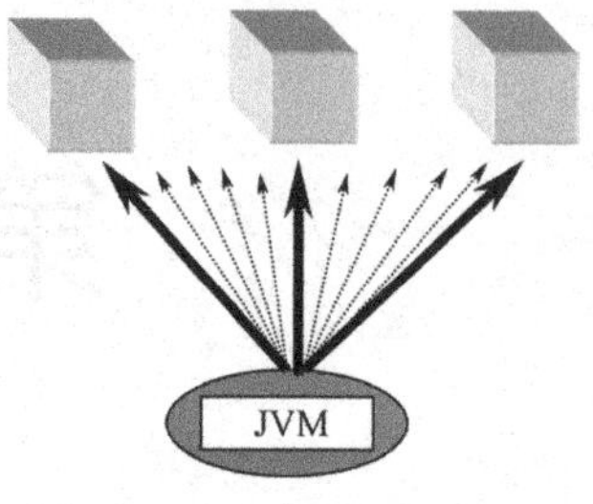

8.1 Java 中的线程

图 8-1 JVM 轮流执行线程

程序是一段静态的代码，它是应用软件执行的蓝本。进程是程序的一次动态执行，它对应了从代码加载、执行至执行完毕的一个完整过程，这个过程也是进程本身从产生、发展至消亡的过程。线程是比进程更小的执行单位。一个进程在其执行过程中可以产生多个线程，形成多条执行线索，每条线索，即每个线程也有它自身的产生、存在和消亡的过程，也是一个动态的概念。

操作系统使用分时管理各进程，按时间片轮流执行每个进程。Java 的多线程就是在操作系统每次分时给 Java 程序一个时间片的 CPU 时间内，在若干独立的可控制的线程之间切换。如果计算机有多个 CPU 处理器，JVM 能充分利用这些 CPU，那么 Java 程序在同一时刻就能获得多个时间片，Java 程序就可以获得真实的同步线程执行效果。

每个进程都有一段专用的内存区域，线程间可以共享相同的内存单元（包括代码与数据），并利用这些共享单元来实现数据交换、实时通信和必要的同步操作。

Java 应用程序总是从主类的 main()方法开始执行。当 JVM 加载代码，发现 main()方法之后，就会启动一个线程，这个线程称为"主线程"，该线程负责执行 main()方法。那么，在 main()方法中再创建的线程，就称为主线程中的线程。如果 main()方法中没有创建其他线程，那么当 main()方法执行完最后一个语句，即 main()方法返回时，JVM 就会结束该 Java 应用程序。如果 main()方法中又创建了其他线程，那么 JVM 就要在主线程和其他线程之间轮流切换，保证每个线程都有机会使用 CPU 资源，即使 main()方法执行完最后的语句，JVM 也不会结束该程序，要等到主线程中的所有线程都结束之后，才结束该 Java 应用程序。

8.2 线程的生命周期

在 Java 语言中，Thread 类及其子类创建的对象称为线程。新建的线程在它的一个完整的生命周期中通常要经历如下 4 种状态。

1．新建

当一个 Thread 类或其子类的对象被声明并创建时，新生的线程对象处于新建状态。此时，它已经有了相应的内存空间和其他资源。

2．运行

线程创建之后就具备了运行的条件，一旦轮到它来使用 CPU 资源，即 JVM 将 CPU 使用权切换给该线程时，此线程就可以脱离创建它的主线程，独立开始自己的生命周期了。

线程创建后只占有了内存资源，在 JVM 管理的线程中还没有该线程，它必须调用 start()方法（从父类继承的方法）通知 JVM，这样 JVM 会知道又有一个新的线程排队等候切换了。

当 JVM 将 CPU 使用权切换给线程时，如果线程是 Thread 类的子类创建的，该类中的 run()

方法就立刻执行。所以必须在子类中重写父类的 run()方法，Thread 类中的 run()方法没有具体内容，程序要在 Thread 类的子类中重写 run()方法来覆盖父类的 run()方法，run()方法规定了该线程的具体使命。

线 程 没 有 结 束　run() 方 法 前 不 要 让 线 程 调 用　start() 方 法 ，　否 则 会 发 生 IllegalThreadStateException 异常。

3．中断

有如下 4 种原因的中断：

① JVM 将 CPU 资源从当前线程切换给其他线程，使本线程让出 CPU 的使用权处于中断状态。

② 线程使用 CPU 资源期间，执行了 sleep(int millsecond)方法，使当前线程进入休眠状态。sleep(int millsecond)方法是 Thread 类中的一个类方法，线程一旦执行了该方法，就立刻让出 CPU 的使用权，使当前线程处于中断状态。经过参数 millsecond 指定的毫秒数后，该线程重新进到线程队列中，排队等待 CPU 资源，以便从中断处继续运行。

③ 线程使用 CPU 资源期间执行了 wait()方法，使得当前线程进入等待状态。等待状态的线程不会主动进到线程队列中，排队等待 CPU 资源，必须由其他线程调用 notify()方法通知它，使得它重新进到线程队列中，排队等待 CPU 资源，以便从中断处继续运行。有关 wait()、notify()和 notifyAll()方法将在本书 8.8 节详细讨论。

④ 线程使用 CPU 资源期间，执行某个操作进入阻塞状态，如执行读/写操作引起阻塞。进入阻塞状态时线程不能进入排队队列，只有引起阻塞的原因消除时，线程才重新进到线程队列中，排队等待 CPU 资源，以便从中断处开始继续运行。

4．死亡

处于死亡状态的线程不具有继续运行的能力。线程死亡的原因有两个：一是正常运行的线程完成了它的全部工作，即执行完 run()方法中的全部语句，结束 run()方法；二是线程被提前强制性终止，即强制 run()方法结束。所谓死亡状态，就是线程释放了实体，即释放分配给线程对象的内存。

现在看一个完整的例子，通过分析运行结果阐述线程的 4 种状态。

【例 8-1】　用 Thread 类的子类 WriteWordThread 创建两个线程。

```java
public class Example8_1{
    public static void main(String args[ ]){
        WriteWordThread zhang, wang;
        zhang=new WriteWordThread("张小红");              // 新建线程
        wang=new WriteWordThread("JamsKeven");           // 新建线程
        zhang.start();                                   // 启动线程
        for(int i=1;i<=8;i++){
            System.out.println("我是主线程中的语句");
        }
        wang.start();                                    // 启动线程
    }
}
class WriteWordThread extends Thread{                     // Thread 的子类负责创建线程对象
    WriteWordThread(String s){
        setName(s);                                      // 调用 Thread 类的 setName 方法为线程起个名字
```

```
        }
        public void run(){
            for(int i=1;i<=8;i++){
                System.out.println("我是一个线程，我的名字是"+getName());
            }
        }
    }
```

上述程序的输出结果如下：

```
        我是主线程中的语句
        我是主线程中的语句
        我是一个线程，我的名字是张小红
        我是主线程中的语句
        我是一个线程，我的名字是张小红
        我是主线程中的语句
        我是一个线程，我的名字是张小红
        我是主线程中的语句
        我是一个线程，我的名字是张小红
        我是主线程中的语句
        我是一个线程，我的名字是张小红
        我是一个线程，我的名字是张小红
        我是一个线程，我的名字是 JamsKeven
        我是一个线程，我的名字是张小红
        我是一个线程，我的名字是 JamsKeven
        我是一个线程，我的名字是张小红
        我是一个线程，我的名字是 JamsKeven
        我是一个线程，我的名字是 JamsKeven
        我是一个线程，我的名字是 JamsKeven
        我是一个线程，我的名字是 JamsKeven
        我是一个线程，我的名字是 JamsKeven
        我是一个线程，我的名字是 JamsKeven
```

现在来分析程序运行的上述结果。

（1）JVM 首先将 CPU 资源给主线程

主线程在使用 CPU 资源时执行了如下语句

```
        WriteWordThread  zhang,wang;
        zhang=new WriteWordThread("张小红");                    // 新建线程
        wang=new WriteWordThread("JamsKeven");                  // 新建线程
        zhang.start();                                         // 启动线程
```

并将语句

```
        for(int i=1;i<=8;i++){
            System.out.println("我是主线程中的语句");
        }
```

执行到第 2 次循环。为什么没有将这个 for 循环语句执行完呢？这是因为，主线程在使用 CPU 资源时，已经执行了

```
        zhang.start();
```

那么，JVM 就知道已经有两个线程"主线程"和"zhang 线程"，需要轮流使用 CPU 资源。因而，在主线程使用 CPU 资源执行到 for 语句的第 2 次循环后，JVM 将 CPU 资源切换给线程 zhang 了。

（2）在"主线程"和"zhang 线程"之间切换

JVM 轮流让"主线程"和"zhang 线程"使用 CPU 资源，再输出下列结果：

```
我是一个线程,我的名字是张小红
我是主线程中的语句
我是一个线程,我的名字是张小红
我是主线程中的语句
我是一个线程,我的名字是张小红
我是主线程中的语句
我是一个线程,我的名字是张小红
我是主线程中的语句
```

主线程在轮流使用 CPU 资源的过程中，除了完成了 for 语句，又顺序执行了

```
wang.start();
```

这时主线程运行的 main()方法返回，并且知道出现"wang 线程"，需要使用 CPU 资源。

（3）JVM 在"zhang 线程"和"wang 线程"之间切换

JVM 已经知道"主线程"的 main()方法已经返回，因此 JVM 轮流让"zhang 线程"和"wang 线程"使用 CPU 资源，再输出下列结果：

```
我是一个线程,我的名字是张小红
我是一个线程,我的名字是张小红
我是一个线程,我的名字是 JamsKeven
我是一个线程,我的名字是张小红
我是一个线程,我的名字是 JamsKeven
我是一个线程,我的名字是张小红
我是一个线程,我的名字是 JamsKeven
我是一个线程,我的名字是 JamsKeven
我是一个线程,我的名字是 JamsKeven
我是一个线程,我的名字是 JamsKeven
我是一个线程,我的名字是 JamsKeven
```

"zhang 线程"输出第 8 个"我是一个线程，我的名字是张小红"后，就进入了死亡状态，然后 JVM 让"wang 线程"使用 CPU 资源，最后"wang 线程"进入死亡状态。JVM 结束整个进程。

上述程序在不同的计算机运行或在同一台计算机反复运行的结果不尽相同，输出结果依赖当前 CPU 资源的使用情况。为了使结果尽量不依赖于当前 CPU 资源的使用情况，我们应当让线程主动调用 sleep()方法，让出 CPU 的使用权，进入中断状态。

【例 8-2】 线程的切换。

```java
public class Example8_2{
    public static void main(String args[ ]){
        WriteWordThread zhang,wang;
        zhang=new WriteWordThread("张小红",200);        // 新建线程
        wang=new WriteWordThread("JamsKeven",100);      // 新建线程
        zhang.start();                                   // 启动线程
        wang.start();                                    // 启动线程
    }
}
class WriteWordThread extends Thread{
    int n=0;
    WriteWordThread(String s,int n){
```

```
            setName(s);                          // 调用 Thread 类的方法 setName 为线程起个名字
            this.n=n;
        }
        public void run(){
            for(int i=1;i<=8;i++){
                System.out.println("我是一个线程，我的名字是"+getName());
                try{  sleep(n);  }
                catch(InterruptedException e) {}
            }
        }
    }
```

上述程序的输出结果如下：

```
        我是一个线程，我的名字是张小红
        我是一个线程，我的名字是 JamsKeven
        我是一个线程，我的名字是 JamsKeven
        我是一个线程，我的名字是张小红
        我是一个线程，我的名字是 JamsKeven
        我是一个线程，我的名字是 JamsKeven
        我是一个线程，我的名字是张小红
        我是一个线程，我的名字是 JamsKeven
        我是一个线程，我的名字是 JamsKeven
        我是一个线程，我的名字是张小红
        我是一个线程，我的名字是 JamsKeven
        我是一个线程，我的名字是 JamsKeven
        我是一个线程，我的名字是张小红
        我是一个线程，我的名字是张小红
        我是一个线程，我的名字是张小红
        我是一个线程，我的名字是张小红
```

> 如果将 WriteWordThread 类中 run()方法中的 for 语句更改为无限循环，那么在一个程序中就出现了两个无限循环。

8.3　线程的优先级和调度管理

Java 虚拟机中的线程调度器负责管理线程，调度器把线程的优先级分为 10 个级别，分别用 Thread 类中的类常量表示。每个 Java 线程的优先级都在常数 1（Thread.MIN PRIORITY）～10（Thread.MAX_PRIORITY）的范围内。如果没有明确地设置线程的优先级别，每个线程的优先级都为常数 5（包括主线程）：Thread.NORM_PRIORITY。

线程的优先级可以通过 setPriority(int grade)方法调整，该方法需要一个 int 类型参数。如果参数不在 1～10 的范围内，那么 setPriority()产生 IllegalArgumenException 异常。getPriority()方法返回线程的优先级。注意，有些操作系统只能识别 3 个级别：1，5，10。

在采用时间片的系统中，每个线程都有机会获得 CPU 的使用权，以便使用 CPU 资源执行线程中的操作。当线程使用 CPU 资源的时间结束后，即使线程没有完成自己的全部操作，Java 调度器也会中断当前线程的执行，把 CPU 的使用权切换给下一个排队等待的线程，当前线程将等待 CPU 资源的下一次轮回，然后从中断处继续执行。

Java 调度器的任务是使高优先级的线程能始终运行，一旦时间片有空闲，则使具有同等优先级的线程以轮流的方式顺序使用时间片。也就是说，如果有 A、B、C、D 四个线程，A和 B 的级别高于 C 和 D，那么 Java 调度器首先以轮流的方式执行 A 和 B，一直等到 A 和 B

都执行完毕进入死亡状态，才会在 C 和 D 之间轮流切换。

在实际编程时，不提倡使用线程的优先级来保证算法的正确执行。要编写正确、跨平台的多线程代码，必须假设线程在任何时间都有可能被剥夺 CPU 资源的使用权。

8.4　Thread 的子类创建线程

Java 语言用 Thread 类或子类创建线程对象。本节讲述怎样用 Thread 子类创建对象。

用户可以扩展 Thread 类，但需要重写父类的 run()方法，其目的是规定线程的具体操作，否则线程就什么也不做，因为父类的 run()方法中没有任何操作语句。

【例 8-3】　除主线程外还有两个线程，这两个线程分别在命令行窗口的左侧和右侧顺序地、一行一行地输出字符串。主线程负责判断输出的行数，当其中任何一个线程输出 8 行后，就结束进程。本例用到了 System 类中的类方法 exit(int n)，主线程使用该方法结束整个程序。

```java
public class Example8_3{
    public static void main(String args[ ]){
        Left left=new Left();
        Right right=new Right();
        left.start();
        right.start();
        while(true){
          if(left.n==8||right.n==8)
            System.exit(0);
        }
    }
}
class Left extends Thread{
    int n=0;
    public void run(){
        while(true){
            n++;
            System.out.printf("\n%s","我在左面写字");
            try {  sleep((int)(Math.random()*100)+100);  }
            catch(InterruptedException e) {}
        }
    }
}
class Right extends Thread{
    int n=0;
    public void run(){
        while(true){
            n++;
            System.out.printf("\n%40s","我在右面写字");
            try {  sleep((int)(Math.random()*100)+100);  }
            catch(InterruptedException e) {}
        }
    }
}
```

8.5　Runnable 接口

使用 Thread 子类创建线程的优点是：可以在子类中增加新的成员变量，使线程具有某种属性，也可以在子类中新增加方法，使线程具有某种功能。但是 Java 不支持多继承，Thread 类的子类不能再扩展其他类。

1. Runnable 接口与目标对象

创建线程的另一个途径就是用 Thread 类直接创建线程对象。使用 Thread 创建线程对象时，通常使用的构造方法是 Thread(Runnable target)。该构造方法中的参数是一个 Runnable 类型的接口。因此，在创建线程对象时必须向构造方法的参数传递一个实现 Runnable 接口类的实例，该实例对象称为所创线程的目标对象。当线程调用 start()方法后，一旦轮到它来使用 CPU 资源，目标对象就会自动调用接口中的 run()方法（接口回调），这一过程是自动实现的，程序只需让线程调用 start()方法即可。也就是说，当线程被调度并转入运行状态时，所执行的就是 run()方法中规定的操作。

【例 8-4】　不使用 Thread 类的子类创建线程，使用 Thread 类创建 left 和 right 线程。请读者比较与例 8-3 的细微差别。

```java
public class Eample8_4{
    public static void main(String args[ ]){
        Left targetOfLeft =new Left();                         // left 线程的目标对象
        Thread left=new Thread(targetOfLeft);
        Right targetOfRight =new Right();                      // right 线程的目标对象
        Thread right=new Thread(targetOfRight);
        left.start();
        right.start();
        while(true){
          if(targetOfLeft.n==8||targetOfRight.n==8)
             System.exit(0);
        }
    }
}
class Left implements Runnable{
    int n=0;
    public void run(){
        while(true){
            n++;
            System.out.printf("\n%s","我在左面写字");
            try {  Thread.sleep((int)(Math.random()*100)+100);  }
            catch(InterruptedException e) {}
        }
    }
}
class Right implements Runnable{
    int n=0;
    public void run(){
        while(true){
```

```
            n++;
            System.out.printf("\n%40s","我在右面写字");
            try {  Thread.sleep((int)(Math.random()*100)+100);  }
            catch(InterruptedException e) {}
        }
    }
}
```

　　线程间可以共享相同的内存单元（包括代码和数据），并利用这些共享单元来实现数据交换、实时通信和必要的同步操作。轮到 Thread(Runable target)构造方法创建的线程来使用 CPU 资源时，目标对象会自动调用接口中的 run()方法。因此，对于使用同一目标对象的线程，目标对象的成员变量就是这些线程共享的数据单元。另外，创建目标对象类在必要时还可以是某个特定类的子类，因此使用 Runable 接口比使用 Thread 的子类更具有灵活性。

　　【例 8-5】 线程 zhang 和 cheng 使用同一目标对象，共享目标对象的 money。当 money 的值小于 100 时，线程 zhang 结束自己的 run()方法进入死亡状态；当 money 的值小于 60 时，线程 cheng 结束自己的 run()方法进入死亡状态（效果如图 8-2 所示）。

```
public class Example8_5{
    public static void main(String args[ ]){
        String s1="会计",s2="出纳";
        Bank bank=new Bank(s1,s2);
        Thread zhang,cheng;
        zhang=new Thread(bank);
        cheng=new Thread(bank);              // cheng 和 zhang 是同一目标对象
        zhang.setName(s1);
        cheng.setName(s2);
        bank.setMoney(120);                  // 线程的目标对象修改被线程共享的 money
        zhang.start();
        cheng.start();
    }
}
class Bank implements Runnable{              // Bank 类必须实现 Runable 接口
    private int money=0;
    String name1,name2;
    Bank(String s1,String s2){
        name1=s1;
        name2=s2;
    }
    public void setMoney(int mount){
        money=mount;
    }
    public void run(){                       // 接口中的方法
        while(true){
            money=money-10;
            if(Thread.currentThread().getName().equals(name1)){
                System.out.println("我是"+name1+"现在有"+money+"元");
                if(money<=100){
                    System.out.println(name1+"进入死亡状态");
                    return;                   // 如果 money 小于 100，当前线程结束 run()方法
                }
            }
```

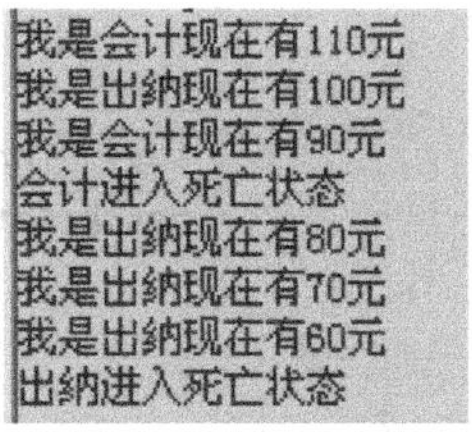

```
我是会计现在有110元
我是出纳现在有100元
我是会计现在有90元
会计进入死亡状态
我是出纳现在有80元
我是出纳现在有70元
我是出纳现在有60元
出纳进入死亡状态
```

图 8-2　使用 Runable 接口

```
        else if(Thread.currentThread().getName().equals(name2)){
            System.out.println("我是"+name2+"现在有"+money+"元");
            if(money<=60){
              System.out.println(name2+"进入死亡状态");
              return;                          // 如果 money 小于 60，当前线程结束 run()方法
            }
        }
        try{  Thread.sleep(800);  }
        catch(InterruptedException e) {}
      }
    }
  }
```

一个线程的 run()方法的执行过程中可能随时被强制中断（特别是对于双核系统的计算机），建议读者仔细分析程序的运行效果，以便理解 JVM 轮流执行线程的机制。本章的 8.7 和 8.8 节将讲解有关怎样让程序的执行结果不依赖于这种轮换机制。

【例 8-6】 创建 4 个线程：threadA、threadB、threadC 和 threadD。其中，threadA 和 threadB 的目标对象是 a1，threadC 和 threadD 的目标对象是 a2。threadA 和 threadB 共享 a1 的成员 number，而 threadC 和 threadD 共享 a2 的成员 number。

```
class TargetObject implements Runnable{
    private int number=0;
    public void setNumber(int n){
        number=n;
    }
    public void run(){
        while(true){
          if(Thread.currentThread().getName().equals("add")){
              number++;
              System.out.printf("%d\n",number);
          }
          if(Thread.currentThread().getName().equals("sub")){
              number--;
              System.out.printf("%12d\n",number);
          }
          try{  Thread.sleep(1000);  }
          catch(InterruptedException e) {}
        }
    }
}
public class Example8_6{
    public static void main(String args[ ]){
        Thread  threadA, threadB, threadC,threadD;
        TargetObject a1=new TargetObject(),                  // 线程的目标对象
                     a2=new TargetObject();
        threadA=new Thread(a1);                              // 目标对象是 a1 的线程
        threadB=new Thread(a1);
        a1.setNumber(10);
        threadA.setName("add");
        threadB.setName("add");
        threadC=new Thread(a2);                              // 目标对象是 a2 的线程
```

```
            threadD=new Thread(a2);
            a2.setNumber(-10);
            threadC.setName("sub");
            threadD.setName("sub");
            threadA.start();
            threadB.start();
            threadC.start();
            threadD.start();
        }
    }
```

2. 目标对象与线程的关系

从对象和对象之间的关系角度上看，目标对象和线程的关系有以下两种情景。

① 目标对象和线程完全解耦。在例 8-5 中，创建目标对象的 Bank 类并没有组合 zhang 和 cheng 线程对象，也就是说，Bank 创建的目标对象 bank 不包含对象 zhang 和 cheng 线程对象的引用（完全解耦）。在这种情况下，目标对象经常需要通过获得线程的名字（因为无法获得线程对象的引用）：

```
            String name = Thread.currentThread().getName();
```

以便确定是哪个线程正在占用 CPU 资源，即被 JVM 正在执行的线程，如例 8-5 代码所示。

② 目标对象组合线程（弱耦合）。目标对象可以组合线程，即将线程作为自己的成员（弱耦合），如让线程 zhang 和 cheng 在 bank 中。当创建目标对象类组合线程对象时，目标对象可以通过获得线程对象的引用

```
            Thread.currentThread();
```

来确定是哪个线程正在占用 CPU 资源，即被 JVM 正在执行的线程，如例 8-7 中的代码所示。

【例 8-7】　线程的执行。

```
    public class Example8_7{
        public static void main(String args[ ]){
            String s1="会计", s2="出纳";
            Bank bank=new Bank(s1,s2);
            bank.setMoney(120);                    // 线程的目标对象修改被线程共享的 money
            bank.zhang.start();
            bank.cheng.start();
        }
    }
    class Bank implements Runnable{
        private int money=0;
        String name1, name2;
        Thread zhang, cheng;
        Bank(String s1,String s2){
            name1=s1;
            name2=s2;
            zhang=new Thread(this);
            cheng=new Thread(this);                // cheng 和 zhang 是同一目标对象
            zhang.setName(s1);
            cheng.setName(s2);
        }
        public void setMoney(int mount){
            money=mount;
```

```
        }
        public void run(){
            while(true){
                money=money-10;
                if(Thread.currentThread()==zhang){
                  System.out.println("我是"+name1+"现在有"+money+"元");
                  if(money<=100){
                    System.out.println(name1+"进入死亡状态");
                    return;                    // 如果 money 小于 100，当前线程结束 run()方法
                  }
                }
                else if(Thread.currentThread()==cheng){
                  System.out.println("我是"+name2+"现在有"+money+"元");
                  if(money<=60){
                    System.out.println(name2+"进入死亡状态");
                    return;                    // 如果 money 小于 60，当前线程结束 run()方法
                  }
                }
                try{  Thread.sleep(800);  }
                catch(InterruptedException e) {}
            }
        }
    }
```

3．关于 run()方法中的局部变量

对于具有相同目标对象的线程，当其中一个线程使用 CPU 资源时，目标对象自动调用接口中的 run()方法，这时 run()方法中的局部变量被分配内存空间。当轮到另一个线程使用 CPU 资源时，目标对象会再次调用接口中的 run()方法，那么 run()方法中的局部变量会再次分配内存空间。也就是说，run()方法已经启动运行了两次，分别运行在不同的线程中，即运行在不同的时间片内。我们称 run()方法中的局部变量为线程的局部变量，不同线程的 run()方法中的局部变量互不干扰，一个线程改变了自己的 run()方法中局部变量的值不会影响其他线程的 run()方法中的局部变量。

【例 8-8】 两个线程的 run()方法中的局部变量互不干扰（效果如图 8-3 所示）。

```
    public class Example8_8{
        public static void main(String args[ ]){
            String s1="张三",s2="Jam.keven";
            Move move=new Move(s1,s2);
            Thread zhang,keven;
            zhang=new Thread(move);
            keven=new Thread(move);
            zhang.setName(s1);
            keven.setName(s2);
            zhang.start();
            keven.start();
        }
    }
    class Move implements Runnable{
        String s1, s2;
        Move(String s1,String s2){
```

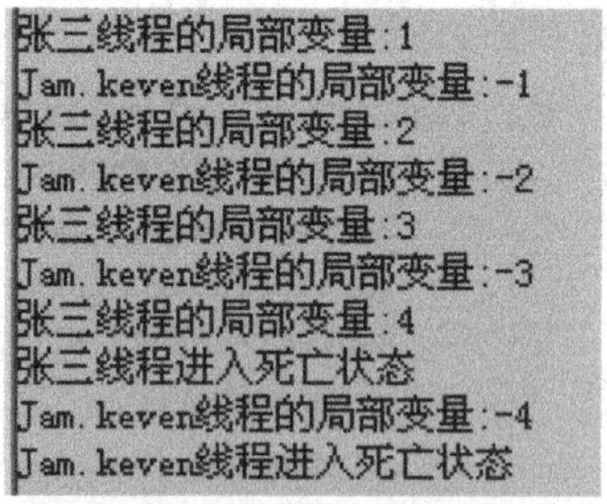

```
张三线程的局部变量:1
Jam.keven线程的局部变量:-1
张三线程的局部变量:2
Jam.keven线程的局部变量:-2
张三线程的局部变量:3
Jam.keven线程的局部变量:-3
张三线程的局部变量:4
张三线程进入死亡状态
Jam.keven线程的局部变量:-4
Jam.keven线程进入死亡状态
```

图 8-3　线程的局部变量

```
                 this.s1=s1;
                 this.s2=s2;
              }
           public void run(){
              int i=0;
              while(true){
                 if(Thread.currentThread().getName().equals(s1)){
                    i=i+1;
                    System.out.println(s1+"线程的局部变量：“+i);
                    if(i>=4){
                       System.out.println(s1+"线程进入死亡状态");
                       return;
                    }
                 }
                 else if(Thread.currentThread().getName().equals(s2)){
                    i=i-1;
                    System.out.println(s2+"线程的局部变量：“+i);
                    if(i<=-4){
                       System.out.println(s2+"线程进入死亡状态");
                       return;
                    }
                 }
                 try{  Thread.sleep(800);  }
                 catch(InterruptedException e) {}
              }
           }
        }
```

8.6　线程的常用方法

1. start()

线程调用该方法将启动线程，使之从新建状态进入就绪队列排队，一旦轮到它来使用 CPU 资源时，就可以脱离创建它的主线程独立开始自己的生命周期了。

2. run()

Thread 类的 run()方法与 Runable 接口中的 run()方法的功能和作用相同，都用来定义线程对象被调度之后所执行的操作，都是系统自动调用而用户程序不得引用的方法。系统的 Thread 类中，run()方法没有具体内容，所以用户程序需要创建自己的 Thread 类的子类，并重写 run()方法来覆盖原来的 run()方法。当 run()方法执行完毕，线程就变成死亡状态。在线程没有结束 run()方法前，不建议让线程再调用 start()方法，否则发生 IllegalThreadStateException 异常。

3. sleep(int millsecond)

线程的调度执行是按照其优先级的高低顺序进行的，当高级线程不完成，即未死亡时，低级线程没有机会获得处理器。有时，优先级高的线程需要优先级低的线程做一些工作来配合它，或者优先级高的线程需要完成一些费时的操作，此时优先级高的线程应该让出处理器，使优先级低的线程有机会执行。为了达到这个目的，优先级高的线程可以在它的 run()方法中调用 sleep()方法来使自己放弃处理器资源，休眠一段时间。休眠时间的长短由 sleep()方法的参数决定，millsecond 是毫秒为单位的休眠时间。如果线程在休眠时被打断，JVM 就抛出 InterruptedException 异常。因此，必须在 try-catch 语句块中调用 sleep()方法。

4．isAlive()

检查线程是否处于运行状态的方法，当一个线程调用 start()方法，并占有 CPU 资源后，该线程的 run()方法就开始运行。在线程的 run()方法结束之前，即没有进入死亡状态前，线程调用 isAlive()方法返回 true；当线程进入死亡状态后（实体内存被释放），线程仍可以调用方法 isAlive()，这时的返回值是 false。

注意，一个已经运行的线程在没有进入死亡状态时，不要再给线程分配实体，由于线程只能引用最后分配的实体，先前的实体会成为"垃圾"，并且不会被垃圾收集机收集掉。例如：

```
Thread thread=new Thread(target);
thread.start();
```

如果线程 thread 占有 CPU 资源进入了运行状态，这时再执行

```
thread=new Thread(target);
```

那么，先前的实体就会成为"垃圾"，并且不会被垃圾收集机制收集掉，因为 JVM 认为那个"垃圾"实体正在运行状态，如果突然释放，可能引起错误甚至设备的毁坏。

执行代码

```
Thread thread=new Thread(target);
thread.start();
```

后的内存示意如图 8-4 所示。再执行代码

```
thread=new Thread(target);
```

后的内存示意如图 8-5 所示。

图 8-4　初建线程　　　　　　　　　　　　图 8-5　重新分配实体的线程

【例 8-9】　一个线程每隔 1 秒在命令行窗口输出机器的当前时间，在输出 3 秒后，该线程又被分配了实体，新实体又开始运行。这时，我们在命令行每秒钟能看见两行当前时间，因为垃圾实体仍然在工作（效果如图 8-6 所示）。

```
public class Example8_9{
    public static void main(String args[ ]){
        A a=new A();
        a.thread.start();
    }
}
class A implements Runnable{
    Thread thread;
    int n=0;
    A()
        thread=new Thread(this);
    }
```

```
Thu May 12 09:24:16 CST 2011
Thu May 12 09:24:17 CST 2011
Thu May 12 09:24:18 CST 2011
Thu May 12 09:24:19 CST 2011
Thu May 12 09:24:19 CST 2011
Thu May 12 09:24:20 CST 2011
Thu May 12 09:24:20 CST 2011
```

图 8-6　重新分配实体的线程

```
public void run(){
    while(true){
        n++;
        System.out.println(new java.util.Date());
        try{  Thread.sleep(1000);  }
        catch(InterruptedException e) {}
        if(n==3){
            thread=new Thread(this);
            thread.start();
        }
    }
}
```

5. currentThread()

currentThread()方法是 Thread 类中的类方法，可以用类名调用，该方法返回当前正在使用 CPU 资源的线程。

6. interrupt()

interrupt()方法经常用来"吵醒"休眠的线程。当一些线程调用 sleep()方法处于休眠状态时，一个使用 CPU 资源的其他线程在执行过程中，可以让休眠的线程分别调用 interrupt()方法"吵醒"自己，即导致休眠的线程发生 InterruptedException 异常，从而结束休眠，重新排队等待 CPU 资源。

【**例 8-10**】 创建 3 个线程：zhangXiao、zhengMing 和 teacher。其中，线程 zhangXiao 和 zhengMing 准备休眠 10 秒钟后，再输出"早上好！"。teacher 线程在输出 3 句"上课"后，吵醒休眠的线程 zhangXiao，zhangXiao 被吵醒后再吵醒 zhengMing（效果如图 8-7 所示）。

```
public class E{
    public static void main(String args[]){
        ClassRoom room=new ClassRoom();
        room.zhangXiao.start();
        room.zhengMing.start();
        room.teacher.start();
    }
}
class ClassRoom implements Runnable{
    Thread zhangXiao,zhengMing,teacher;
    ClassRoom(){
        teacher=new Thread(this);
        zhangXiao=new Thread(this);
        zhangXiao.setName("张小");
        zhengMing=new Thread(this);
        zhengMing.setName("郑明");
        teacher.setName("刘老师");
    }
    public void run(){
        Thread thread=Thread.currentThread();
        if(thread==zhangXiao||thread==zhengMing){
            try{
                System.out.println(thread.getName()+"休息 10 秒后再说问候");
```

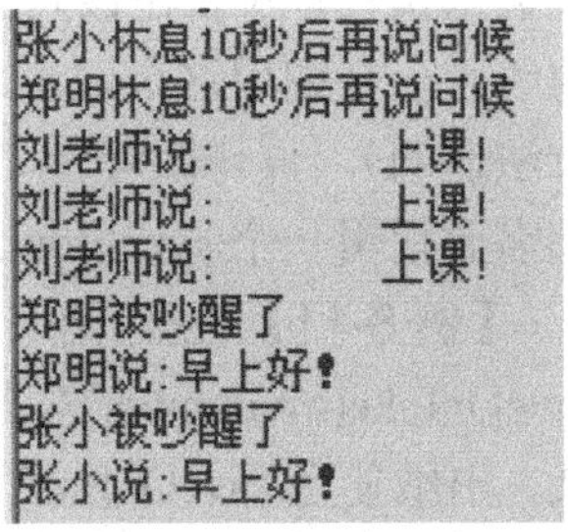

图 8-7　吵醒休眠的线程

```
            Thread.sleep(10000);
        }
        catch(InterruptedException e){
            System.out.println(thread.getName()+"被吵醒了");
        }
        System.out.println(thread.getName()+"说：早上好！");
        zhangXiao.interrupt();                          // 吵醒 zhangXiao
    }
    else if(thread==teacher){
        for(int i=1; i<=3; i++){
            System.out.println(thread.getName()+"说：\t 上课！");
            try{  Thread.sleep(500);  }
            catch(InterruptedException e) {}
        }
        zhengMing.interrupt();                          // 吵醒 zhengMing
    }
  }
}
```

8.7　线程同步

　　Java 可以创建多个线程，在处理多线程问题时，必须注意这样的问题：两个或多个线程会同时访问同一个变量，并且一个线程需要修改这个变量。我们应对这样的问题做出处理，否则可能发生混乱。比如，当一个线程正在修改文件的内容时，如果另一个线程也要修改同样的文件，就会出现混乱的局面。

　　在处理线程同步时，要做的第一件事就是把修改数据的方法用关键字 synchronized 修饰。一个方法使用关键字 synchronized 修饰后，如果一个线程 A 占有 CPU 资源期间，使得该方法被调用执行，那么在该同步方法返回之前，即同步方法调用执行完毕前，其他占有 CPU 资源的线程一旦调用这个同步方法就会引起堵塞，堵塞的线程要一直等到堵塞的原因消除（同步方法返回），再排队等待 CPU 资源，以便使用这个同步方法。所谓线程同步，就是若干线程都需要使用一个 synchronized 修饰的方法。

　　【例 8-11】　创建两个线程：accountant 和 cashier，它们共同拥有一个账本，都可以使用 saveOrTake(int number)对账本进行访问。会计使用 saveOrTake()方法时，向账本上写入存钱记录；出纳使用 saveOrTake()方法时，向账本写入取钱记录。因此，会计正在使用 saveOrTake()方法时，出纳被禁止使用，反之也是这样。比如，会计每次使用 saveOrTake()方法时，在账本上存入 90 万元，分 3 次存完，每存入 30 万元，就喝口茶，那么他喝茶休息时（注意：存钱这件事还没结束，即会计还没有使用完 saveOrTake()方法），出纳仍不能使用 saveOrTake()方法。要保证其中一人使用 saveOrTake()方法时，另一个人必须等待（效果如图 8-8 所示）。

```
public class Example8_11{
    public static void main(String args[ ]){
        String  accountantName="会计", cashierName="出纳";
        Bank  bank=new Bank(accountantName, cashierName);
        Thread  accountant, cashier;
        accountant=new Thread(bank);
        cashier=new Thread(bank);
```

我是会计目前账上有330万
我是会计目前账上有360万
我是会计目前账上有390万
我是出纳目前账上有375万
我是出纳目前账上有360万

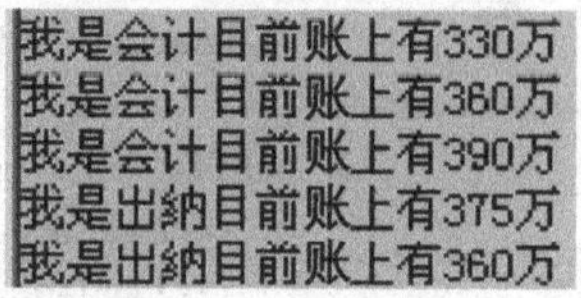

图 8-8　线程同步

```
                accountant.setName(accountantName);
                cashier.setName(cashierName);
                accountant.start();
                cashier.start();
            }
        }
class Bank implements Runnable{
    int   money=300;
    String  accountantName, cashierName;
    public Bank(String s1, String s2){
        accountantName=s1;
        cashierName=s2;
    }
    public void run(){
        saveOrTake(30);                          // 线程占有 CPU 资源期间调用了同步方法
    }
    public synchronized void saveOrTake(int number){        // 同步方法
        if(Thread.currentThread().getName().equals(accountantName)){
            for(int i=1;i<=3;i++){
                money=money+number;
                try { Thread.sleep(1000);  }  // 存入 30 万稍歇一下，出纳仍不能使用该方法
                catch(InterruptedException e) {}
                System.out.println("我是"+accountantName+"目前账上有"+money+"万");
            }
        }
        else if(Thread.currentThread().getName().equals(cashierName)){
            for(int i=1;i<=2;i++){
                money=money-number/2;
                try{ Thread.sleep(1000);  }
                catch(InterruptedException e){}
                System.out.println("我是"+cashierName+"目前账上有"+money+"万");
            }
        }
    }
}
```

8.8 使用 wait()、notify()和 notifyAll()协调同步线程

    wait()、notify()和 notifyAll()都是 Object 类中的 final 方法，被所有的类继承，且不允许重写。当一个线程正在使用一个同步方法时，其他线程就不能使用这个同步方法。同步方法有时涉及某些特殊情况，如在一个售票窗口排队购买电影票时，如果给售票员的钱不是零钱，而售票员又没有零钱找给你，那么你必须等待，并允许你后面的人买票，以便售票员获得零钱给你。如果第二个人仍没有零钱，那么你俩必须等待，并允许后面的人买票。

    当一个线程使用的同步方法中用到某个变量，而此变量又需要其他线程修改后才能符合本线程的需要，那么可以在同步方法中使用 wait()方法。wait()方法可以中断线程的执行，使本线程等待，暂时让出 CPU 的使用权，并允许其他线程使用这个同步方法。其他线程如果在使用这个同步方法时不需要等待，那么它使用完这个同步方法的同时，应当用 notifyAll()方法通知所有的由于使用这个同步方法而处于等待的线程结束等待。曾中断的线程就会重新排

队等待 CPU 资源，以便从刚才的中断处继续执行这个同步方法（注意：如果使用 notify()，那么只是通知处于等待中的线程的某一个结束等待）。

【例 8-12】 模拟 3 个人排队买票，每人买 1 张票。售票员只有 1 张五元的钱，电影票 5 元钱一张。张某拿 1 张二十元的人民币排在孙某前面买票，孙某拿 1 张十元的人民币排在赵的前面买票，赵某拿 1 张五元的人民币排在最后。那么，最终的卖票次序应当是孙、赵、张（效果如图 8-9 所示）。

```
public class Example8_12{
    public static void main(String args[]){
        String s1="张三", s2="孙大名", s3="赵中堂";
        Cinema canema=new Cinema(s1,s2,s3);
        Thread zhang, sun, zhao;
        zhang=new Thread(canema);
        sun=new Thread(canema);
        zhao=new Thread(canema);
        zhang.setName(s1);
        sun.setName(s2);
        zhao.setName(s3);
        zhang.start();
        sun.start();
        zhao.start();
    }
}
class Cinema implements Runnable{                      // 实现 Runable 接口的类（电影院）
    TicketSeller  seller;                              // 电影院的售票员
    String  name1, name2, name3;                       // 买票人的名字（线程的名字）
    Cinema(String s1,String s2,String s3){
       seller=new TicketSeller();
       name1=s1;
       name2=s2;
       name3=s3;
    }
    public void run(){
       if(Thread.currentThread().getName().equals(name1)){
          seller.sellTicket(20);
       }
       else if(Thread.currentThread().getName().equals(name2)){
          seller.sellTicket(10);
       }
       else if(Thread.currentThread().getName().equals(name3)){
          seller.sellTicket(5);
       }
    }
}
class TicketSeller{                                    // 负责卖票的类
    int  fiveNumber=1, tenNumber=0, twentyNumber=0;
    public synchronized void sellTicket(int receiveMoney){
        String s=Thread.currentThread().getName();
        if(receiveMoney==5){
           fiveNumber=fiveNumber+1;
           System.out.println(s+"给售票员 5 元钱，售票员卖给"+s+"一张票，不必找赎");
```

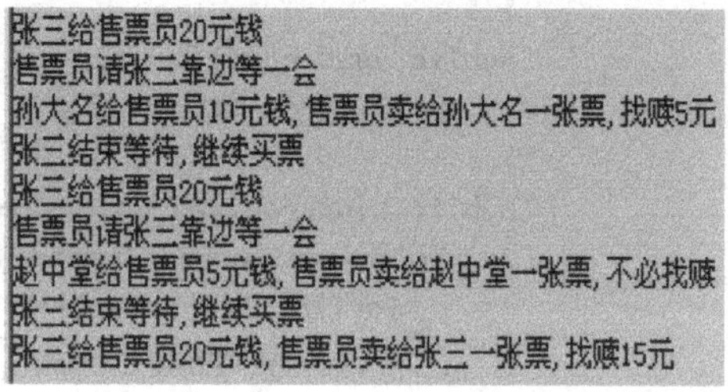
张三给售票员20元钱
售票员请张三靠边等一会
孙大名给售票员10元钱, 售票员卖给孙大名一张票, 找赎5元
张三结束等待, 继续买票
张三给售票员20元钱
售票员请张三靠边等一会
赵中堂给售票员5元钱, 售票员卖给赵中堂一张票, 不必找赎
张三结束等待, 继续买票
张三给售票员20元钱, 售票员卖给张三一张票, 找赎15元

图 8-9　wait()和 notifyAll()方法

```
    }
    else if(receiveMoney==10){
       while(fiveNumber<1){
          try{
             System.out.println(s+"给售票员 10 元钱");
             System.out.println("售票员请"+s+"靠边等一会");
             wait();           // 如果线程占有 CPU 期间执行了 wait()，就进入中断状态
             System.out.println(s+"结束等待，继续买票");
          }
          catch(InterruptedException e){ }
       }
       fiveNumber=fiveNumber-1;
       tenNumber=tenNumber+1;
       System.out.println(s+"给售票员 10 元钱,售票员卖给"+s+"一张票，找赎 5 元");
    }
    else if(receiveMoney==20){
       while(fiveNumber<1||tenNumber<1){
          try{
             System.out.println(s+"给售票员 20 元钱");
             System.out.println("售票员请"+s+"靠边等一会");
             wait();           // 如果线程占有 CPU 期间执行了 wait()，就进入中断状态
             System.out.println(s+"结束等待，继续买票");
          }
          catch(InterruptedException e){ }
       }
       fiveNumber=fiveNumber-1;
       tenNumber=tenNumber-1;
       twentyNumber=twentyNumber+1;
       System.out.println(s+"给售票员 20 元钱，售票员卖给"+s+"一张票，找赎 15 元");
    }
    notifyAll();
  }
 }
```

8.9　挂起、恢复和终止线程

　　前面讨论了线程同步问题，即几个线程都需要调用一个同步方法，一个线程在使用同步方法时，可能根据问题的需要，必须使用 wait()方法使本线程等待，暂时让出 CPU 的使用权，并允许其他线程使用这个同步方法。其他线程使用这个同步方法时如果不需要等待，那么它用完这个同步方法的同时，应当执行 notifyAll()方法，通知所有的由于使用这个同步方法而处于等待的线程结束等待。

　　有时两个线程并不是同步的，即不涉及都需要调用一个同步方法，但线程可能需要暂时挂起。所谓挂起一个线程，就是让线程暂时让出 CPU 的使用权限，暂时停止执行，但停止执行的持续时间不确定，因此不能使用 sleep()方法暂停线程。

　　如果线程有目标对象，那么当前线程在占有 CPU 期间，只要让其目标对象在某个同步方法中调用 wait()方法就可以挂起当前线程。为了恢复这个挂起的线程（从曾中断处继续线程的执行），其他线程在占有 CPU 资源期间，让挂起的线程的目标对象在同步方法中调用

notifyAll()方法即可。

对于没有目标对象的线程（用 Thread 子类创建的线程），那么当前线程当前线程在占有 CPU 期间，只要在某个同步方法中调用 wait()方法就可以挂起自己。为了恢复这个挂起的线程，其他线程在占有 CPU 资源期间，让挂起的线程在同步方法中调用 notifyAll()方法即可。

终止线程就是让线程结束 run()方法的执行进入死亡状态。

【例 8-13】 线程 thread 每隔 1 秒输出一个整数，输出 3 个整数后，该线程挂起；主线程负责恢复 thread 线程继续执行。

```java
public class Example8_13{
   public static void main(String args[]){
      A target=new A();                              // 线程 thread 的目标对象
      Thread thread=new Thread(target);
      thread.setName("张三");
      thread.start();
      while(target.getStop()==false){ }
      System.out.println("我是主线程，负责恢复"+thread.getName()+"线程");
      target.restart();                              // 恢复 thread 线程
   }
}
class A implements Runnable{
   int   number=0;
   boolean  stop=false;
   boolean getStop(){
      return stop;
   }
   public void run(){
      while(true){
         number++;
         System.out.println(Thread.currentThread().getName()+"的 number="+number);
         if(number==3){
            try{
               System.out.println(Thread.currentThread().getName()+"被挂起");
               stop=true;
               hangUP();                             // 挂起线程
               System.out.println(Thread.currentThread().getName()+"恢复执行");
            }
            catch(Exception e){ }
         }
         try{ Thread.sleep(1000); }
         catch(Exception e){ }
      }
   }
   public synchronized void  hangUP() throws InterruptedException{
      wait();
   }
   public synchronized void  restart(){
      notifyAll();
   }
}
```

【例 8-14】 thread 是用 Thread 的子类创建的对象,每隔 1 秒输出一个整数,输出 3 个整数后,该线程挂起。主线程负责恢复 thread 线程继续执行。

```java
public class Example8_14{
  public static void main(String args[]){
    MyThread thread=new MyThread();
    thread.setName("张三");
    thread.start();
    while(thread.getStop()==false) { }
    System.out.println("我是主线程,负责恢复"+thread.getName()+"线程");
    thread.restart();                          // 恢复 thread 线程
  }
}
class MyThread extends Thread{
  int  number=0;
  boolean  stop=false;
  boolean getStop(){
    return stop;
  }
  public void run(){
    while(true){
      number++;
      System.out.println(Thread.currentThread().getName()+"的 number="+number);
      if(number==3){
        try{
          System.out.println(Thread.currentThread().getName()+"被挂起");
          stop=true;
          hangUP();                            // 挂起线程
          System.out.println(Thread.currentThread().getName()+"恢复执行");
        }
        catch(Exception e){ }
      }
      try{  Thread.sleep(1000);  }
      catch(Exception e){ }
    }
  }
  public synchronized void hangUP() throws InterruptedException{
    wait();
  }
  public synchronized void restart(){
    notifyAll();
  }
}
```

8.10 线程联合

一个线程 A 在占有 CPU 资源期间,可以让其他线程调用 join()和本线程联合,如

B.join();

我们称 A 在运行期间联合了 B。如果线程 A 在占有 CPU 资源期间一旦联合线程 B,那么 A

线程将立刻中断执行，一直等到它联合的线程 B 执行完毕，线程 A 再重新排队等待 CPU 资源，以便恢复执行。如果 A 准备联合的 B 已经结束，那么 B.join()不会产生任何效果。

【例 8-15】 一个线程在运行期间联合另一个线程（效果如图 8-10 所示）。

```java
public class Eample8_15{
    public static void main(String args[ ]){
        Company a=new Company ();
        a.employee.start();
    }
}
class Company implements Runnable{
    Thread boss,employee;
    String content[ ]={"今天晚上,","大家不要","回去的太早,","还有工作","需要大家做!"};
    Company(){
        employee=new Thread(this);
        boss=new Thread(this);
        boss.setName("老板");
    }
    public void run(){
        if(Thread.currentThread()==employee){
            System.out.println("我等"+boss.getName()+"说完再说话");
            boss.start();
            while(boss.isAlive()==false){}
            try{ boss.join(); }                        // 线程 employee 开始等待 boss 结束
            catch(InterruptedException e){ }
            System.out.printf("\n 我开始说话：\"我明白你的意思了，谢谢\"");
        }
        else if(Thread.currentThread()==boss){
            System.out.println(boss.getName()+"说：");
            for(int i=0;i<content.length;i++){
                System.out.print(content[i]) ;
                try { Thread.sleep(1000); }
                catch(InterruptedException e){ }
            }
        }
    }
}
```

图 8-10　线程联合

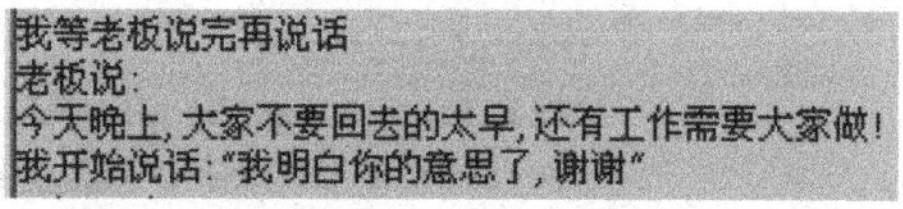

```
我等老板说完再说话
老板说:
今天晚上, 大家不要回去的太早, 还有工作需要大家做!
我开始说话: "我明白你的意思了, 谢谢"
```

8.11　守护线程

线程调用 void setDaemon(boolean on)方法可以将自己设置成一个守护（Daemon）线程，如

```
thread.setDaemon(true)
```

则线程默认是非守护线程，非守护线程也称为用户（user）线程。

当程序中的所有用户线程都已结束运行时，即使守护线程的 run()方法中还有需要执行的语句，守护线程也立刻结束运行。一般，用守护线程做一些不是很严格的工作，线程的随时结束不会产生什么不良的后果。一个线程必须在运行之前设置自己是否是守护线程。

【例 8-16】 守护线程。

```java
class Daemon implements
```

```
            Thread A, B;
            Daemon(){
                A=new Thread(this);
                B=new Thread(this);
            }
            public void run(){
                if(Thread.currentThread()==A){
                    for(int i=0;i<8;i++){
                        System.out.println("i="+i) ;
                        try {  Thread.sleep(1000);  }
                        catch(InterruptedException e){ }
                    }
                }
                else if(Thread.currentThread()==B){
                    while(true){
                        System.out.println("线程 B 是守护线程");
                        try{  Thread.sleep(1000);  }
                        catch(InterruptedException e){ }
                    }
                }
            }
        }
        public class Example8_6{
            public static void main(String args[ ]){
                Daemon a=new Daemon ();
                a.A.start();
                a.B.setDaemon(true);
                a.B.start();
            }
        }
```

问 答 题

1. 线程和进程是什么关系？

2. 线程有几种状态？

3. 引起线程中断的常见原因是什么？

4. 一个线程执行完 run()方法后，进入了什么状态？该线程还能再调用 start()方法吗？

5. 线程在什么状态时，调用 isAlive()方法返回的值是 false？

6. 线程调用 interrupt()的作用是什么？

7. 将例 8-11 中 Bank 类中的 saveOrTake()方法前的 synchronized 修饰去掉。然后重新编译、运行例 8-11，注意观察运行结果。

8. wait()、notify()和 notifyAll()的作用分别是什么？

9. 将例 8-12 中 TicketSeller 类中出现的循环条件

```
            while(fiveNumber<1)
```

改写成：

```
            if(fiveNumber<1)
```

是否合理？说明你的理由。

10. 将例 8-12 中 TicketSeller 类中出现的

```
        wait();
```
改写成：
```
        Thread.sleep(2000)
```
然后重新编译、运行例 8-12，注意观察运行结果。

11. 什么叫守护线程？

作 业 题

1. 上机调试例 8-1，反复运行，观察每次运行的结果是否相同。

2. 模仿例 8-2，编写 3 个线程，分别在命令行窗口输出信息。

3. 模仿例 8-4，编写 3 个线程，使它们有更多的共享单元。

4. 模仿例 8-12，设计 5 个人排队买票，并规定卖票规则和排队顺序。

第9章　输入流和输出流

当程序需要读取磁盘上的数据或将程序中得到数据存储到磁盘时，就可以使用输入/输出流，简称 I/O 流。I/O 流提供一条通道程序，可以使用这条通道读取"源"中的数据，或把数据送到"目的地"。I/O 流中的输入流的指向称为源，程序从指向源的输入流中读取源中的数据（如图 9-1 所示）；输出流的指向称为目的地，程序通过向输出流中写入数据把信息传递到目的地（如图 9-2 所示）。虽然 I/O 流经常与磁盘文件存取有关，但程序的源和目的地也可以是键盘、鼠标、内存或显示器。

图 9-1　输入流示意　　　　　　　　　图 9-2　输出流示意

虽然 Java 在程序结束时自动关闭所有打开的流，但是使用完流后，显式地关闭任何打开的流仍是一个良好的习惯。一个被打开的流可能会用尽系统资源，这取决于平台和实现。如果没有关闭那些被打开的流，那么在这个或另一个程序试图打开另一个流时，这些资源可能得不到。关闭输出流的另一个原因是把缓冲区的内容冲洗掉（通常冲洗到磁盘文件上）。在操作系统把程序写入到输出流的那些字节保存到磁盘上之前，有时被存放在内存缓冲区中，输出流调用 close()方法，可以保证操作系统把流缓冲区的内容写到它的目的地。

Java 的 I/O 流库提供大量的流类（在包 java.io 中），其中有 4 个重要的抽象类：InputStream（字节输入流），Reader（字符输入流），OutputStream（字节输出流）和 Writer（字符输出流）。InputStream 类和 Reader 类为其子类提供了重要的读取数据的 read()方法，OutputStream 类和 Writer 类为其子类提供了重要的写入数据的 write()方法。

9.1 文件

在讲解流之前，我们有必要学习 File 类，因为很多流的读、写与文件有关。

Java 使用 File 类创建的对象来获取文件本身的一些信息，如文件所在的目录、文件的长度、文件读写权限等，文件对象并不涉及对文件的读写操作。

创建一个 File 对象的构造方法有 3 个：

```
File(String filename)
File(String directoryPath, String filename)
File(File f, String filename)
```

其中，filename 是文件名字，directoryPath 是文件的路径，f 是一个目录。

使用 File(String filename)创建文件时，该文件被认为是与当前应用程序在同一目录中。

1．文件的属性

使用 File 类的下列方法可以获取文件本身的一些信息：

❖ public String getName() ——获取文件的名字。

❖ public boolean canRead() ——判断文件是否是可读的。

❖ public boolean canWrite() ——判断文件是否可被写入。

❖ public boolean exits() ——判断文件是否存在。

❖ public long length() ——获取文件的长度（单位是字节）。

❖ public String getAbsolutePath() ——获取文件的绝对路径。

❖ public String getParent() ——获取文件的父目录。

❖ public boolean isFile() ——判断文件是否是一个正常文件，而不是目录。

❖ public boolean isDirectroy() ——判断文件是否是一个目录。

❖ public boolean isHidden() ——判断文件是否是隐藏文件。

❖ public long lastModified() ——获取文件最后修改的时间（时间是从 1970 年午夜至文件最后修改时刻的毫秒数。

2．目录

（1）创建目录

File 对象调用方法 public boolean mkdir()创建一个目录，如果创建成功，则返回 true，否则返回 false（如果该目录已经存在）。

（2）列出目录中的文件

如果 File 对象是一个目录，那么该对象可以调用下述方法列出该目录下的文件和子目录：

❖ public String[] list() ——用字符串形式返回目录下的全部文件。

❖ public File [] listFiles() ——用 File 对象形式返回目录下的全部文件。

我们有时需要列出目录下指定类型的文件，如.java、.txt 等扩展名的文件。File 类的下述两个方法可以列出指定类型的文件：

❖ public String[] list(FilenameFilter obj) ——用字符串形式返回目录下指定类型的所有文件。

❖ public File [] listFiles(FilenameFilter obj) ——用 File 对象返回目录下指定类型所有文件。

FilenameFilter 是一个接口，该接口有一个方法：

```
public boolean accept(File dir, String name)
```

使用 list()方法时，需向该方法传递一个实现 FilenameFilter 接口的对象。list()方法执行时，参数不断回调接口方法 accept(File dir, String name)，参数 name 被实例化目录中的一个文件名，参数 dir 为调用 list 的当前对象，当接口方法返回 true 时，list()方法就将目录 dir 中的文件存放到返回的数组中。

3．文件的创建与删除

使用 File 类创建一个文件对象后，如

```
File f=new File("C:\myletter","letter.txt")
```

如果 C:\myletter 目录中没有名为 letter.txt 的文件，则文件对象 f 调用方法 public boolean createNewFile()在 C:\myletter 目录中建立一个名字为 letter.txt 的文件。文件对象调用方法 public boolean delete()可以删除当前文件，如

```
f.delete();
```

【例 9-1】 列出 D:\ch9 目录下 Java 源文件的名字及其大小，并删除 D:\ch9 中的一个 Java 源文件。

```
import java.io.*;
class FileAccept implements FilenameFilter{
    String str=null;
    FileAccept(String s){
        str="."+s;
    }
    public boolean accept(File dir,String name){
        return name.endsWith(str);
    }
}
public class Example9_1{
    public static void main(String args[ ]){
        File dir=new File("D:/ch9");        // 不可写成 D:\ch9 , 可以写成 D:\\ch9 或 D/ch9
        FileAccept acceptCondition=new FileAccept("java");
        File fileName[]=dir.listFiles(acceptCondition);
        for(int i=0;i<fileName.length;i++){
            System.out.printf("\n 文件名称:%s , 长度:%d",
                                    fileName[i].getName(), fileName[i].length());
        }
        boolean boo=false;
        if(fileName.length>0)
            boo=fileName[0].delete();
        if(boo)
            System.out.printf("\n 文件 : %s 被删除 : ", fileName[0].getName());
    }
}
```

4．运行可执行文件

要执行一个本地机上的可执行文件时，可以使用 java.lang 包中的 Runtime 类。首先使用 Runtime 类声明一个对象，如

```
Runtime ec;
```

然后使用该类的静态 getRuntime()方法创建这个对象：

```
ec=Runtime.getRuntime();
```

ec 可以调用 exec(String command)方法打开本地的可执行文件或执行一个操作。

【例 9-2】 Runtime 对象打开 Windows 平台上的绘图程序和记事本程序。

```
import java.awt.*;
import java.io.*;
import java.awt.event.*;
public class Example9_2{
    public static void main(String args[]){
        try{
            Runtime ce=Runtime.getRuntime();
            ec.exec("javac Example9_1.java");
            File file=new File("C:\\Windows","Notepad.exe");
            ec.exec(file.getAbsolutePath());
        }
        catch(Exception e){ }
    }
}
```

9.2 文件字节流

1. FileInputStream 类

FileInputStream 类是 InputStream 的子类，称为文件字节输入流。该类的所有方法都是从 InputStream 类继承来的。文件字节输入流按字节读取文件中的数据。为了创建 FileInputStream 类的对象，可以使用下列构造方法：

```
FileInputStream(String name)
FileInputStream(File file)
```

第一个构造方法使用给定的文件名 name 创建一个 FileInputStream 对象。第二个构造方法使用 File 对象创建 FileInputStream 对象。构造方法参数指定的文件称为输入流的源，输入流通过使用 read()方法从输入流读出源中的数据。

我们将要建立的许多程序都需要从文件中检索信息。为了读取文件，可以使用文件输入流对象，该输入流的源就是要读取的文件。

例如，为了读取一个名为 myfile.dat 的文件，建立一个文件输入流对象，代码如下：

```
try{  FileInputStream ins = new FileInputStream("myfile.dat");  }
catch (IOException e ){  System.out.println(e );  }
```

或

```
try{
    File f = new File("myfile.dat");
    FileInputStream istream = new FileInputStream(f);
}
catch(IOException e ){  System.out.println(e );  }
```

使用文件输入流构造器建立通往文件的输入流时，可能出现错误（也被称为异常）。例如，试图打开的文件不存在时会出现 I/O 错误，生成一个出错信号，它使用 IOException 对象来表示这个出错信号。程序必须使用 try-catch 块检测并处理这个异常。

输入流的唯一目的是提供通往数据的通道，程序可以通过这个通道读取数据，read()方法给程序提供一个从输入流中读取数据的基本方法。

read()方法的格式如下：

```
int read()
```

read()方法从输入流中顺序读取单字节的数据。该方法返回字节值（0～255 之间的一个整数），读取位置到达文件末尾，则返回-1。

read()方法还有其他形式，这些形式能使程序把多字节读到一个字节数组中：

```
int read(byte b[])
int read(byte b[], int off, int len)
```

其中，参数 off 指定 read()方法把数据存放在字节数组 b 中的位置，参数 len 指定该方法将读取的最大字节数。上面的两个 read()方法都返回实际读取的字节数，如果它们到达输入流的末尾，则返回-1。

FileInputStream 流顺序地读取文件，只要不关闭流，每次调用 read()方法就顺序地读取文件中的其余内容，直到文件的末尾或流被关闭。

2．FileOutputStream 类

与 FileInputStream 类相对应的类是 FileOutputStream 类。FileOutputStream 提供了基本的文件写入能力，是 OutputStream 的子类，称为文件字节输出流。文件字节输出流按字节将数据写入到文件中。为了创建 FileOutputStream 类的对象，可以使用下列构造方法：

```
FileOutputStream(String name)
FileOutputStream(File file)
```

第一个构造方法使用给定的文件名 name 创建一个 FileOutputStream 对象。第二个构造方法使用 File 对象创建 FileOutputStream 对象。构造方法参数指定的文件称为输出流的目的地。注意，对于 FileOutputStream(String name)和 FileOutputStream(File file)构造方法创建的输出流，如果输出流指向的文件不存在，Java 就会创建该文件，如果执向的文件是已存在的文件，输出流将刷新该文件（使得文件的长度为 0）。

可以使用 FileOutputStream 类的下列能选择是否具有刷新功能的构造方法创建指向文件的输出流：

```
FileOutputStream(String name, boolean append);
FileOutputStream(File file, boolean append);
```

当用构造方法创建指向一个文件的输出流时，如果参数 append 取值 true，输出流不会刷新所指向的文件（假如文件已存在）。

输出流使用 write()方法把数据写入输出流到达目的地。write()的用法如下：

❖ public void write(byte b[]) ——写 b.length 字节到输出流。

❖ public void.write(byte b[], int off, int len) ——从给定字节数组中起始于偏移量 off 处写 len 字节到输出流，参数 b 是存放了数据的字节数组。

只要不关闭流，每次调用 writer()方法就顺序地向文件写入内容，直到流被关闭。

【例 9-3】　先将"欢迎 welcome"写入到文件"hello.txt"中，再读取该文件中的内容。

```
import java.io.*;
public class Example9_3{
    public static void main(String args[ ]){
        File file=new File("hello.txt");
        byte b[]="欢迎 welcome".getBytes();
        try{
```

```
            FileOutputStream out=new FileOutputStream(file);
            out.write(b);
            out.close();
            FileInputStream in=new FileInputStream(file);
            int n=0;
            while((n=in.read(b,0,2))!=-1){
                String str=new String(b,0,n);
                System.out.println(str);
            }
        }
        catch(IOException e){ System.out.println(e); }
    }
}
```

9.3　文件字符流

1．FileReader 类

FileReader 类是 Reader 的子类，称为文件字符输入流。文件字符输入流按字符读取文件中的数据。字节流不能直接操作 Unicode 字符，所以 Java 提供了字符流，由于汉字在文件中占用 2 字节，如果使用字节流，读取不当会出现乱码现象。采用字符流就可以避免这个现象，在 Unicode 字符中，一个汉字被看成一个字符。

为了创建 FileReader 类的对象，可以使用下列构造方法：

```
            FileReader(String name)
            FileReader (File file)
```

第一个构造方法使用给定的文件名 name 创建一个 FileReader 对象。第二个构造方法使用 File 对象创建 FileReader 对象。构造方法参数指定的文件称为输入流的源，输入流通过使用 read()方法从输入流读出源中的数据。

❖ int read() ——输入流调用该方法从源中读取一个字符，该方法返回一个整数（0～65535 之间的一个整数，Unicode 字符值）。如果未读出字符，则返回–1。

❖ int read(char b[ ]) ——输入流调用该方法从源中读取 b.length 个字符到字符数组 b 中，返回实际读取的字符数目。如果到达文件的末尾，则返回–1。

❖ int read(char b[ ], int off, int len) ——输入流调用该方法从源中读取 len 个字符并存放到字符数组 b 中，返回实际读取的字符数目。如果到达文件的末尾，则返回–1。其中，参数 off 指定该方法从字符数组 b 中的什么地方存放数据。

2．FileWriter 类

FileWriter 提供了基本的文件写入功能。FileWriter 类是 Writer 的子类，称为文件字符输出流。文件字符输出流按字符将数据写入到文件中。为了创建 FileWriter 类的对象，可以使用下列构造方法：

```
            FileWriter(String name)
            FileWriter (File file)
```

第一个构造方法使用给定的文件名 name 创建一个 FileWriter 对象。第二个构造方法使用 File 对象创建 FileWriter 对象。构造方法参数指定的文件称为输出流的目的地。注意，对于 FileWriter(String name)和 FileWriter(File file)构造方法创建的输出流，如果输出流指向的文件不存在，Java 就会创建该文件，如果指向的文件是已存在的文件，则输出流将刷新该文件（使得文件的长度为 0）。

可以使用 FileWriter 类的下列选择是否具有刷新功能的构造方法创建指向文件的输出流：

```
FileWriter (String name, boolean append)
FileWriter (File file, boolean append)
```

当用构造方法创建指向一个文件的输出流时，如果参数 append 取值 true，输出流不会刷新所指向的文件（假如文件已存在）。

输出流使用 write() 方法把数据写入输出流到达目的地。write() 的用法如下：

- ❖ public void write(char b[]) ——写 b.length 个字符到输出流。
- ❖ public void.write(char b[],int off,int len) ——从给定字符数组中起始于偏移量 off 处写 len 个字符到输出流，参数 b 是存放了数据的字符数组。
- ❖ void write(String str) ——把字符串中的全部字符写入到输出流。
- ❖ void write(String str,int off,int len) ——从字符串 str 中起始于偏移量 off 处写 len 个字符到输出流。

只要不关闭流，每次调用 writer() 方法就顺序地向文件写入内容，直到流被关闭。

【例 9-4】　先用字符输出流向一个已经存在的文件尾加若干个字符，再用字符输入流读出文件中的内容。

```
import java.io.*;
public class Eample9_4{
    public static void main(String args[ ]){
        File file=new File("hello.txt");
        char b[]="欢迎 welcome".toCharArray();
        try{
            FileWriter out=new FileWriter(file,true);
            out.write(b);
            out.write("来到北京！");
            out.close();
            FileReader in=new FileReader(file);
            int  n=0;
            while((n=in.read(b,0,2))!=-1){
                String str=new String(b,0,n);
                System.out.print(str);
            }
            in.close();
        }
        catch(IOException e){   System.out.println(e);   }
    }
}
```

> 对于输入流，write() 方法将数据首先写入到缓冲区，每当缓冲区溢出时，缓冲区的内容被自动写入到目的地，如果关闭流，缓冲区的内容会立刻被写入到目的地。流调用 flush() 方法可以立刻冲洗当前缓冲区，即将当前缓冲区的内容写入到目的地。

9.4　缓冲流

1. BufferedReader 类

BufferedReader 类创建的对象称为缓冲输入流，该输入流的指向必须是一个 Reader 流，称为 BufferedReader 流的底层流，底层流负责将数据读入缓冲区。BufferedReader 流的源就是这个缓冲区，缓冲输入流再从缓冲区中读取数据。

　　如果在读取文件时，每次准备读取文件的一行，仅仅使用前面学习过的 FileReader 就很难办到，因为无法知道每行有多少个字符，FileReader 没有提供读取整行的方法。为了能实现按行读取，我们可以将 BufferedReader 与 FileReader 连接，然后 BufferedReader 就可以按行读取 FileReader 指向的文件。

　　BufferedReader 的构造方法如下：

```
BufferedReader(Reader in)
```

BufferedReader 流能够读取文本行，方法是 readLine()。可以向 BufferedReader 传递一个 Reader 对象（如 FileReader 的实例）来创建一个 BufferedReader 对象：

```
FileReader inOne=new FileReader("Student.txt")
BufferedReader inTwo=new BufferedReader(inOne);
```

然后 inTwo 调用 readLine()顺序读取文件"Student.txt"的一行。

2．BufferedWriter 类

　　类似地，可以将 BufferedWriter 流和 FileWriter 流连接在一起，然后使用 BufferedWriter 流将数据写到目的地。FileWriter 流称为 BufferedWriter 的底层流，BufferedWriter 流将数据写入缓冲区，底层流负责将数据写到最终的目的地。例如：

```
FileWriter tofile=new FileWriter("hello.txt")
BufferedWriter out=new BufferedWriter(tofile)
```

BufferedReader 流调用方法

```
write(String str)
write(String s,int off,int len)
```

把字符串 s 或 s 的一部分写入到目的地。

　　BufferedWriter 调用 newLine()方法向文件写入一个回行，调用 flush()可以刷新缓冲区。

　　【例 9-5】　将文件"Student.txt"中的内容按行读出，并写入到另一个文件中，且给每行加上行号。

```
import java.io.*;
public class Example9_5{
    public static void main(String args[ ]){
        File readFile=new File("Student.txt"),
        writeFile=new File("Hello.txt");
        try{
            FileReader inOne=new FileReader("Student.txt");
            BufferedReader inTwo= new BufferedReader(inOne);
            FileWriter tofile=new FileWriter("hello.txt");
            BufferedWriter out= new BufferedWriter(tofile);
            String s=null;
            int  i=0;
            while((s=inTwo.readLine())!=null){
                i++;
                out.write(i+" "+s);
                out.newLine();
            }
            out.flush();
            out.close();
            tofile.close();
            inOne=new FileReader("hello.txt");
```

```
            inTwo= new BufferedReader(inOne);
            while((s=inTwo.readLine())!=null){
                System.out.println(s);
            }
            inOne.close();
            inTwo.close();
        }
        catch(IOException e){   System.out.println(e);   }
    }
}
```

3．标准化考试

标准化试题文件的格式要求如下：① 每道题目之间用一个或多个星号（*）字符分隔（最后一个题目的最后一行也是*）；② 每道题目提供 A、B、C、D 四个选择（单项选择）。

例如，下列 test.txt 是一套标准化考试的试题文件。

```
                        test.txt
        1. 北京奥运是什么时间开幕的？
        A．2008-08-08          B．2008-08-01
        C．2008-10-01          D．2008-07-08
        *********************
        2. 下列哪个国家不属于亚洲？
        A．沙特     B．印度       C．巴西       D．越南
        *********************
        3. 下列哪个国家最爱足球？
        A．刚果     B．越南       C．老挝       D．巴西
        *********************
        4. 下列哪种动物属于猫科动物？
        A．鬣狗     B．犀牛       C．大象       D．狮子
        *********************
```

【例 9-6】 使用输入流读取试题文件，每次显示试题文件中的一道题目。读取到字符"*"时暂停读取，等待用户从键盘输入答案。用户做完全部题目后，程序给出用户的得分。程序运行效果如图 9-3 所示。

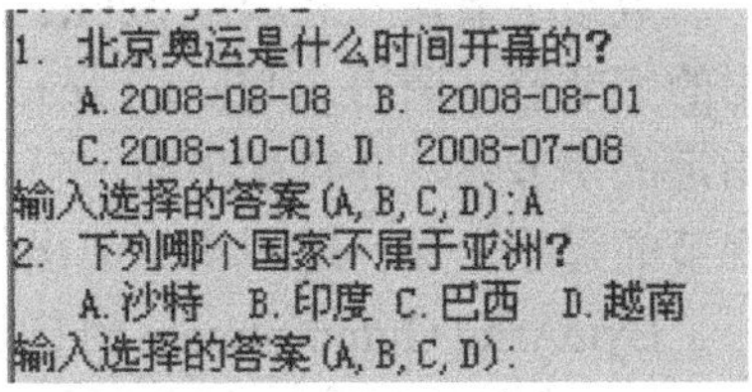

图 9-3　标准化考试

```
import java.io.*;
import java.util.Scanner;
public class Example9_6{
    public static void main(String args[ ]){
        Scanner inputAnswer =new Scanner(System.in);
        int score=0;
        StringBuffer answer=new StringBuffer();        // 存放用户的回答
        String result="ABCD";                          // 存放正确的答案
        try{
            FileReader inOne=new FileReader("test.txt");
            BufferedReader inTwo= new BufferedReader(inOne);
            String s=null;
            while((s=inTwo.readLine())!=null){
                if(!s.startsWith("*"))
                    System.out.println(s);
```

```
      else{
         System.out.print("输入选择的答案(A,B,C,D):");
         String str=inputAnswer.nextLine();
         try{
            char c = str.charAt(0);
            answer.append(c);
         }
         catch(StringIndexOutOfBoundsException exp){  answer.append("*");   }
      }
   }
   inOne.close();
   inTwo.close();
}
catch(IOException exp){ }
for(int i=0; i<result.length(); i++){
   if(result.charAt(i)==answer.charAt(i) || result.charAt(i)==answer.charAt(i)-32)
      score++;
}
System.out.printf("最后的得分：%d\n", score);
   }
}
```

9.5　数组流

流的源和目标除了可以是文件外，还可以是计算机内存。字节输入流 ByteArrayInputStream 和字节输出流 ByteArrayOutputStream 分别使用字节数组作为流的源和目标。ByteArrayInputStream 流构造字节数组输入流对象的构造方法如下：

```
ByteArrayInputStream(byte[] buf)
ByteArrayInputStream(byte[] buf,int offset,int length)
```

第一个构造方法构造的数组字节流的源是参数 buf 指定的数组的全部字节单元，第二个构造方法构造的数组字节流的源是参数 buf 指定的数组从 offset 处取的 length 字节单元。

数组字节输入流调用 public int read()方法可以顺序地从源中读出 1 字节，该方法返回读出的字节值；调用 public int read(byte[] b, int off, int len)方法可以顺序地从源中读出参数 len 指定的字节数，并将读出的字节存放到参数 b 指定的数组中，参数 off 指定数组 b 存放读出字节的起始位置，返回实际读出的字节数。如果未读出字节，read()方法返回-1。

ByteArrayOutputStream 流构造字节数组输出流对象的构造方法如下：

```
ByteArrayOutputStream()
ByteArrayOutputStream(int size)
```

第一个构造方法构造的数组字节输出流指向一个默认大小为 32 字节的缓冲区，如果输出流向缓冲区写入的字节数大于缓冲区，缓冲区的容量会自动增加。第二个构造方法构造的数组字节输出流指向的缓冲区的初始大小由参数 size 指定，如果输出流向缓冲区写入的字节数大于缓冲区时，缓冲区的容量会自动增加。

数组字节输出流调用 public void write(int b)方法可以顺序地向缓冲区写入 1 字节；调用 public void write(byte[] b, int off, int len)方法可以将参数 b 中指定的 len 字节顺序地写入缓冲区，参数 off 指定从 b 中写出的字节的起始位置；调用 public byte[] toByteArray()方法可以返回输出流写入到缓冲区的全部字节。

数组字节流读写操作不会发生 IOException 异常。

【例 9-7】 向内存（输出流的缓冲区）写入 ASCII 表，再读出这些字节及其对应的字符。

```java
import java.io.*;
public class Example9_7{
    public static void main(String args[]){
        int n=-1;
        ByteArrayOutputStream out=new ByteArrayOutputStream();
        for(int i=1;i<=127;i++)
            out.write(i);
        ByteArrayInputStream in=new ByteArrayInputStream(out.toByteArray());
        while((n=in.read())!=-1){
            if(n%2==0)
                System.out.printf("\n");
            System.out.printf("\t字节%d,对应字符\'%c\'",n,(char)n);
        }
    }
}
```

与数组字节流对应的是数组字符流 CharArrayReader 和 CharArrayWriter 类，数组字符流分别使用字符数组作为流的源和目标。与数组字节流不同的是，数组字符流的读操作可能发生 IOException 异常。

【例 9-8】 将 Unicode 表中的一些字符写入内存，再读出。

```java
import java.io.*;
public class Example9_8{
    public static void main(String args[ ]){
        int n=-1;
        CharArrayWriter out=new CharArrayWriter();
        for(int i=20320; i<=20520; i++){
            out.write(i);
        }
        CharArrayReader in=new CharArrayReader(out.toCharArray());
        try{
            while((n=in.read())!=-1){
                if(n%2==0){
                    System.out.printf("\n");
                }
                System.out.printf("\t位置%d,字符\'%c\'", n, (char)n);
            }
        }
        catch(IOException e){ }
    }
}
```

9.6 字符串流

StringReader 使用字符串作为流的源。下列构造方法可以构造字符串输入流对象：

```java
public StringReader(String s)
```

该构造方法构造的输入流指向参数 s 指定的字符串，字符串输入流调用 public int read()

方法顺序读出源中的一个字符，并返回字符在 Unicode 表中的位置；调用 public int read(char[] b, int off, int len)方法可以顺序地从源中读出参数 len 指定的字符个数，并将读出的字符存放到参数 b 指定的数组中，参数 off 指定数组 b 存放读出字符的起始位置，该方法返回实际读出的字符个数。如果未读出字节，read()方法返回–1。

StringWriter 将内存作为流的目的地。下列 StringWriter 流的两个构造方法可以构造字符串输出流对象：

```
StringWriter()
StringWriter(int size)
```

第一个构造方法构造的字符串输出流指向一个默认大小的缓冲区，如果输出流向缓冲区写入的字符所占内存的总量大于缓冲区，缓冲区的容量会自动增加。第二个构造方法构造的字符串输出流指向的缓冲区的初始大小由参数 size 指定，如果输出流向缓冲区写入的字符所占内存的总量大于缓冲区，缓冲区的容量会自动增加。

字符串输出流调用下列方法可以向缓冲区写入字符：

```
public void write(int b)
public void write(char[ ] b,int off,int len)
public void write(String str)
public void write(String str,int off,int len)
```

字符串输出流调用 public String toString()方法可以返回输出流写入到缓冲区的全部字符；调用 public void flush()方法可以刷新缓冲区。

9.7　数据流

1. DataInputStream 类和 DataOutputStream 类

DataInputStream 类和 DataOutputStream 类创建的对象称为数据输入流和数据输出流。这两个流很有用，它们允许程序按照与机器无关的风格读取 Java 原始数据。也就是说，当读取一个数值时，不必关心这个数值应当是多少字节。

2. DataInputStream 类和 DataOutputStream 类的构造方法

DataInputStream(InputStream in) ——将创建的数据输入流指向一个由参数 in 指定的输入流，以便从后者读取数据（按照机器无关的风格读取）。

DataOutputStream(OutnputStream out) ——将创建的数据输出流指向一个由参数 out 指定的输出流，然后通过这个数据输出流把 Java 数据类型的数据写到输出流 out。

表 9.1 给出了 DataInputStream 类和 DataOutputStream 类的常用方法。

【例 9-9】　写几个 Java 类型的数据到一个文件，并读出来。

```java
import java.io.*;
public class Example9_9{
    public static void main(String args[]){
        try{
            FileOutputStream fos=new FileOutputStream("jerry.dat");
            DataOutputStream out_data=new DataOutputStream(fos);
            out_data.writeInt(100);out_data.writeInt(10012);
            out_data.writeLong(123456);
            out_data.writeFloat(3.1415926f); out_data.writeFloat(2.789f);
```

表 9.1　DataInputStream 类和 DataOutputSteam 的部分方法

方　　法	描　　述	方　　法	描　　述
readBoolean()	读取一个布尔值	skipBytes(int n)	跳过给定数量的字节
readByte()	读取一个字节	writeBoolean(boolean v)	把一个布尔值作为单字节值写入
readChar()	读取一个字符	writeBytes(String s)	写入一个字符串
readDouble()	读取一个双精度浮点值	writeChars(String s)	写入字符串
readFloat()	读取一个单精度浮点值	writeDouble(double v)	写入一个双精度浮点值
readInt()	从文件中读取一个 int 值	writeFloat(float v)	写入一个单精度浮点值
readlong()	读取一个长型值	writeInt(int v)	写入一个 int 值
readShort()	读取一个短型值	writeLong(long v)	写入一个长型值
readUnsignedByte()	读取一个无符号字节	writeShort(int v)	写入一个短型值
readUnsignedShort()	读取一个无符号短型值	writeUTF(String s)	写入一个 UTF 字符串
readUTF()	读取一个 UTF 字符串		

```
        out_data.writeDouble(987654321.1234);
        out_data.writeBoolean(true);out_data.writeBoolean(false);
        out_data.writeChars("I am ok");
    }
    catch(IOException e){ }
    try{
        FileInputStream fis=new FileInputStream("jerry.dat");
        DataInputStream in_data=new DataInputStream(fis);
        System.out.println(":"+in_data.readInt());          // 读取第 1 个 int 整数
        System.out.println(":"+in_data.readInt());          // 读取第 2 个 int 整数
        System.out.println(":"+in_data.readLong());         // 读取 long 整数
        System.out.println(":"+in_data.readFloat());        // 读取第 1 个 float 数
        System.out.println(":"+in_data.readFloat());        // 读取第 2 个 float 数
        System.out.println(":"+in_data.readDouble());
        System.out.println(":"+in_data.readBoolean());      // 读取第 1 个 boolean 值
        System.out.println(":"+in_data.readBoolean());      // 读取第 2 个 boolean 值
        char c;
        while((c=in_data.readChar())!='\0')                 // '\0'表示空字符
            System.out.print(c);
    }
    catch(IOException e){ }
    }
}
```

9.8　对象流

　　ObjectInputStream 类和 ObjectOutputStream 类分别是 InputStream 类和 OutputStream 类的子类。ObjectInputStream 类和 ObjectOutputStream 类创建的对象被称为对象输入流和对象输出流。对象输出流使用 writeObject(Object obj)方法将一个对象 obj 写入输出流送往目的地，对象输入流使用 readObject()方法从源中读取一个对象到程序中。

　　ObjectInputStream 类和 ObjectOutputStream 类的构造方法分别是：

```
        ObjectInputStream(InputStream in)
        ObjectOutputStream(OutputStream out)
```

ObjectOutputStream 的指向应当是一个输出流对象，因此当准备将一个对象写入到文件时，先用 FileOutputStream 创建一个文件输出流：

```
FileOutputStream file_out=new FileOutputStream("tom.txt");
ObjectOutputStream object_out=new ObjectOutputStream(file_out);
```

同样，ObjectInputStream 的指向应当是一个输入流对象，因此当准备从文件中读入一个对象到程序中时，先用 FileInputStream 创建一个文件输入流：

```
FileInputStream file_in=new FileInputStream("tom.txt");
ObjectInputStream object_in=new ObjectInputStream(file_in);
```

使用对象流写入或读入对象时，要保证对象是序列化的。这是为了保证能把对象写入到文件，并能再把对象正确读回到程序中。Java 提供的绝大多数对象都是序列化的，如组件等。一个类如果实现了 Serializable 接口，那么这个类创建的对象就是序列化的对象。Serializable 接口中的方法对程序是不可见的，因此实现该接口的类不需要实现额外的方法，当把一个序列化的对象写入到对象输出流时，JVM 就会实现 Serializable 接口中的方法，按照一定格式的文本将对象写入到目的地。注意，使用对象流把一个对象写入到文件时不但保证该对象是序列化的，而且该对象的成员对象也必须是序列化的。

【例 9-10】 实现 Serializable 接口的 Goods 类。

```
import java.io.*;
class Goods implements Serializable{
    String name=null;
    double unitPrice;
    Goods(String name,double unitPrice){
        this.name=name;
        this.unitPrice=unitPrice;
    }
    public void setUnitPrice(double unitPrice){
        this.unitPrice=unitPrice;
    }
    public void setName(String name){
        this.name=name;
    }
    public String getName(){
        return name;
    }
    public double getUnitPrice(){
        return unitPrice;
    }
}
public class Example9_10{
    public static void main(String args[ ]){
        Goods TV1=new Goods("HaierTV",3468);
        try{
            FileOutputStream fileOut=new FileOutputStream("a.txt");
            ObjectOutputStream objectOut=new ObjectOutputStream(fileOut);
            objectOut.writeObject(TV1);
            FileInputStream fileIn=new FileInputStream("a.txt");
            ObjectInputStream objectIn=new ObjectInputStream(fileIn);
            Goods TV2=(Goods)objectIn.readObject();
            TV2.setUnitPrice(8888);
            TV2.setName("GreatWall");
```

```
        System.out.printf("\nTv1:%s,%f",TV1.getName(),TV1.getUnitPrice());
        System.out.printf("\nTv2:%s,%f",TV2.getName(),TV2.getUnitPrice());
    }
    catch(Exception event){   System.out.println(event);   }
  }
}
```

9.9　序列化和对象克隆

如果两个对象有相同的引用，那么它们就具有相同的实体和功能。有时我们想得到对象的一个"副本"，该副本的实体是原对象实体的拷贝。副本实体的变化不会引起原对象实体发生变化。对象调用 clone()方法可以获取对象的"副本"，称为原对象的克隆对象。

对象进行克隆时需要注意：如果原对象有引用型成员变量，那么克隆对象对应的成员变量的引用就与原对象那个成员变量的引用相同，克隆对象对自己的这个成员变量所引用的实体的操作将影响原对象引用型成员变量的实体。这样就涉及深度克隆的问题，因为原对象的成员变量中可能还有其他对象。因此，程序必须重写 clone()方法，增加了编程的难度。

使用对象流很容易获取一个序列化对象的克隆。只需将该对象写入到对象输出流，然后用对象输入流读回的对象就是原对象的一个克隆。

【例 9-11】　将对象写入到内存，然后读回该对象的一个克隆。

```java
import java.io.*;
class Goods implements Serializable{
    String  name=null;
    Goods(String name){
        this.name=name;
    }
    public void setName(String name){
        this.name=name;
    }
    public String getName(){
        return name;
    }
}
class Shop implements Serializable{
    Goods goods[ ];
    public void setGoods(Goods s[ ]){
        goods=s;
    }
    public Goods[ ] getGoods(){
        return goods;
    }
}
public class Example9_11{
    public static void main(String args[ ]){
        Shop  shop1=new Shop();
        Goods  s1[]={new Goods("TV"),new Goods("PC")};
        shop1.setGoods(s1);
        try{
```

```
            ByteArrayOutputStream out=new ByteArrayOutputStream();
            ObjectOutputStream objectOut=new ObjectOutputStream(out);
            objectOut.writeObject(shop1);
            ByteArrayInputStream in=new ByteArrayInputStream(out.toByteArray());
            ObjectInputStream objectIn=new ObjectInputStream(in);
            Shop  shop2=(Shop)objectIn.readObject();
            Goods  good1[ ]=shop1.getGoods();
            Goods  good2[ ]=shop2.getGoods();
            System.out.println("shop1 中的商品：");
            for(int i=0; i<good1.length; i++)
                System.out.println(good1[i].getName());
            System.out.println("shop2 是 shop1 的一个克隆，shop2 中的商品：");
            for(int i=0; i<good2.length; i++)
                System.out.println(good2[i].getName());
            Goods  s2[]={new Goods("棉花"),new Goods("西服"),new Goods("篮球")};
            shop2.setGoods(s2);            // shop2 更改了其中的商品，但不会影响 shop1 中的商品
            good1=shop1.getGoods();
            good2=shop2.getGoods();
            System.out.println("目前，shop2 中的商品：");
            for(int i=0; i<good2.length; i++)
                System.out.println(good2[i].getName());
            System.out.println("目前，shop1 中的商品：");
            for(int i=0; i<good1.length; i++)
                System.out.println(good1[i].getName());
        }
        catch(Exception event){   System.out.println(event);   }
    }
}
```

9.10 随机读写流

前面学习了用来处理文件的几个文件输入流、文件输出流，而且通过一些例子，已经了解了那些流的功能。Java 提供了专门用来处理文件输入、输出操作的功能更完善的 RandomAccessFile 流。当用户真正需要严格地处理文件时，就可以使用 RandomAccessFile 类来创建一个对象（称为随机读写流）。

RandomAccessFile 类创建的流与前面的输入流、输出流不同，RandomAccessFile 类既不是输入流类 InputStream 的子类，也不是输出流类 OutputStram 的子类。但是 RandomAccessFile 类创建的流的指向既可以作为源，也可以作为目的地。换句话说，想对一个文件进行读、写操作，我们可以创建一个指向该文件的 RandomAccessFile 流即可，这样既可以从这个流中读取文件的数据，也可以通过这个流写入数据到文件。

RandomAccessFile 类有如下两个构造方法：

❖ RandomAccessFile(String name,String mode) ——参数 name 用来确定一个文件名，给出创建的流的源，也是流目的地；参数 mode 取 r（只读）或 rw（可读写），决定创建的流对文件的访问权力。

❖ RandomAccessFile(File file, String mode) ——参数 file 是一个 File 对象，给出创建的流的源，也是流目的地；参数 mode 取 r（只读）或 rw（可读写），决定创建的流对文

件的访问权力。

RandomAccessFile 类中有一个方法 seek(long a)，用来移动 RandomAccessFile 流的读写位置，其中参数 a 确定读写位置距离文件开头的字节位置。流还可以调用 getFilePointer()方法获取当前流在文件中的读写的位置。

RandomAccessFile 流对文件的读写比顺序读写更灵活。表 9.2 给出了 RandomAccessFile 的常用方法。

表 9.2　RandomAccessFile 类的方法

方　　法	描　　述
close()	关闭文件
getFilePointer()	获取文件指针的位置
Length()	获取文件的长度
read()	从文件中读取一个字节的数据
readBoolean()	从文件中读取一个布尔值，0 代表 false，其他值代表 true
readByte()	从文件中读取一个字节
readChar()	从文件中读取一个字符（2 字节）
readDouble()	从文件中读取一个双精度浮点值（8 字节）
readFloat()	从文件中读取一个单精度浮点值（4 字节）
readFully(byte b[])	读 b.length 字节放入数组 b，完全填满该数组
readInt()	从文件中读取一个 int 值（4 字节）
readLine()	从文件中读取一个文本行
readlong()	从文件中读取一个长型值（8 字节）
readShort()	从文件中读取一个短型值（2 字节）
readUnsignedByte()	从文件中读取一个无符号字节（1 字节）
readUnsignedShort()	从文件中读取一个无符号短型值（2 字节）
readUTF()	从文件中读取一个 UTF 字符串
seek()	定位文件指针在文件中的位置
setLength(long newlength)	设置文件的长度
skipBytes(int n)	在文件中跳过给定数量的字节
write(byte b[])	写 b.length 字节到文件
writeBoolean(boolean v)	把一个布尔值作为单字节值写入文件
writeByte(int v)	向文件写入一个字节
writeBytes(String s)	向文件写入一个字符串
writeChar(char c)	向文件写入一个字符
writeChars(String s)	向文件写入一个作为字符数据的字符串
writeDouble(double v)	向文件写入一个双精度浮点值
writeFloat(float v)	向文件写入一个单精度浮点值
writeInt(int v)	向文件写入一个 int 值
writeLong(long v)	向文件写入一个长型 int 值
writeShort(int v)	向文件写入一个短型 int 值
writeUTF(String s)	写入一个 UTF 字符串

【例 9-12】把 5 个 int 类型整数写入到一个名为 tom.dat 的文件中，然后按相反顺序读出这些数据。一个 int 类型数据占 4 字节，首先将读写位置移动到文件的第 16 字节位置，读取 tom.dat 文件中最后一个整数，将读写位置再移动到文件的第 12 字节，读取 tom.dat 文件中倒数第二个整数，以此类推，将 tom.dat 文件中的整数按相反顺序读出。

```
import java.io.*;
public class Example9_12{
    public static void main(String args[]){
        RandomAccessFile inAndOut=null;
        int data[]={20,30,40,50,60};
        try{  inAndOut=new RandomAccessFile("a.dat","rw");  }
        catch(Exception e){ }
        try{
            for(int i=0; i<data.length; i++)
                inAndOut.writeInt(data[i]);
            for(long i=data.length-1; i>=0; i--){
                inAndOut.seek(i*4);
                System.out.printf("\t%d", inAndOut.readInt());
            }
            inAndOut.close();
        }
        catch(IOException e){ }
    }
}
```

RondomAccessFile 流的 readLine()方法在读取包含非 ASCII 字符的文件时（如含有汉字的文件）会出现乱码问题，因此需要把 readLine()读取的字符串用“iso-8859-1”重新编码存放到 byte 数组中，再用当前机器的默认编码将该数组转化为字符串，操作如下：

① 读取

```
String str=in.readLine()
```

② 用“iso-8859-1”重新编码

```
byte b[]=str.getBytes("iso-8859-1")
```

③ 使用当前机器的默认编码将字节数组转化为字符串

```
String content=new String(b)
```

如果机器的默认编码是“GB2312”，那么“String content=new String(b)”等同于“String content=new String(b, "GB2312")”。

【例 9-13】 RondomAccessFile 流使用 readLine()读取一个文件。

```
import java.io.*;
public class Example9_12{
    public static void main(String args[]){
        RandomAccessFile in=null;
        try{
            in=new RandomAccessFile("Example9_13.java","rw");
            long  length=in.length();                    // 获取文件的长度
            long  position=0;
            in.seek(position);                           // 将读取位置定位到文件的头
            while(position<length){
                String  str=in.readLine();
                byte  b[]=str.getBytes("iso-8859-1");
                str=new String(b);
                position=in.getFilePointer();
                System.out.println(str);
            }
        }
```

```
        catch(IOException e){ }
    }
}
```

9.11　使用 Scanner 解析文件

在第 6 章的 6.5 节曾讨论了怎样使用 Scanner 类的对象解析字符串中的数据,本节将讨论怎样使用 Scanner 类的对象解析文件中的数据,其内容与 6.5 节类似。

应用程序可能需要解析文件中的特殊数据,此时应用程序可以把文件的内容全部读入内存后,再使用第 6 章的有关知识解析所需要的内容,其优点是处理速度快,但如果读入的内容较大将消耗较多的内存,即以空间换取时间。

本节介绍怎样借助 Scanner 类和正则表达式来解析文件,如解析出文件中的特殊单词、数字等信息。使用 Scanner 类和正则表达式来解析文件的特点是以时间换取空间,即解析的速度相对较慢,但节省内存。

1．使用默认分隔标记解析文件

创建 Scanner 对象,并指向要解析的文件,例如:

```
File file = new File("hello.java")
Scanner sc = new Scanner(file)
```

那么,sc 将空格作为分隔标记,调用 next()方法依次返回 file 中的单词。如果 file 最后一个单词已被 next()方法返回,sc 调用 hasNext()将返回 false,否则返回 true。

对于数字型的单词,如 108、167.92 等,可以用 nextInt()方法或 nextDouble()方法代替 next()方法,即 sc 可以调用 nextInt()方法或 nextDouble()方法,将数字型单词转化为 int 或 double 数据返回。注意,如果单词不是数字型单词,调用 nextInt()方法或 nextDouble()方法将发生 InputMismatchException 异常,在处理异常时可以调用 next()方法返回该非数字化单词。

【例 9-14】　假设 cost.txt 的内容如下:

TV cost 876 dollar,Computer cost 2398 dollar.The milk cost 98 dollar. The apple cost 198 dollar.

用 Scanner 对象解析文件 cost.txt 中的全部消费并计算总消费。程序运行效果如图 9-4 所示。

```
import java.io.*;
import java.util.*;
public class Example9_14 {
    public static void main(String args[]) {
        File  file = new File("cost.txt");
        Scanner  sc = null;
        int  sum=0;
        try{
            sc = new Scanner(file);
            while(sc.hasNext()){
                try{
                    int price = sc.nextInt();
                    sum = sum+price;
                    System.out.println(price);
                }
                catch(InputMismatchException exp){    String t = sc.next();    }
            }
```

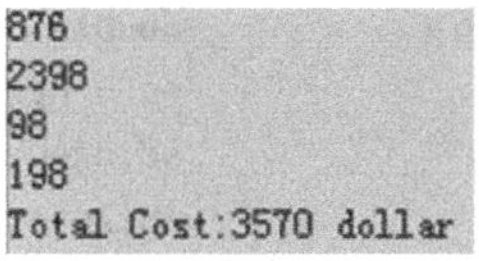

```
876
2398
98
198
Total Cost:3570 dollar
```

图 9-4　解析文件中的价格

```
        System.out.println("Total Cost: "+sum+" dollar");
      }
      catch(Exception exp){   System.out.println(exp);   }
   }
 }
```

2．使用正则表达式作为分隔标记解析文件

创建 Scanner 对象，指向要解析的文件，并使用 useDelimiter()方法指定正则表达式作为分隔标记，如

```
    File  file = new File("hello.java");
    Scanner  sc = new Scanner(file)
    sc.useDelimiter(正则表达式)
```

那么，sc 将正则表达式作为分隔标记，调用 next()方法依次返回 file 中的单词，如果 file 最后一个单词已被 next()方法返回，sc 调用 hasNext()将返回 false，否则返回 true。

对于数字型单词，如 1979、0.618 等，可以用 nextInt()或 nextDouble()方法代替 next()方法，即 sc 可以调用 nextInt()或 nextDouble()方法，将数字型单词转化为 int 或 double 数据返回。注意，如果单词不是数字型单词，调用 nextInt()或 nextDouble()方法将发生 InputMismatchException 异常，那么在处理异常时可以调用 next()方法返回该非数字化单词。

【例 9-15】 使用正则表达式（匹配所有非数字字符串）

```
    String regex="[^0123456789.]+"
```

作为分隔标记，解析 communicate.txt 文件中的通信费用。文件 communicate.txt 的内容如下：

"市话费：176.89 元，长途费：187.98 元，网络费：928.66 元"

程序运行效果如图 9-5 所示。

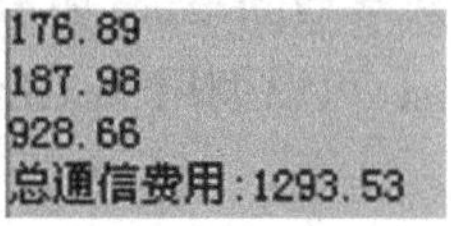

```
    import java.io.*;
    import java.util.*;
    public class Example9_15 {
      public static void main(String args[]) {
        File  file = new File("communicate.txt");
        Scanner  sc = null;
        double  sum=0;
        try{
          double fare=0;
          sc = new Scanner(file);
          sc.useDelimiter("[^0123456789.]+");
          while(sc.hasNextDouble()){
            fare = sc.nextDouble();
            sum = sum+fare;
            System.out.println(fare);
          }
          System.out.println("总通信费用："+sum);
        }
        catch(Exception exp){   System.out.println(exp);   }
      }
    }
```

图 9-5　解析文件中的通信费

3．单词记忆训练

【例 9-16】 基于文本文件的英文单词训练程序，运行效果如图 9-6 所示，具体内容如下：

① 文本文件word.txt的内容由英文单词所构成,单词之间用空格或回行分隔,如"first boy girl hello well"。

② 使用 Scanner 流解析 word.txt 中的单词,并显示在屏幕上,然后要求用户输入该单词。

③ 当用户输入单词时,程序将从屏幕上隐藏掉刚刚显示的单词,以便考核用户是否清晰地记住了这个单词。

④ 程序读取了 word.txt 的全部内容后,将统计出用户背单词的正确率。

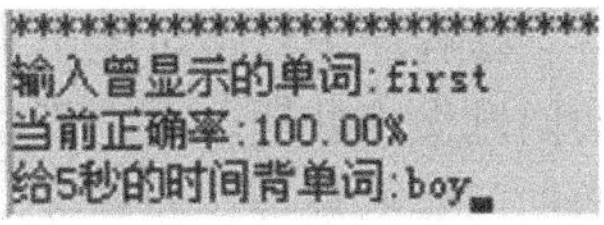

```
import java.io.*;
import java.util.*;
public class E {
    public static void main(String args[]) {
        File file = new File("english.txt");
        TestWord test=new TestWord();
        test.setFile(file);
        test.setStopTime(5);
        test.startTest();
    }
}
class TestWord {
    File file;
    int stopTime;
    public void setFile(File f) {
        file = f;
    }
    public void setStopTime(int t) {
        stopTime = t;
    }
    public void startTest() {
        Scanner  sc = null;
        Scanner  read = new Scanner(System.in);
        int  isRightNumber=0, wordNumber=0;
        try{
            sc = new Scanner(file);
            while(sc.hasNext()){
                wordNumber++;
                String word = sc.next();
                System.out.printf("给%d秒的时间背单词:%s",stopTime,word);
                Thread.sleep(stopTime*1000);
                System.out.printf("\r");                // 将输出光标移动到本行开头(不回行)
                for(int i=1; i<=50; i++)                // 输出50个*,以便擦除曾显示的单词
                    System.out.printf("*");
                System.out.printf("\n 输入曾显示的单词:");
                String input=read.nextLine();
                if(input==null)
                    input="****";
                if(input.equals(word))
                    isRightNumber++;
                System.out.printf("当前正确率:%5.2f%%\n",
                                          100*(float)isRightNumber/wordNumber);
            }
```

图 9-6　背单词

```
****************************
输入曾显示的单词:first
当前正确率:100.00%
给5秒的时间背单词:boy
```

```
            System.out.printf("正确率：%5.2f%%\n", 100*(float)isRightNumber/wordNumber);
        }
        catch(Exception exp){   System.out.println(exp);   }
    }
}
```

9.12   文件锁

在程序中经常可能出现几个线程来处理同一个文件，如更新或读取文件。我们应对这样的问题做出处理，否则可能发生混乱。尽管可以使用多线程的同步来处理这样的问题，但将增加问题的复杂性和难度。JDK 1.4 增加了一个 FileLock 类，该类的对象称为文件锁。

RondomAccessFile 创建的流在读写文件时可以使用文件锁，那么只要不解除该锁，其他线程无法操作被锁定的文件。使用文件锁的步骤如下：

① 使用 RondomAccessFile 流建立指向文件的流对象，该对象的读写属性必须是 "rw"，如

```
RandomAccessFile input=new RandomAccessFile("Example.java","rw")
```

② 流对象 input 调用方法 getChannel()获得一个连接到底层文件的 FileChannel 对象（信道），如

```
FileChannel channel=input.getChannel()
```

③ 信道调用 tryLock()或 lock()方法获得一个 FileLock（文件锁）对象，这一过程也称为对文件加锁，如

```
FileLock lock=channel.tryLock()
```

文件锁对象产生后，将禁止任何程序对文件进行操作，或再进行加锁。对一个文件加锁之后，如果想读、写文件必须让 FileLock 对象调用 release()释放文件锁，如

```
lock.release()
```

FileLock、FileChannel 类分别在 java.nio 和 java.nio.channels 包中，是 JDK 1.4 新增的包。

另外，FileInputStream 和 FileOutputStream 在读、写文件时都可以获得文件锁。

【例 9-17】 Java 程序在读取文件 Example9_1.java 时使用了文件锁，这时用户无法用其他程序来操作文件 Example9_1.java，如在 Java 程序结束前用 Windows 的 "记事本"（Notepad.exe）无法修改、保存 Example9_1.java。

```
import java.io.*;
import java.nio.*;
import java.nio.channels.*;
public class Example9_17{
    public static void main(String args[]){
        int b;
        byte  tom[]=new byte[12];
        try{
            RandomAccessFile input=new RandomAccessFile("Example9_1.java","rw");
            FileChannel channel=input.getChannel();
            while((b=input.read(tom, 0, 10))!=-1) {
                FileLock lock=channel.tryLock();
                String s=new String (tom, 0, b);
                System.out.print(s);
                try{
                    Thread.sleep(1000);
```

```
            lock.release();
        }
        catch(Exception eee){  System.out.println(eee);  }
    }
    input.close();
}
catch(Exception ee){  System.out.println(ee);  }
}
}
```

问 答 题

1. 如果准备读取一个文件的内容，应当使用 FileInputStream 流还是 FileOutputStream 流？
2. FileInputStream 流的 read()方法与 FileReader 流的 read()方法有何不同？
3. BufferedReader 流能直接指向一个文件对象吗？
4. ByteArrayOutputStream 流怎样获取缓冲区中的内容？
5. PipedInputStream 类和 PipedOutputStream 类的主要用途是什么？
6. 使用 ObjectInputStream 类和 ObjectOutputStream 有哪些注意事项？
7. 怎样使用输入流和输出流技术克隆对象？
8. 使用 RandomAccessFile 类读写文件的好处是什么？

作 业 题

1. 编写一个应用程序，读取一个文本文件的内容。
2. 编写一个应用程序，将用户从键盘输入的 10 行文字存入文件。
3. 使用数组字符流将俄文字母写入内存，再从内存读出。
4. 编写一个应用程序，将用户从键盘输入的 10 个整数存入文件，再顺序读出。
5. 编写一个应用程序，要求将一个 LinkedList<E>创建的对象写入到文件，再读出一个 LinkedList<E> 对象，并遍历 LinkedList<E>节点中的数据。
6. 使用 RandomAccessFile 流将一个文本文件倒置读出。

第 10 章　图形用户界面设计

通过图形用户界面（Graphics User Interface，GUI），用户与程序之间可以方便地进行交互。Java 包含了许多支持 GUI 设计的类，如按钮、菜单、列表、文本框等组件类，同时包含窗口、面板等容器类。

10.1　AWT组件与SWING组件概述

Java 早期进行用户界面设计时，使用 java.awt 包中提供的类，如 Button（按钮）、TextField（文本框）、List（列表）等组件类，AWT 就是 Abstrac Window Toolkit（抽象窗口工具包）的缩写。Java 2（JDK 1.2）增加了一个新的 javax.swing 包，其中提供了功能更强大的用来设计 GUI 界面的类。

Java 早期的 java.awt 包中的类创建的组件习惯上被称为重组件。例如，当用 java.awt 包中的 Button 类创建一个按钮组件时，都有一个相应的本地组件在为它工作（称为它的同位体）。AWT 组件的设计原理是把与显示组件有关的许多工作和处理组件事件的工作交给相应的本地组件，因此有同位体的组件被称为重组件。基于重组件的 GUI 设计有很多不足之处，如程序的外观在不同的平台上可能有所不同，而且重组件的类型也不能满足 GUI 设计的需要。例如，不可能把一幅图像添加到 AWT 按钮或 AWT 标签上，因为 AWT 按钮或标签外观绘制是由本地的对等组件即同位体来完成的，而同位体可能是用 C++编写的，它的行为是不能被 Java 扩展的。另外，使用 AWT 进行 GUI 设计可能消耗大量的系统资源。

javax.swing 包提供了更丰富、功能强大的组件，称为 SWING 组件，其中大部分组件是轻组件，没有同位体。SWING 组件的轻组件在设计上与 AWT 完全不同，轻组件把与显示组件有关的许多工作和处理组件事件的工作交给相应的 UI 代表来完成。这些 UI 代表是用 Java 语言编写的类，这些类被增加到 Java 的运行环境中，因此组件的外观不依赖平台，不但在不同平台上的外观是相同的，而且较重组件有更高的性能。如果 Java 运行环境低于 JDK 1.2 版本，就不能运行含有 SWING 组件的程序。

javax.swing 包中的 JComponent（轻组件）类是 java.awt 包中 Container 类的直接子类、Componenet 类的间接子类。javax.swing 包中的 JFame 类和 JDialog 类分别是 java.awt 包中 Frame 类和 Dialog 类的直接子类、Window 类的间接子类。图 10-1 列出了 javax.swing 包中的 JComponent 类和它的部分子类，以及 JFrame 类和 JDialog 类。

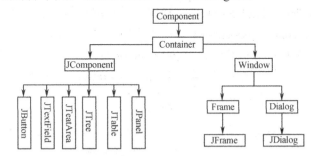

图 10-1　JComponent 类的部分子类以及 JFrame 类和 JDialog 类

在学习 GUI 编程时，必须很好地掌握两个概念：容器类和组件类。Java 把由组件类的子类或间接子类创建的对象称为一个组件（Component），把由容器的子类或间接子类创建的对象称为一个容器（Container）。

容器中可以添加组件。Container 类提供了 public 方法 add()，容器可以调用这个方法将组件添加到该容器中。removeAll()方法可以去除容器中的全部组件，remove(Component c)方法可以去掉容器中参数指定的组件。

每当容器添加新的组件或去掉组件时，应该让容器调用 validate()方法，以保证容器中的组件能正确显示。

容器本身也是一个组件，因此可以把一个容器添加到另一个容器中实现容器的嵌套。

javax.swing 包中有 4 个最重要的类：JApplet，JFrame，JDialog 和 JComponent。JComponent 类的子类都是轻组件，JComponent 类是 java.awt 包中 Container 类的子类，因此所有的轻组件也都是容器。JFrame、JApplet、JDialog 都是重组件，即有同位体的组件，这样窗口（JFrame）、对话框（JDialog）、小应用程序（Java Applet）可以与操作系统交互信息。轻组件必须在这些容器中绘制自己，习惯上称这些容器为 SWING 的底层容器。

10.2　JFrame 窗体

javax.swing 包中的 JFrame 类是 java.awt 包中 Frame 类的子类，因此 JFrame 类的子类创建的对象是窗体。由于 Frame 是重容器，因此 JFrame 类或子类创建的对象（窗体）也是重容器。当应用程序需要一个窗口时，可使用 JFrame 或其子类创建一个对象。窗口默认被系统添加到显示器屏幕上，因此不允许将一个窗口添加到另一个容器中。

JFrame 窗体的默认布局是 BorderLayout 布局（有关布局知识见 10.4 节），其基本结构是：

窗体的上面是一个很窄的矩形区域，称为菜单条区域，用来放置菜单条；菜单条区域下面的区域用来放置组件，如果窗体没有添加菜单条，菜单条区域将其他组件占用。

JFrame 类常用方法如下：

❖ JFrame() ——创建一个无标题的窗口。

❖ JFrame(String s) ——创建一个标题为 s 的窗口。

❖ public void setBounds(int a, int b, int width, int height) ——设置出现在屏幕上时的初始位置为(a, b)，即距屏幕左面 a 个像素、距屏幕上方 b 个像素；窗口宽 width、高 height。

❖ public void setSize(int width, int height) ——设置窗口的大小，窗口在屏幕出现的默认位置是(0, 0)。

❖ public void setVisible(boolean b) ——设置窗口是可见还是不可见，默认是不可见的。

❖ public void setResizable(boolean b) ——设置窗口是否可调整大小，默认可调整大小。

❖ public void setDefaultCloseOperation(int operation) ——设置单击窗体右上角的关闭图标后，程序会做出怎样的处理。其中的参数 operation 取下列有效值：

DO_NOTHING_ON_CLOSE	（什么也不做）
HIDE_ON_CLOSE	（隐藏当前窗口）
DISPOSE_ON_CLOSE	（隐藏当前窗口，并释放窗体占有的其他资源）
EXIT_ON_CLOSE	（结束窗体所在的应用程序）

这 4 个常量都是 JFrame 类中的 static 常量，单击关闭图标后，程序根据 operation 取值做出不同的处理。

【例 10-1】 用 JFrame 创建两个窗口，程序运行效果如图 10-2 所示。

```
import javax.swing.*;
public class E {
    public static void main(String args[]) {
        JFrame frame =new JFrame("第一个窗口");
        JFrame frame2 = new JFrame("第二个窗口");
        // 设置窗口在屏幕上的位置及大小
        frame1.setBounds(60,100,188,108);
        frame2.setBounds(260,100,188,108);
        frame1.setVisible(true);
        frame1.setDefaultCloseOperation(JFrame.DISPOSE_ON_CLOSE);    // 释放当前窗口
        frame2.setVisible(true);
        frame2.setDefaultCloseOperation(JFrame.EXIT_ON_CLOSE);    // 退出程序
    }
}
```

图 10-2　创建窗口

单击"第一个窗口"和"第二个窗口"右上角的关闭图标后，程序运行的效果不同。

10.3　菜单组件

菜单条、菜单、菜单项是窗口常用的组件，菜单放在菜单条里，菜单项放在菜单里。

1. JMenuBar 菜单条

JComponent 类的子类 JMenuBar 是负责创建菜单条的，即 JMenuBar 的一个实例就是一个菜单条。JFrame 类有一个将菜单条放置到窗口中的方法：

```
public void setJMenuBar(JMenuBar menubar);
```
该方法将菜单条添加到窗口的菜单条区域（注意：只能向窗口添加一个菜单条）。

2．JMenu 菜单

JComponent 类的子类 JMenu 类是负责创建菜单的，即 JMenu 的一个实例就是一个菜单。
JMenu 类的主要方法如下：

- ❖ JMenu(String s) ——建立一个指定标题菜单，标题由参数 s 确定。
- ❖ public void add(MenuItem item) ——向菜单增加由参数 item 指定的菜单选项对象。
- ❖ public void add(String s) ——向菜单增加指定的选项。
- ❖ public JMenuItem getItem(int n) ——得到指定索引处的菜单选项。
- ❖ public int getItemCount() ——得到菜单选项数目。

3．JMenuItem 菜单项

JMenuItem 是 JMenu 的父类，该类是负责创建菜单项的，即 JMenuItem 的一个实例就是
一个菜单项。菜单项放在菜单里。JMenuItem 类的主要方法如下：

- ❖ JMenuItem(String s) ——构造有标题的菜单项。
- ❖ JMenuItem(String text, Icon icon) ——构造有标题和图标的菜单项
- ❖ public void setEnabled(boolean b) ——设置当前菜单项是否可被选择。
- ❖ public String getLabel() ——得到菜单项的名字。
- ❖ public void setAccelerator(KeyStroke keyStroke) ——为菜单项设置快捷键。为了向该
  方法的参数传递一个 KeyStroke 对象，可以使用 KeyStroke 类的类方法 public static
  KeyStroke getKeyStroke(char keyChar)返回一个 KeyStroke 对象；也可以使用 KeyStroke
  类的类方法 public static KeyStroke getKeyStroke(int keyCode,int modifiers)返回一个
  KeyStroke 对象，其中参数 keyCode 的取值范围为 KeyEvent.VK_A～ KeyEvent.VK_Z，
  modifiers 的 取 值 如 下 ： InputEvent.ALT_MASK ， InputEvent.CTRL_MASK 和
  InputEvent.SHIFT_MASK。

4．嵌入子菜单

JMenu 是 JMenuItem 的子类，因此菜单项本身还可以是一个菜单，这样的菜单项称为子
菜单。为了使得菜单项有一个图标，可以用图标类 Icon 声明一个图标，然后使用其子类
ImageIcon 类创建一个图标，如

```
Icon icon=new ImageIcon("dog.gif");
```

【例 10-2】 含有菜单的窗口（效果如图 10-3 所示）。

```
import javax.swing.*;
import java.awt.event.InputEvent;
import java.awt.event.KeyEvent;
public class Example10_2{
    public static void main(String args[]){
        FirstWindow win=new FirstWindow("一个简单的窗口");
    }
}
class FirstWindow extends JFrame{
    JMenuBar  menubar;
    JMenu  menu;
```

```
JMenuItem  item1, item2;
FirstWindow(String s){
   setTitle(s);
   setSize(160,170);
   setLocation(120,120);
   setVisible(true);
   menubar=new JMenuBar();
   menu=new JMenu("文件");
   item1=new JMenuItem("打开",new ImageIcon("open.gif"));
   item2=new JMenuItem("保存",new ImageIcon("save.gif"));
   item1.setAccelerator(KeyStroke.getKeyStroke('O'));
   item2.setAccelerator(KeyStroke.getKeyStroke(KeyEvent.VK_S, InputEvent.CTRL_MASK));
   menu.add(item1);
   menu.addSeparator();
   menu.add(item2);
   menubar.add(menu);
   setJMenuBar(menubar);
   validate();
   setDefaultCloseOperation(JFrame.DISPOSE_ON_CLOSE);
}
}
```

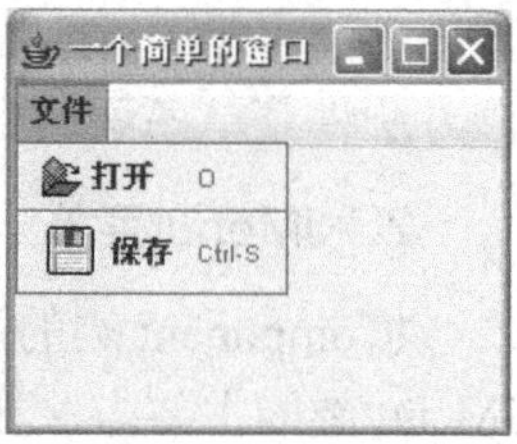

图 10-3 带菜单的窗口

10.4 布局设计

当把组件添加到容器中时，希望控制组件在容器中的位置，这就需要学习布局设计的知识。本节将介绍 java.awt 包中的 FlowLayout、BorderLayout、CardLayout、GridLayout 布局类和 java.swing.border 包中的 BoxLayout 布局类。

容器可以使用方法 setLayout(布局对象) 来设置自己的布局。

1．FlowLayout 布局

FlowLayout 类的对象称为 FlowLayout 布局。FlowLayout 类的一个常用构造方法如下：

```
FlowLayout();
```

该构造方法可以创建一个居中对齐的布局对象，如

```
FlowLayout flow=new FlowLayout();
```

如果一个容器 con 使用这个布局对象：

```
con.setLayout(flow);
```

那么，con 可以使用 Container 类提供的 add()方法将组件顺序地添加到容器中。组件按照加入的先后顺序从左向右排列，一行排满之后转到下一行继续从左至右排列，每行中的组件都居中排列，组件之间默认的水平和垂直间隙是 5 个像素。

FlowLayout 布局对象调用 setAlignment(int aligin)方法可以重新设置布局的对齐方式，其中 aligin 可以取值 FlowLayout.LEFT、FlowLayout.CENTER 或 FlowLayout.RIGHT。

FlowLayout 布局对象调用 setHgap(int hgap)方法和 setVgap(int vgap)方法可以重新设置布局的水平间隙和垂直间隙。

添加到使用 FlowLayout 布局的容器中的组件调用 setSize(int x, int y)方法设置的大小无效，如果需要改变最佳大小，组件需调用 public void setPreferredSize(Dimension preferredSize)

方法设置大小。例如：

```
button.setPreferredSize(new Dimension(20, 20));
```

【例 10-3】　JFrame 使用 FlowLayout 布局放置 10 个组件（效果如图 10-4 所示）。

```
import java.awt.*;
import javax.swing.*;
public class Example10_3{
    public static void main(String args[]){
        new WindowFlow("FlowLayout 布局窗口");
    }
}
class WindowFlow extends JFrame{
    JButton b[];
    WindowFlow(String s){
        setTitle(s);
        b=new JButton[10];
        FlowLayout flow=new FlowLayout();
        flow.setAlignment(FlowLayout.LEFT);
        flow.setHgap(2);
        flow.setVgap(8);
        setLayout(flow);
        for(int i=0;i<b.length;i++){
            b[i]=new JButton(""+i);
            add(b[i]);
            if(i==b.length-1)
                b[i].setPreferredSize(new Dimension(80,40));
        }
        validate();
        setBounds(100,100,200,160);
        setVisible(true);
        setDefaultCloseOperation(JFrame.DISPOSE_ON_CLOSE);
    }
}
```

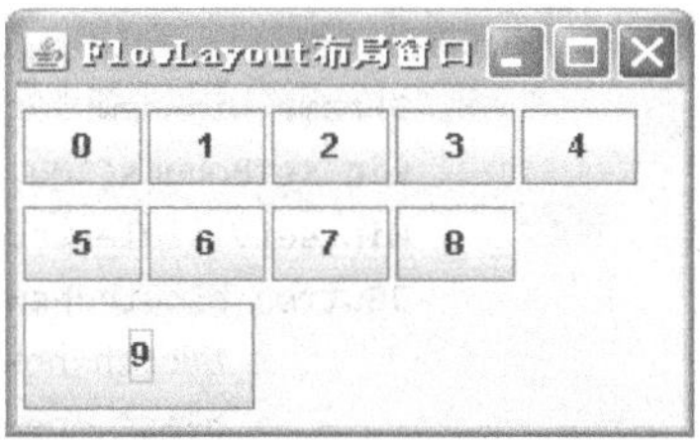

图 10-4　FlowLayou 布局的窗口

2．BorderLayout 布局

BorderLayout 布局是 Window 容器的默认布局。JFrame、JDialog 都是 Window 类的间接子类，它们的内容面板的默认布局是 BorderLayout 布局。BorderLayout 也是一种简单的布局策略，如果一个容器使用这种布局，那么容器空间简单地划分为东、西、南、北、中五个区域，中间的区域最大。每加入一个组件，都应该指明把这个组件添加在哪个区域中，区域由 BorderLayout 中的静态常量 CENTER、NORTH、SOUTH、WEST、EAST 表示。例如，一个使用 BorderLayout 布局的容器 con，可以使用 add()方法将一个组件 b 添加到中心区域：

```
con.add(b,BorderLayout.CENTER);
```

或

```
con.add(BorderLayour.CENTER, b);
```

添加到某个区域的组件将占据整个这个区域。每个区域只能放置一个组件，如果向某个已放置了组件的区域再放置一个组件，那么先前的组件将被后者替换。使用 BorderLayout 布局的容器最多能添加 5 个组件，如果容器中需要添加的组件超过 5 个，就必须使用容器的嵌套或改用其他布局策略。

【例 10-4】　使用 BorderLayout 布局（效果如图 10-5 所示）。

```
import javax.swing.*;
import java.awt.*;
public class Example10_4{
    public static void main(String args[]){
        JFrame win=new JFrame("窗体");
        win.setBounds(100, 100, 300, 300);
        win.setVisible(true);
        JButton bSouth=new JButton("南"),
                bNorth=new JButton("北"),
                bEast =new JButton("东"),
                bWest =new JButton("西");
        JTextArea bCenter=new JTextArea("中心");
        win.add(bNorth, BorderLayout.NORTH);
        win.add(bSouth, BorderLayout.SOUTH);
        win.add(bEast, BorderLayout.EAST);
        win.add(bWest, BorderLayout.WEST);
        win.add(bCenter, BorderLayout.CENTER);
        win.validate();
        win.setDefaultCloseOperation(JFrame.EXIT_ON_CLOSE);
    }
}
```

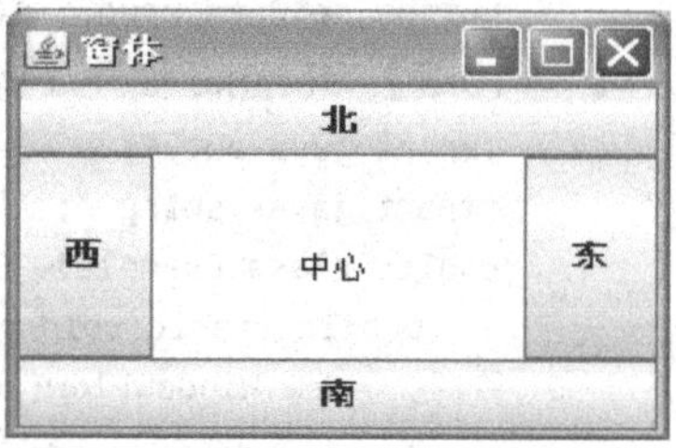

图 10-5　BorderLayou 布局的窗口

3. CardLayout 布局

使用 CardLayout 容器可以容纳多个组件，但是实际上同一时刻容器只能从这些组件中选出一个来显示，就像一叠"扑克牌"每次只能显示最上面的一张一样，这个被显示的组件将占据所有的容器空间。

JTabbedPane 创建的对象是一个轻容器，称为选项卡窗格。JTabbedPane 窗格的默认布局是 CardLayout 布局，并且自带一些选项卡（不需用户添加），这些选项卡与用户添加到 JTabbedPane 窗格中的组件相对应。也就是说，当用户向 JTabbedPane 窗格添加一个组件时，JTabbedPane 窗格会自动指定给该组件一个选项卡。单击该选项卡，JTabbedPane 窗格将显示对应的组件。选项卡窗格自带的选项卡默认位于该选项卡窗格的顶部，从左向右依次排列，选项卡的顺序与所对应的组件的顺序相同。

JTabbedPane 窗格可以使用 add(String text, Component c)方法将组件 c 添加到 JTabbedPane 窗格中，并指定与组件 c 对应的选项卡的文本提示是 text。

JTabbedPane 窗格的构造方法 public JTabbedPane(int tabPlacement)创建的选项卡窗格的位置由参数 tabPlacement 指定，该参数的有效值为 JTabbedPane.TOP、JTtabbedPane.BOTTOM、JTabbedPane.LEFT 或 JTabbedPane.RIGHT。

【例 10-5】　选项卡窗格中添加 5 个按钮（带有图标），并设置相应的选项卡的文本提示，然后将选项卡窗格添加到窗体的内容面板中（效果如图 10-6 所示）。

```
import javax.swing.*;
import java.awt.*;
public class Example10_5{
    public static void main(String args[]){
        new MyWin();
    }
```

```
    }
class MyWin extends JFrame{
    JTabbedPane p;
    Icon icon[];
    String imageName[]={"a.jpg","b.jpg","c.jpg","d.jpg","e.jpg"};
    public MyWin(){
        setBounds(100,100,500,300);
        setVisible(true);
        icon=new Icon[imageName.length];
        for(int i=0; i<icon.length; i++)
            icon[i]=new ImageIcon(imageName[i]);
        p=new JTabbedPane(JTabbedPane.LEFT);
        for(int i=0; i<icon.length; i++){
            int m=i+1;
            p.add("观看第"+m+"个图片", new JButton(icon[i]));
        }
        p.validate();
        add(p, BorderLayout.CENTER);
        validate();
        setDefaultCloseOperation(JFrame.DISPOSE_ON_CLOSE);
    }
}
```

图 10-6　嵌套 JTabbedPane 的窗体

4．GridLayout 布局

GridLayout 是使用较多的布局编辑器，其基本布局策略是把容器划分成若干行、若干列的网格区域，组件就位于这些划分出来的小格中。GridLayout 比较灵活，划分多少网格由程序自由控制，而且组件定位比较精确，使用 GridLayout 布局编辑器的一般步骤如下：

① 使用 GridLayout 的构造方法 GridLayout(int m, int n)创建布局对象，指定划分网格的行数 m 和列数 n，如

```
GridLayout grid=new GridLayout(10,8);
```

② 使用 GridLayout 布局的容器调用方法 add()将组件加入容器，组件进入容器的顺序将按照第一行第一个、第一行第二个、…、第一行最后一个，第二行第一个、…、最后一行第一个、…、最后一行最后一个。

使用 GridLayout 布局的容器最多可添加 $m\times n$ 个组件。

GridLayout 布局中每个网格都大小相同，并且强制组件与网格的大小相同，因此使得容器中的每个组件也都是相同的大小，显得很不自然。为了克服这个缺点，可以使用容器嵌套。例如，一个容器使用 GridLayout 布局，将容器分为三行一列的网格，那么可以把另一个容器添加到某个网格中，而添加的这个容器又可以设置为 GridLayout 布局、FlowLayout 布局、CarderLayout 布局或 BorderLayout 布局等。利用这种嵌套方法，可以设计出符合一定需要的布局。

5．BoxLayout 布局

用 BoxLayout 类可以创建一个布局对象，称为盒式布局。BoxLayout 在 java.swing.border 包中。java swing 包提供了 Box 类，该类也是 Container 类的一个子类，创建的容器称为一个盒式容器。盒式容器的默认布局是盒式布局，而且不允许更改盒式容器的布局。因此，在策划程序的布局时，可以利用容器的嵌套，将某个容器嵌入几个盒式容器，达到布局目的。

　　盒式布局的容器将组件排列在一行或一列，这取决于创建盒式布局对象时指定了是行排列还是列排列。BoxLayou 的构造方法 BoxLayout(Container con, int axis)可以创建一个盒式布局对象，并指定容器 con 使用该布局对象，参数 axis 的有效值是 BoxLayout.X_AXIS 或 BoxLayout.Y_AXIS，决定盒式布局是行型盒式布局或列型盒式布局。使用行（列）型盒式布局的容器将组件排列在一行（列），组件按加入的先后顺序从左（上）向右（下）排列，容器的两端是剩余的空间。与 FlowLayou 布局不同的是，使用盒式布局的容器只有一行（列），即使组件再多，也不会延伸到下一行（列），这些组件可能被改变大小，紧缩在这一行（列）中。

　　行型盒式布局容器中添加的组件的上沿在同一水平线上。列型盒式布局容器中添加的组件的左沿在同一垂直线上。

　　Box 类的类（静态）方法 createHorizontalBox()可以获得一个具有行型盒式布局的盒式容器，类（静态）方法 createVerticalBox()可以获得一个具有列型盒式布局的盒式容器。

　　如果想控制盒式布局容器中组件之间的距离，就需要使用水平支撑或垂直支撑。

　　Box 类调用静态方法 createHorizontalStrut(int width)可以得到一个不可见的水平 Struct 类型对象，称为水平支撑。该水平支撑的高度为 0，宽度是 width。Box 类调用静态方法 createVertialStrut(int height)可以得到一个不可见的垂直 Struct 类型对象，称为垂直支撑。参数 height 决定垂直支撑的高度，垂直支撑的宽度为 0。

　　行型盒式布局的容器可以通过在添加的组件之间插入水平支撑来控制组件之间的距离。列型盒式布局的容器可以通过在添加的组件之间插入垂直支撑来控制组件之间的距离。

　　【例 10-6】 创建两个列型盒式容器 boxV1、boxV2 和一个行型盒式容器 baseBox（效果如图 10-7 所示）。在列型盒式容器的组件之间添加垂直支撑，控制组件之间的距离，将 boxV1、boxV2 添加到 baseBox 中，并在它们之间添加水平支撑。

```
import javax.swing.*;
import java.awt.*;
import javax.swing.border.*;
public class Example10_6{
    public static void main(String args[]){
        new WindowBox();
    }
}
class WindowBox extends JFrame{
    Box  baseBox, boxV1, boxV2;
    WindowBox(){
        boxV1=Box.createVerticalBox();
        boxV1.add(new JLabel("输入您的姓名"));
        boxV1.add(Box.createVerticalStrut(8));
        boxV1.add(new JLabel("输入 email"));
        boxV1.add(Box.createVerticalStrut(8));
        boxV1.add(new JLabel("输入您的职业"));
        boxV2=Box.createVerticalBox();
        boxV2.add(new JTextField(16));
        boxV2.add(Box.createVerticalStrut(8));
        boxV2.add(new JTextField(16));
        boxV2.add(Box.createVerticalStrut(8));
        boxV2.add(new JTextField(16));
```

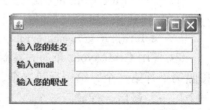

图 10-7　嵌套 Box 容器的窗口

```
            baseBox=Box.createHorizontalBox();
            baseBox.add(boxV1);
            baseBox.add(Box.createHorizontalStrut(10));
            baseBox.add(boxV2);
            setLayout(new FlowLayout());
            add(baseBox);
            validate();
            setBounds(120,125,200,200);
            setVisible(true);
            setDefaultCloseOperation(JFrame.DISPOSE_ON_CLOSE);
        }
    }
```

6. null 布局

容器的布局可以被设置为 null 布局（空布局）。空布局容器可以准确地定位组件在容器的位置和大小。setBounds(int a, int b, int width, int height)方法是所有组件都拥有的一个方法，组件调用该方法可以设置本身的大小和在容器中的位置。例如，p 是某个容器，则 p.setLayout(null)把 p 的布局设置为空布局。

向空布局的容器 p 添加一个组件 c 需要两个步骤。首先使用 add(c)方法向容器添加组件，然后组件 c 调用 setBounds(int a, int b, int width, int height)方法，设置该组件在容器中的位置和本身的大小。组件都是一个矩形结构，方法中的参数 a 和 b 是被添加的组件 c 的左上角在容器中的位置坐标，即该组件距容器左面 a 个像素，距容器上方 b 个像素；weidth 和 height 是组件 c 的宽和高。

10.5　中间容器

轻组件都是容器，仍有一些经常用来添加组件的轻容器，相对于底层重容器而言，我们习惯上称这些轻容器为中间容器。SWING 提供了许多功能各异的中间容器，而且容易学习掌握。本节将简单介绍 JPanel 面板、JScrollPane 滚动窗格、JSplitPane 拆分窗格和 JLayeredPane 分层窗格。

1. JPanel 面板

我们会经常使用 JPanel 创建一个面板，再向这个面板添加组件，然后把这个面板添加到底层容器或其他中间容器中。JPanel 的默认布局是 FlowLayout 布局。JPanel 类的构造方法 Jpanel()可以构造一个面板容器对象。

2. JScrollPane 滚动窗格

可以把一个组件放到一个滚动窗格中，然后通过滚动条来观察这个组件。例如，JTextArea 不自带滚动条，需要把文本区放到一个滚动窗格中。JScorollPane 的构造方法 JScorollPane(component c)可以构造一个滚动窗格。

3. JSplitPane 拆分窗格

拆分窗格就是被分成两部分的容器。拆分窗格有两种：水平拆分和垂直拆分。水平拆分窗口用一条拆分线把容器分成左右两部分，左面放一个组件，右面放一个组件，拆分线可以水平移动。垂直拆分窗格由一条拆分线分成上下两部分，上面放一个组件，下面放一个组件，拆分线可以垂直移动。JSplitPane 的构造方法 JSplitPane(int a, Component b, Component c)可以构造一个拆分窗格，参数 a 取 JSplitPane 的静态常量 HORIZONTAL_SPLIT 或 VERTICAL_SPLIT，以决定是水平还是垂直拆分。后两个参数决定要放置的组件。拆分窗格调用 setDividerLocation(double position)设置拆分线的位置。

4. JLayeredPane 分层窗格

如果添加到容器中的组件经常需要处理重叠问题，就可以考虑将组件添加到 JLayeredPane 容器。JLayeredPane 容器将容器分成 5 个层，容器使用 add(Jcomponent com, int layer)方法添加组件 com，并指定 com 所在的层，其中参数 layer 取值 JLayeredPane 类中的类常量：DEFAULT_LAYER、PALETTE_LAYER、MODAL_LAYER、POPUP_LAYER、DRAG_LAYER。

DEFAULT_LAYER 是底层，添加到 DEFAULT_LAYER 层的组件如果与其他层的组件发生重叠，将被其他组件遮挡。DRAG_LAYER 层是最上面的层，如果 JLayeredPane 中添加了许多组件，鼠标移动一组件时，可以把移动的组件放到 DRAG_LAYER 层。这样，组件在移动过程中就不会被其他组件遮挡。添加到同一层上的组件，如果发生重叠，先添加的会遮挡后添加的组件。

JLayeredPane 对象调用 public void setLayer(Component c,int layer)方法可以重新设置组件 c 所在的层，调用 public int getLayer(Component c)方法可以获取组件 c 所在的层数。

【例 10-7】 在 JLayeredPane 容器中添加 5 个组件，分别位于不同的层上（效果如图 10-8 所示）。

```
import javax.swing.*;
import java.awt.*;
public class Example10_7{
    public static void main(String args[]){
        new WindowLayered();
    }
}
class WindowLayered extends JFrame{
    WindowLayered(){
        setBounds(100,100,300,300);
        setVisible(true);
        JLayeredPane pane=new JLayeredPane();
        JButton b1=new JButton("我在 DEFAULT_LAYER"),
                b2=new JButton("我在 PALETTE_LAYER"),
                b3=new JButton("我在 MODAL_LAYER"),
                b4=new JButton("我在 POPUP_LAYER"),
                b5=new JButton("我在 DRAG_LAYER");
        pane.setLayout(null);
        pane.add(b5,JLayeredPane.DRAG_LAYER);
        pane.add(b4,JLayeredPane.POPUP_LAYER);
        pane.add(b3,JLayeredPane.MODAL_LAYER);
        pane.add(b2,JLayeredPane.PALETTE_LAYER);
        pane.add(b1,JLayeredPane.DEFAULT_LAYER);
        b5.setBounds(50,50,200,100);
        b4.setBounds(40,40,200,100);
```

图 10-8　JLayeredPane 窗口

```
        b3.setBounds(30,30,200,100);
        b2.setBounds(20,20,200,100);
        b1.setBounds(10,10,200,100);
        add(pane,BorderLayout.CENTER);
        validate();
        setDefaultCloseOperation(JFrame.DISPOSE_ON_CLOSE);
    }
}
```

10.6 文本组件

1. JTextField 文本框

JComponent 的子类 JTextField 是专门用来建立文本框的，即 JTextField 创建的一个对象就是一个文本框。用户可以在文本框输入单行的文本。JTextField 类的主要方法如下：

❖ JTextField(int x) ——创建文本框对象，可以在文本框中输入若干个字符，文本框的可见字符个数由参数 x 指定。

❖ JTextField(String s) ——创建文本框对象，则文本框的初始字符串为 s，可以在文本框中输入若干个字符。

❖ public void setText(String s) ——设置文本框中的文本为参数 s 指定的文本，文本框中先前的文本将被清除。

❖ public String getText() ——获取文本框中的文本。

❖ public void setEditable(boolean b) ——指定文本框的可编辑性。创建的文本框默认是可编辑的。

❖ public void setHorizontalAlignment(int alignment) ——设置文本在文本框中的对齐方式，alignment 的有效值为 JTextField.LEFT、JTextField.CENTER 或 JTextField.RIGHT。

2. JPasswordField 密码框

使用 JTextField 的子类 JPasswordField 可以建立一个密码框对象。密码框可以使用 setEchoChar(char c)方法设置回显字符（默认的回显字符是'*'），char[] getPassword()方法返回密码框中的密码。

3. ActionEvent 事件

学习组件除了了解组件的属性和功能外，一个更重要的方面是学习怎样处理组件上发生的界面事件。当用户在有输入焦点的文本框中按回车键、单击按钮、在一个下拉式列表中选择一个条目等操作时，都发生界面事件。程序有时要对发生的事件做出反应，来实现特定的任务。例如，用户在列表中选择一个名字为"宋体"或"黑体"的选项，程序可能做出不同的处理。在学习处理事件时，读者必须很好地掌握事件源、监视器、处理事件的接口这三个概念。JTextField 和 JPasswordField 触发 ActionEvent 事件，通过处理文本框这个具体的组件上的事件，来掌握处理事件的基本原理。

（1）事件源

能够产生事件的对象都可以称为事件源，如文本框、按钮、下拉式列表等。也就是说，事件源必须是一个对象，而且这个对象必须是 Java 认为能够发生事件的对象。

（2）监视器

我们需要一个对象对事件源进行监视，以便对发生的事件做出处理。事件源通过调用相应的方法将某个对象作为自己的监视器。例如，对于文本框，这个方法是

```
addActionListener(ActioListener listener)
```

获取了监视器的文本框对象，在文本框获得输入焦点后，如果用户按回车键，系统就自动用 ActionEvent 类创建了一个对象，即发生了 ActionEvent 事件。也就是说，事件源获得监视器之后，相应的操作就会导致事件的发生，并通知监视器，监视器就会做出相应的处理。

（3）处理事件的接口

发生 ActionEvent 事件的事件源对象获得监视器方法是

```
addActionListener(ActionListener listener);
```

其中的参数是 ActionListener 类型的接口，因此必须将一个实现 ActionListener 接口的类创建的对象传递给该方法的参数，使得该对象成为事件源的监视器。监视器负责调用特定的方法处理事件，创建监视器的类必须提供处理事件的特定方法，即实现接口方法。Java 采用接口回调技术来处理事件，当事件源发生事件时，接口立刻通知监视器自动调用实现的某个接口方法，接口方法规定了怎样处理事件的操作。接口回调这一过程对程序是不可见的，Java 在设计组件事件时已经设置好了这一回调过程，程序只需让事件源获得正确的监视器，即将实现了正确接口的对象的引用传递给方法 addActionListener(ActionListener listener) 中的参数 listener。有关接口回调的知识请参见本书 5.11 节。

所以，我们称文本框和密码框事件源可以发生 ActionEvent 类型事件。为了能监视到这种类型的事件，事件源必须使用 addActionListener() 方法获得监视器；创建监视器的类必须实现接口 ActionListener。只要学会了处理文本框这个组件上的事件，其他事件源上的事件的处理也就很容易学会，所不同的是事件源能发生的事件类型的不同，所使用的接口不同而已，事件处理模式如图 10-9 所示。

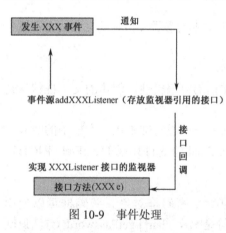

图 10-9 事件处理

（4）ActionEvent 类中的方法

ActionEvent 事件对象调用方法 public Object getSource() 可以返回发生 ActionEvent 事件的对象的引用。ActionEvent 事件对象调用方法 public String getActionCommand() 获取发生 ActionEvent 事件时与该事件相关的一个命令字符串。

对于文本框，当发生 ActionEvent 事件时，用户在文本框中输入的文本字符串就是和该事件相关的一个命令字符串。

【例 10-8】 在窗口中创建一个文本框：text。text 的事件监视器由 PoliceStation 类负责创建。当用户在 text 中输入字符串回车后，监视器负责在命令输出该字符串以及它的长度（效果如图 10-10 所示）。

```
import java.awt.*;
import javax.swing.*;
import java.awt.event.*;
public class Example10_8{
    public static void main(String args[]){
```

```
            MyWindow win=new MyWindow();
        }
    }
class MyWindow extends JFrame{
    JTextField text;
    PoliceStation police;
    MyWindow(){
        setLayout(new FlowLayout());
        text=new JTextField(10);
        police=new PoliceStation();
        add(text);
        text.addActionListener(police);        // text 是事件源，police 是监视器
        setBounds(100,100,150,150);
        setVisible(true);
        validate();
        setDefaultCloseOperation(JFrame.DISPOSE_ON_CLOSE);
    }
}
// PoliceStation 类必须实现 ActionListener 接口
class PoliceStation implements ActionListener {
    public void actionPerformed(ActionEvent e){
        String str=e.getActionCommand();
        System.out.println(str);
        System.out.println(str.length());
    }
}
```

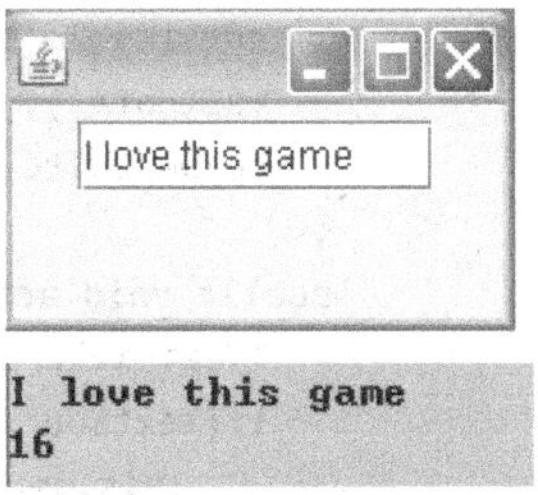

图 10-10　获取密码框中的密码

【例 10-9】 titleText 和 passwordText 有监视器。当在 titleText 中输入字符串并回车后，监视器负责将窗体的标题更改为当前 titleText 中的文本。当在 passwordText 中输入密码并回车后，监视器负责将密码显示在 titleText 中（效果如图 10-11 所示）。

```
import java.awt.*;
import java.awt.event.*;
import javax.swing.*;
public class Example10_9{
    public static void main(String args[ ]){
        PoliceWindow policeWin=new PoliceWindow();
    }
}
class PoliceWindow extends JFrame implements ActionListener{
    JTextField titleText;
    JPasswordField passwordText;
    PoliceWindow(){
        titleText=new JTextField(10);
        passwordText=new JPasswordField (10);
        passwordText.setEchoChar('*');
        titleText.addActionListener(this);
        passwordText.addActionListener(this);
        setLayout(new FlowLayout());
        add(titleText);
        add(passwordText);
        setBounds(100,100,150,150);
```

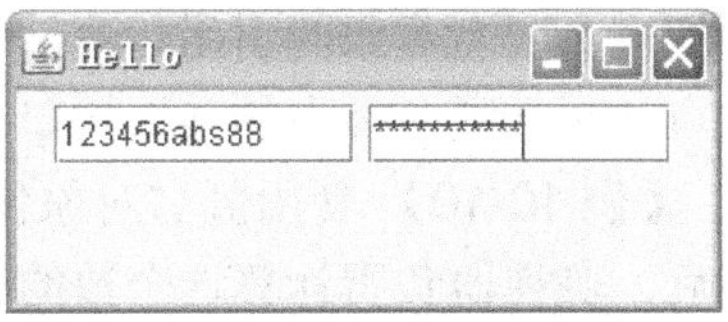

图 10-11　获取密码框中的密码

```
            setVisible(true);
            validate();
            setDefaultCloseOperation(JFrame.DISPOSE_ON_CLOSE);
        }
        public void actionPerformed(ActionEvent e){
            JTextField textSource=(JTextField)e.getSource();
            if(textSource==titleText)
                this.setTitle(titleText.getText());
            else if(textSource==passwordText) {
                char c[]=passwordText.getPassword();
                titleText.setText(new String(c));
            }
        }
    }
```

代码分析：事件源发生的事件传递到监视对象，意味着要把监视器连接到文本框。当事件发生时，监视器对象将"监视"它。例 10-9 中，通过把窗口的引用传值给 addActionListener() 方法中的接口参数，使窗口成为监视器：

```
            titleText.addActionListener(this);
```

this 出现在窗口的构造方法中，表示当前窗口，即代表程序中创建的窗口对象 policeWin，因此 PoliceWindow 必须实现相应的接口。因为事件源发生的事件是 ActionEvent 类型，所以要实现接口 ActionListener：

```
            class PoliceWindow extends JFrame implements ActionListener
```

在 titleText 中输入文本并回车后，java.awt.envent 中的 ActionEvent 类创建一个事件对象，并将它传递给 public void actionPerformed(ActionEvent e)方法中的参数 e，监视器就会知道所发生的事件，并执行接口中的 public void actionPerformed(ActionEvent e)方法对所发生的事件做出处理。

方法 addActionListener(ActionListener listener)的参数是一个接口，因此可以使用匿名类，即把一个匿名对象的引用传值给 listener，使得匿名对象成为监视器。当事件发生时，匿名对象自动执行匿名类中的某个接口方法。有关匿名类的知识参见本书 5.16 节。

【例 10-10】 使用匿名对象作为 inputText 的监视器，当在 inputText 中输入一个数字字符串后，监视器负责计算这个数的平方，并将结果放入 showText 中（效果如图 10-12 所示）。

```
        import java.awt.*;
        import java.awt.event.*;
        import javax.swing.*;
        import java.math.*;
        public class Example10_10{
            public static void main(String args[]){
                MathWindow win=new MathWindow();
            }
        }
        class MathWindow extends JFrame{
            JTextField inputText,showText;
            MathWindow(){
                inputText=new JTextField(10);
                showText=new JTextField(10);
                inputText.addActionListener(new ActionListener(){
```

图 10-12　求平方

```
                              public void actionPerformed(ActionEvent e){
                                  String s=inputText.getText();
                                  try{
                                     BigInteger n=new BigInteger(s);
                                     n=n.pow(2);
                                     showText.setText(n.toString());
                                  }
                                  catch(NumberFormatException ee){
                                     showText.setText("请输入数字字符");
                                     inputText.setText(null);
                                  }
                              }
                          });
          setLayout(new FlowLayout());
          add(inputText);
          add(showText);
          setBounds(100,100,260,190);
          setVisible(true);
          validate();
          setDefaultCloseOperation(JFrame.DISPOSE_ON_CLOSE);
      }
  }
```

> 如果用户没有在文本框中输入任何字符，文本框调用 getText()方法将返回一个长度为 0 的字符串，即不含有任何字符的字符串。getText()方法可以返回字符串的长度，从而判断用户是否输入了字符。

4．菜单项上的 ActionEvent 事件

单击某个菜单项可以发生 ActionEvent 事件。菜单项使用 addActionListener(ActionListener listner)方法获得监视器。

5．JTextArea 文本区

（1）JTextArea 常用方法

JTextArea 类专门用来建立文本区，用户可以在文本区输入多行的文本，可以使用 JTextArea(int rows, int columns)方法构造一个可见行和可见列分别是 rows 和 columns 的文本区。

文本区用 setLineWrap(boolean b)方法决定输入的文本能否在文本区的右边界自动换行，还可以用 setWrapStyleWord(boolean b)方法决定是以单词为界（b 取 true 时）或以字符为界（b 取 false 时）进行换行。文本区除了用 getText()和 setText(String s)方法获取并替换文本区的文本外，还可以用 append(String s)方法尾加文本，用 insert(String s, int x)方法在文本区的指定位置处插入文本，用 replaceRange(String newString, int start,int end)方法将文本区 start 至 end 处的文本替换为新文本 newString。文本区用 getCaretPosition()方法获取文本区中输入光标的位置，用 setCaretPosition(int position)方法设置文本区中输入光标的置（position 不能大于文本区中字符的个数）。

文本区可以使用 copy()和 cut()方法将文本区中选中的内容复制或剪切到系统的剪贴板，使用 paste()方法将系统剪贴板上的文本数据粘贴在文本区中。如果文本区中有选中的内容，paste()方法从剪贴板上取回的数据将替换选中的内容，否则取回的数据被插入到文本区当前输入光标处。可以使用鼠标选中文本区的某些内容，也可以让文本区调用 setSelectionStart(int selectionStart)方法和 setSelectionEnd(int selectionEnd)方法设置选中的文本，或使用 select(int selectionStart, int selectionEnd)方法和 selectAll()方法选中部分文本或全部文本。

【例 10-11】 选择菜单"编辑"中的相应菜单项，将文本区中选中的内容剪切、复制到系统剪贴板或将系统剪贴板的内容粘贴到文本区（效果如图 10-13 所示）。

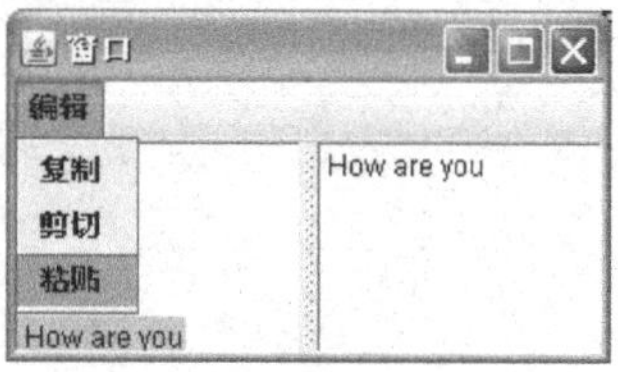

```java
import javax.swing.*;
import java.awt.event.*;
import java.awt.*;
public class Example10_11{
    public static void main(String args[]){
        EditWindow win=new EditWindow("窗口");
    }
}
class EditWindow extends JFrame implements ActionListener{
    JMenuBar menubar;
    JMenu menu;
    JSplitPane splitPane;
    JMenuItem itemCopy,itemCut,itemPaste;
    JTextArea text1,text2;
    EditWindow(String s){
        setTitle(s);
        setSize(260,270);
        setLocation(120,120);
        setVisible(true);
        menubar=new JMenuBar();
        menu=new JMenu("编辑");
        itemCopy=new JMenuItem("复制");
        itemCut=new JMenuItem("剪切");
        itemPaste=new JMenuItem("粘贴");
        menu.add(itemCopy);
        menu.add(itemCut);
        menu.add(itemPaste);
        menubar.add(menu);
        setJMenuBar(menubar);
        text1=new JTextArea();
        text2=new JTextArea();
        splitPane=new JSplitPane(JSplitPane.HORIZONTAL_SPLIT,text1,text2);
        splitPane.setDividerLocation(120);
        setDefaultCloseOperation(JFrame.DISPOSE_ON_CLOSE);
        add(splitPane,BorderLayout.CENTER);
        validate();
        itemCopy.addActionListener(this);
        itemCut.addActionListener(this);
        itemPaste.addActionListener(this);
    }
    public void actionPerformed(ActionEvent e){
        if(e.getSource()==itemCopy)
            text1.copy();
        else if(e.getSource()==itemCut)
            text1.cut();
        else if(e.getSource()==itemPaste)
```

图 10-13　使用文本区

```
        text2.paste();
    }
}
```

（2）文本区的 DucumentEvent 事件

文本区可以触发 DucumentEvent 事件，DucumentEven 类在 javax.swing.event 包中。用户在文本区组件的 UI 代表的视图中进行文本编辑操作，使得文本区中的文本内容发生变化，将导致该文本区所维护的文档模型中的数据发生变化，从而导致 DucumentEvent 事件的发生。文本区调用 addDucumentListener(DucumentListener listener)方法可以向文本区维护的文档注册监视器。监视器需实现 DucumentListener 接口，该接口中有 3 个方法：

```
public void changedUpdate(DocumentEvent e)
public void removeUpdate(DocumentEvent e)
public void insertUpdate(DocumentEvent e)
```

文本区调用 getDocument()方法返回维护的文档，它是实现了 Document 接口类的一个实例。

【例 10-12】创建两个文本区和一个文本框。当用户在文本区 inputText 进行编辑操作时，文本区 showText 将显示第一个文本区中所有和指定模式匹配的字符串。用户可以事先在一个文本框 patternText 中输入指定的模式。比如，输入"[^\s\d\p{Punct}]+"，即通过该模式获得文本区 inputText 中的全部单词（效果如图 10-14 所示）。

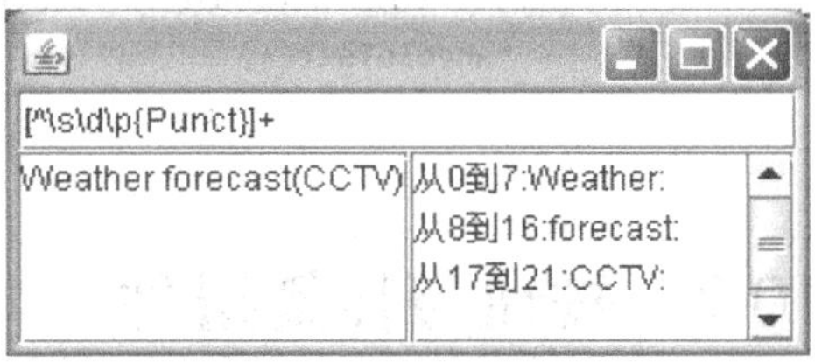

```
import javax.swing.*;
import java.awt.event.*;
import java.awt.*;
import java.util.regex.*;
import javax.swing.event.*;
public class Example10_12{
    public static void main(String args[]){
        new PatternWindow();
    }
}
```

图 10-14 处理文档事件

```
class PatternWindow extends JFrame implements DocumentListener,ActionListener{
    JTextArea inputText,showText;
    JTextField patternText;
    Pattern p;                                          // 模式对象
    Matcher m;                                          // 匹配对象
    PatternWindow(){
        inputText=new JTextArea();
        showText=new JTextArea();
        patternText=new JTextField("[^\\s\\d\\p{Punct}]+");
        patternText.addActionListener(this);
        JPanel panel=new JPanel();
        panel.setLayout(new GridLayout(1,2));
        panel.add(new JScrollPane(inputText));
        panel.add(new JScrollPane(showText));
        add(panel,BorderLayout.CENTER);
        add(patternText,BorderLayout.NORTH);
        validate();
        (inputText.getDocument()).addDocumentListener(this);    // 向文档注册监视器
        setBounds(120,120,260,270);
        setVisible(true);
        setDefaultCloseOperation(JFrame.DISPOSE_ON_CLOSE);
```

```
        }
        public void changedUpdate(DocumentEvent e){        // 接口方法
            hangdleText();                                   // 调用后面的 hangdleText()方法
        }
        public void removeUpdate(DocumentEvent e){          // 接口方法
            changedUpdate(e);
        }
        public void insertUpdate(DocumentEvent e){          // 接口方法
            changedUpdate(e);
        }
        public void hangdleText(){
            showText.setText(null);
            String s=inputText.getText();
            p=Pattern.compile(patternText.getText());        // 初始化模式对象
            m=p.matcher(s);
            while(m.find()){
                showText.append("从"+m.start()+"到"+m.end()+":");
                showText.append(m.group()+":\n");
            }
        }
        public void actionPerformed(ActionEvent e){
            hangdleText();
        }
    }
```

10.7 按钮与标签组件

1. JButton 按钮

JButton 类是专门用来建立按钮的，即 JButton 类创建的对象就是一个按钮。

JButton 类常用的方法如下：

❖ Button(String text) ——创建名字是 text 的按钮。

❖ public JButton(Icon icon) ——创建带有图标 icon 的按钮。

❖ public JButton(String text, Icon icon) ——创建名字是 text 且带有图标 icon 的按钮。

❖ public String getText()——获取当前按钮的名字。

❖ public void setText(String text) ——重置当前按钮的名字，名字由参数 text 指定。

❖ public Icon getIcon() ——获取当前按钮的图标。

❖ public void setIcon(Icon icon) ——重置当前按钮的图标。

❖ public void setHorizontalTextPosition(int textPosition) ——设置按钮名字相对按钮图标的水平位置。textPosition 的有效值为 AbstractButton.LEFT、AbstractButton.RIGHT、AbstractButton.CENTERT。

❖ public void setVerticalTextPosition(int textPosition) ——设置按钮名字相对按钮图标的垂直位置。textPosition 的有效值为 AbstractButton.TOP、AbstractButton.CENTERT、AbstractButton.BOTTOM。

❖ public void setMnemonic(char mnemonic) ——设置按钮的键盘激活方式，mnemonic 的有效值为'a'～'z'。如果按钮用此方法设置了键盘激活方式，如参数 mnemonic 取值'o'，那么按 ALT+O 组合键可激活按钮。

❖ public void addActionListener(ActionListener) ——向按钮增加动作监视器。

❖ public void removeActionListener(ActionListener) ——移去按钮的动作监视器。

按钮可以发生 ActionEvent 事件，当按钮获得监视器之后，用鼠标单击按钮或在按钮获得焦点时按下空格键（Space 键），就发生 ActionEven 事件，即 java.awt.envent 包中的 ActionEvent 类自动创建了一个事件对象。

【例 10-13】 单击按钮，可以切换按钮上的图标（效果如图 10-15 所示）。

```java
import javax.swing.*;
import java.awt.*;
import java.awt.event.*;
public class Example10_13{
    public static void main(String args[]){
        new ImageWin();
    }
}
class ImageWin extends JFrame{
    JButton button;
    int i=0;
    Icon icon1, icon2;
    ImageWin(){
        icon1=new ImageIcon("a.jpg");
        icon2=new ImageIcon("b.jpg");
        button=new JButton(icon1);
        button.setMnemonic('d');
        add(button,BorderLayout.CENTER);
        validate();
        button.addActionListener(new ActionListener(){
                            public void actionPerformed(ActionEvent e){
                                i=(i+1)%2;
                                if(i==1)    button.setIcon(icon2);
                                else    button.setIcon(icon1);
                            }
                        });
        setBounds(100,100,300,200);
        setVisible(true);
        setDefaultCloseOperation(JFrame.EXIT_ON_CLOSE);
    }
}
```

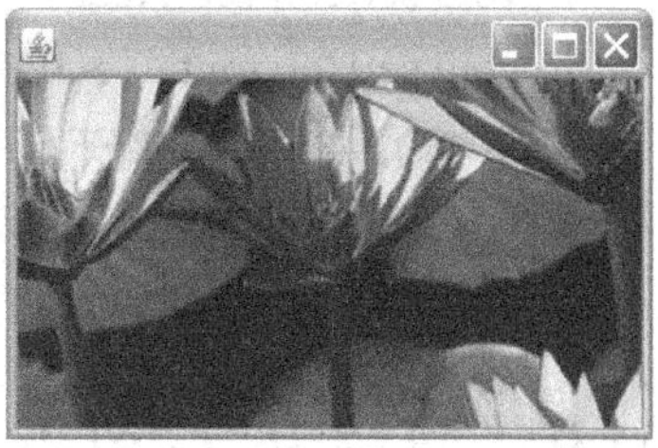

图 10-15　使用带图标按钮

2．JLabel 标签

JLabel 类负责创建标签对象，标签用来显示信息，但没有编辑功能。JLabel 类的构造方法如下：

❖ public JLabel() ——创建没有名字的标签。

❖ public JLabel (String s) ——创建名字是 s 的标签，s 在标签中靠左对齐。

❖ public JLabel (String s,int aligment) ——参数 aligment 决定标签中的文字在标签中的水平对齐方式。aligment 的取值是 JLabel.CENTER、JLabel.LEFT 或 JLabel.RIGHT。

❖ public JLabel (Icon icon) ——创建具有图标 icon 的标签，icon 在标签中靠左对齐。

❖ public JLabel (String s,Icon icon,int aligment) ——创建名字是 s、具有图标 icon 的标签。参数 aligment 决定标签中的文字和图标作为一个整体在标签中的水平对齐方式（名字总是在图标的右面）。

JLabel 类的常用实例方法如下：

❖ String getText() ——获取标签的名字。

❖ void setText(String s) ——设置标签的名字是 s。

❖ Icon getIcon()——获取标签的图标。

❖ void setIcon(Icon icon) ——设置标签的图标是 icon。

❖ void setHorizontalTextPosition(int a) ——参数 a 确定名字相对于标签上的图标的位置，其取值是 JLabel.LEFT 或 JLabel.RIGHT。

❖ void setVerticalTextPosition(int a) ——参数 a 确定名字相对于 JLabel 上的图标的位置，其取值是 JLabel.BOTTOM 或 JLabel.TOP。

10.8　复选框与单选按钮组件

1. JCheckBox 复选框

复选框提供两种状态：选中或未选中。用户通过单击该组件切换状态。JCheckBox 类常用方法如下：

❖ public JCheckBox() ——创建一个没有名字的复选框，初始状态是未选中。

❖ public JCheckBox(String text) ——创建一个名字是 text 的复选框，初始状态是未选中。

❖ public JCheckBox(Icon icon) ——创建一个带有默认图标 icon 但没有名字的复选框，初始状态是未选中。

❖ public JCheckBox(String text, Icon icon) ——创建一个带有默认图标和名字 text 的复选框，初始状态是未选中。

❖ public void setIcon(Icon defaultIcon) ——设置复选框上的默认图标。

❖ public void setSelectedIcon(Icon selectedIcon) ——设置复选框选中状态下的图标。该方法可能经常被使用，因为如果不明显地设置选中状态时的图标，复选框无论是选中状态还是未选种状态总是显示复选框上的默认图标，用户很难知道复选框是处于怎样的状态。

❖ public boolean isSelected() ——如果复选框处于选中状态返回 true，否则返回 false。如果复选框没有指定默认图标，复选框就显示为一个空白的"小方框"，如果是选中状态，"小方框"里面就有个小对号。

当复选框获得监视器之后，复选框从未选中状态变成选中状态，或从选中状态变成未选中状态时就发生 ItemEvent 事件，ItemEvent 类将自动创建一个事件对象。发生 ItemEvent 事件的事件源获得监视器的方法是 addItemListener(ItemListener listener)。由于复选框可以发生 ItemEvent 事件，JCheckBox 类提供了 addItemListener()方法。

处理 ItemEvent 事件的接口是 ItemListener，创建监视器的类必须实现 ItemListener 接口，该接口中只有一个的方法。当在复选框发生 ItemEvent 事件时，监视器将自动调用接口方法 public void itemStateChanged(ItemEvent e)对发生的事件做出处理。

ItemEvent 事件对象除了可以使用 getSource()方法返回发生 Itemevent 事件的事件源外，也可以使用 getItemSelectable()方法返回发生 Itemevent 事件的事件源。

【例 10-14】 处理复选框上的 ItemEvent 事件。当复选框被选中时，窗口中心显示一个带图标的标签，否则隐藏这个带图标的标签（效果如图 10-16 所示）。

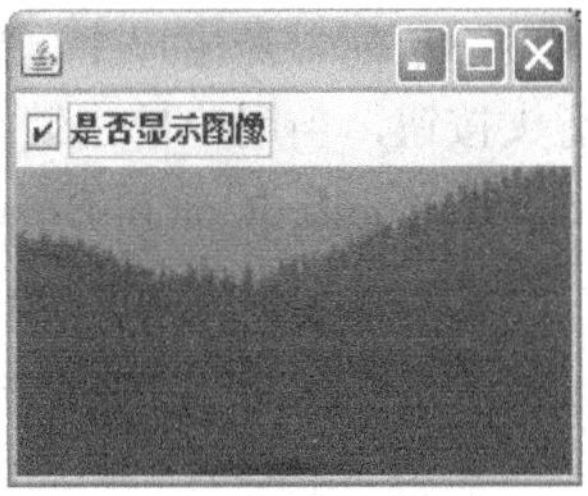

图 10-16 使用复选框

```java
import javax.swing.*;
import java.awt.*;
import java.awt.event.*;
public class Example10_14{
    public static void main(String args[]){
        new CheckBoxWindow();
    }
}
class CheckBoxWindow extends JFrame implements ItemListener{
    JCheckBox box;
    JLabel imageLabel;
    CheckBoxWindow(){
        box=new JCheckBox("是否显示图像");
        imageLabel=new JLabel(new ImageIcon("e.jpg"));
        imageLabel.setVisible(false);
        add(box,BorderLayout.NORTH);
        add(imageLabel,BorderLayout.CENTER);
        validate();
        box.addItemListener(this);
        setBounds(120,120,260,270);
        setVisible(true);
        setDefaultCloseOperation(JFrame.DISPOSE_ON_CLOSE);
    }
    public void itemStateChanged(ItemEvent e){
        JCheckBox box=(JCheckBox)e.getItemSelectable();
        if(box.isSelected())
            imageLabel.setVisible(true);
        else
            imageLabel.setVisible(false);
    }
}
```

2．JRadioButton 单选按钮

单选按钮与复选框类似，不同的是：在若干复选框中可以同时选中多个，而一组单选按钮同一时刻只能有一个被选中。当创建了若干单选按钮后，应使用 ButtonGroup 再创建一个对象，然后利用这个对象把这些单选按钮归组。归到同一组的单选按钮每一时刻只能选一。单选按钮与复选框一样，也触发 ItemEvent 事件。

```java
ButtonGroup fruit=new ButtonGroup();
JRadioButton button1=new JRadioButton("小学"),
             button2=new JRadioButton("中学"),
             button3=new JRadioButton("大学");
fruit.add(button1);
fruit.add(button2);
fruit.add(button3);
```

10.9 列表组件

下拉列表是用户十分熟悉的一个组件。用户可以在下拉列表看到第一个选项和它旁边的箭头按钮，当用户单击箭头按钮时，选项列表打开。下拉列表的常用方法如下：

❖ public JComboBox() ——创建一个没有选项下拉列表。

❖ public void addItem(Object anObject) ——增加选项。

❖ public int getSelectedIndex()——返回当前下拉列表中被选中的选项的索引，索引的起始值是 0。

❖ public Object getSelectedItem() ——返回当前下拉列表中被选中的选项。

❖ public void removeItemAt(int anIndex) ——从下拉列表的选项中删除索引值是 anIndex 的选项。anIndex 值为非负，并且小于下拉列表的选项总数，否则会发生 ArrayIndexOutOfBoundsException 异常。

❖ public void removeAllItems() ——删除全部选项。

❖ public void addItemListener(ItemListener) ——向下拉列表增加 ItemEvent 事件的监视器。

下拉式列表事件源可以发生 ItemEvent 事件。当下拉列表获得监视器后，用户在下拉列表的选项中选中某个选项时就发生 ItemEvent 事件，ItemEvent 类将自动创建一个事件对象。

【例 10-15】 列表的选项是 Java 源文件的名字。当选择一个选项后，程序在一个文本区里显示所选择的 Java 源文件的全部内容（效果如图 10-17 所示）。

```java
import javax.swing.*;
import java.awt.event.*;
import java.awt.*;
import java.io.*;
public class Example10_15{
    public static void main(String args[]){
        new ReadFileWindow();
    }
}
class ReadFileWindow extends JFrame implements ItemListener{
    JComboBox list;
    JTextArea showText;
    ReadFileWindow(){
        showText=new JTextArea(12,12);
        list=new JComboBox();
        list.addItem("Example10_1.java");
        list.addItem("Example10_2.java");
        add(list,BorderLayout.NORTH);
        add(new JScrollPane(showText));
        validate();
        list.addItemListener(this);
        setBounds(120,120,500,370);
        setVisible(true);
        setDefaultCloseOperation(JFrame.DISPOSE_ON_CLOSE);
    }
    public void itemStateChanged(ItemEvent e){
        String fileName=(list.getSelectedItem()).toString();
```

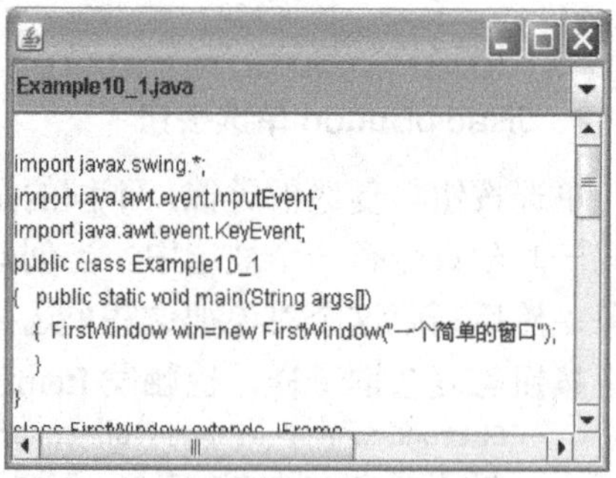

图 10-17 使用下拉列表

```
        File readFile=new File(fileName);
        showText.setText(null);
        try{
            FileReader inOne=new FileReader(readFile);
            BufferedReader inTwo= new BufferedReader(inOne);
            String s=null;
            int i=0;
            while((s=inTwo.readLine())!=null)
                showText.append("\n"+s);
            inOne.close();
            inTwo.close();
        }
        catch(IOException ex){   showText.setText(ex.toString());   }
    }
}
```

10.10　表格组件

使用 JTable 可以创建一个表格对象。可以使用 JTable 的构造方法 JTable(Object data[ ][ ], Object columnName[ ])创建表格。表格的视图将以行和列的形式显示数组 data 每个单元中对象的字符串表示，也就是说，表格视图中对应着 data 单元中对象的字符串表示。参数 columnName 用来指定表格的列名。

用户在表格单元中输入的数据都被认为是一个 Object 对象，用户通过表格视图对表格单元中的数据进行编辑，以修改二维数组 data 中对应的数据，在表格视图中输入或修改数据后，需按回车键或用鼠标单击表格的单元格确定所输入或修改的结果。当表格需要刷新显示时，调用 repaint()方法。

【例 10-16】　编写一个商品销售核算录入程序，客户通过一个表格视图的单元格输入每件商品的名称、单价和销售量。单击"每件商品销售额"按钮，表格视图每行的最后一个单元将显示该商品的总销售额；单击"总销售额"按钮，表格视图将计算最后一列值的和，同时表格增加一行，该行的最后一个单元显示总销售额（效果如图 10-18 所示）。

图 10-18　使用表格

```
import javax.swing.*;
import java.awt.*;
import java.awt.event.*;
public class Example10_16{
    public static void main(String args[ ]){
        Win win=new Win();
    }
}
class Win extends JFrame implements ActionListener{
    JTable  table;
    Object  a[][];
    Object  name[]={"商品名称","单价","销售量","销售额"};
    JButton  computerRows, computerColums;
    JTextField  inputRowsNumber;
    int  initRows=1;
    JPanel  pSouth, pNorth;
```

```
            int   count=0, rowsNumber=0;
            Win(){
                computerRows=new JButton("每件商品销售额");
                computerColums=new JButton("总销售额");
                inputRowsNumber=new JTextField(10);
                computerRows.addActionListener(this);
                computerColums.addActionListener(this);
                inputRowsNumber.addActionListener(this);
                pSouth=new JPanel();
                pNorth=new JPanel();
                pNorth.add(new JLabel("输入表格行数，回车确认"));
                pNorth.add(inputRowsNumber);
                pSouth.add(computerRows);
                pSouth.add(computerColums);
                add(pSouth,BorderLayout.SOUTH);
                add(pNorth,BorderLayout.NORTH);
                add(new JScrollPane(table),BorderLayout.CENTER);
                setBounds(100,100,370,250);
                setVisible(true);
                validate();
                setDefaultCloseOperation(JFrame.DISPOSE_ON_CLOSE);
            }
            public void actionPerformed(ActionEvent e){
                if(e.getSource()==inputRowsNumber){
                    count=0;
                    initRows=Integer.parseInt(inputRowsNumber.getText());
                    a=new Object[initRows][4];
                    for(int i=0; i<initRows; i++){
                        for(int j=0; j<4 ;j++)
                            a[i][j]="0";
                    }
                    table=new JTable(a,name);
                    table.setRowHeight(20);
                    getContentPane().removeAll();
                    add(new JScrollPane(table),BorderLayout.CENTER);
                    add(pSouth,BorderLayout.SOUTH);
                    add(pNorth,BorderLayout.NORTH);
                    validate();
                }
                else if(e.getSource()==computerRows){
                    int rows=table.getRowCount();                    // 获取现有表格的行数
                    for(int i=0; i<rows; i++){
                        double  sum=1;
                        boolean  boo=true;
                        for(int j=1; j<=2; j++){
                            try{  sum=sum*Double.parseDouble(a[i][j].toString());  }
                            catch(Exception ee){
                                boo=false;
                                table.repaint();                     // 表格更新显示
                            }
                            if(boo==true){
```

```
                    a[i][3]=""+sum;                          // 修改数组中的数据
                    table.repaint();
                 }
              }
           }
        }
        else if(e.getSource()==computerColums){
           if(count==0){
              rowsNumber=table.getRowCount();            // 获取表格的目前的行数
              count++;
           }
           else{
              rowsNumber=table.getRowCount();            // 获取表格的目前的行数
              rowsNumber=rowsNumber-1;                   // 不要最后一行
           }
           double totalSum=0;
           for(int j=0; j<rowsNumber; j++)
              totalSum=totalSum+Double.parseDouble(a[j][3].toString());
           Object b[][]=new Object[rowsNumber+1][4];     // 比数组 a 多一行的数组
           for(int i=0; i<rowsNumber; i++){              // 将数组 a 的数据复制到数组 b 中
              for(int j=0; j<4; j++)
                 b[i][j]=a[i][j];
           }
           b[rowsNumber][0]="一共有"+rowsNumber+"件商品";
           b[rowsNumber][3]="总销售额："+totalSum;
           a=b;                                          // 重新初始化 a
           table=new JTable(a, name);
           getContentPane().removeAll();
           add(new JScrollPane(table),BorderLayout.CENTER);
           add(pSouth,BorderLayout.SOUTH);
           add(pNorth,BorderLayout.NORTH);
           validate();
        }
     }
  }
```

10.11　树组件

1. 树与节点

JTree 类的实例称为树组件。树组件也是常用的组件之一，它由节点构成。

树组件的外观远比按钮复杂得多。要想构造一个树组件，必须先创建出称为节点的对象。任何实现 MutableTreeNode 接口的类创建的对象都可以成为树上的节点，树中最基本的对象是节点，它表示在给定层次结构中的数据项。树以垂直方式显示数据，每行显示一个节点。树中只有一个根节点，所有其他节点从这里引出。除根节点外，其他节点分为两类：一类是带子节点的分支节点，另一类是不带子节点的叶节点。每个节点关联着一个描述该节点的文本标签和图像图标。文本标签是节点中对象的字符串表示（有关对象的字符串表示见 6.1 节），图标指明该节点是否是叶节点。在默认情形下，初始状态的树型视图只显示根节点和它的直接子节点。用户可以双击分节点的图标或单击图标前的"开关"，使该节点扩展或收缩（使它的子节点显示或不显示）。

树组件的节点中可以存放对象，javax.swing.tree 包提供的 DefaultMutableTreeNode 类是实现了 MutableTreeNode 接口的类，可以使用这个类创建树上的节点。DefaultMutableTreeNode 类的两个常用的构造方法如下：

```
DefaultMutableTreeNode(Object userObject)
DefaultMutableTreeNode(Object userObject,boolean allowChildren)
```

第一个构造方法创建的节点默认可以有子节点，即它可以使用方法 add()添加其他节点作为它的子节点。如果需要，一个节点可以使用 setAllowsChildren(boolean b)方法来设置是否允许有子节点。两个构造方法中的参数 userObject 用来指定节点中存放的对象，节点可以调用 getUserObject()方法得到节点中存放的对象。

创建若干节点，并规定好它们之间的父子关系后，使用 JTree 的构造方法 JTree(TreeNode root)创建根节点是 root 的树。

2. 树上的 TreeSelectionEvent 事件

树组件可以触发 TreeSelectionEvent 事件，addTreeSelectionListener(TreeSelectionListener listener)方法可以获得一个监视器。用鼠标单击树上的节点时，将自动用 TreeSelectionEvent 创建一个事件对象，通知树的监视器，监视器将自动调用 TreeSelectionListener 接口中的方法。创建监视器的类必须实现 TreeSelectionListener 接口，此接口中的方法如下：

```
public void valueChanged(TreeSelectionEvent e)
```

树使用 getLastSelectedPathComponent()方法获取选中的节点。

【例 10-17】 节点中存放的对象由 Student 类创建，当用户选中节点时，窗口中的文本区显示节点中存放的对象的有关信息（效果如图 10-19 所示）。

```
import javax.swing.*;
import javax.swing.tree.*;
import java.awt.*;
import javax.swing.event.*;
public class Example10_17{
    public static void main(String args[]){
        new TreeWin();
    }
}
class Student{
    String  name;
    double  score;
    Student(String name,double score){
        this.name=name;
        this.score=score;
    }
    public String toString(){
        return name;
    }
}
class TreeWin extends JFrame implements TreeSelectionListener{
    JTree tree;
    JTextArea showText;
    TreeWin(){
```

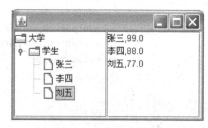

图 10-19　使用树组件

```
DefaultMutableTreeNode root=new DefaultMutableTreeNode("大学");    // 根节点
DefaultMutableTreeNode node=new DefaultMutableTreeNode("学生");    // 节点
DefaultMutableTreeNode nodeson1=
new DefaultMutableTreeNode(new Student("张三",99));       // 节点
DefaultMutableTreeNode nodeson2=
new DefaultMutableTreeNode(new Student("李四",88));       // 节点
DefaultMutableTreeNode nodeson3=
new DefaultMutableTreeNode(new Student("刘五",77));       // 节点
root.add(node);                                          // 确定节点之间的关系
node.add(nodeson1);                                      // 确定节点之间的关系
node.add(nodeson2);
node.add(nodeson3);
tree=new JTree(root);                                    // 用 root 做根的树组件
tree.addTreeSelectionListener(this);                     // 监视树组件上的事件
showText=new JTextArea();
setLayout(new GridLayout(1,2));
add(new JScrollPane(tree));
add(new JScrollPane(showText));
setDefaultCloseOperation(JFrame.EXIT_ON_CLOSE);
setVisible(true);
setBounds(80,80,300,300);
validate();
}
public void valueChanged(TreeSelectionEvent e){
DefaultMutableTreeNode node=(DefaultMutableTreeNode)tree.getLastSelectedPathComponent();
if(node.isLeaf()){
Student s=(Student)node.getUserObject();             // 得到节点中存放的对象
showText.append(s.name+","+s.score+"\n");
}
else{
showText.setText(null);
}
}
}
```

10.12　进度条组件

1. JProgressBar 类

JProgressBar 类可以创建进度条组件。该组件能用一种颜色动态地填充自己，以便显示某任务完成的百分比。

进度条 JProgressBar 有 3 个常用的构造函数：JProgressBar()、JProgressBar(int min,int max) 和 JProgressBar(int orient, int min, int max)。

进度条默认用一种颜色水平填充自己，通过调用 pulic void set setValue(int n)方法填充自己。当用构造方法 JPprogressBar()创建一个水平进度条时，它的最大和最小默认值分别是 100 和 0。方法 setMinimum(int min)和 setMaximum(int max)可以改变这两个值。进度条的最大值并不是进度条的长度，进度条的长度依赖于放置它的布局和本身是否使用 setSize()设置了大小。进度条的最大值 max 是指将进度条平均分成 max 份。如果使用 JProgressBar()创建了一个进度条 p_bar，那么 p_bar 默认被平均分成 100 份。p_bar 根据需要调用方法 setValue(int n)

后，如 p_bar.setValue(20)，那么进度条的颜色条就填充了整个长条矩形的 20/100，即 20%；如果进度条的最大值被设置成 1000，那么进度条的颜色条填充了整个长条矩形的 20/1000，即 2%（a 的值不能超过 max）。如果进度条的最小值是 min，那么使用 setValue(int n)方法时，n 不能小于 min。

方法 JProgressBar(int min, int max)和 JProgressBar(int orient, int min, int max)可以创建进度条，并给出进度条的最大值和最小值，参数 orient 取值为 JProgressBar.HORIZONTAL 或 JProgressBar.VERTICAL，决定进度条是水平填充还是垂直填充。

进度条使用方法 setStringPainted(boolean a)来设置是否使用百分数或字符串来表示进度条的进度情况，使用方法 intgetValue()来获取进度值。

【例 10-18】 用进度条模拟显示线程的计算速度，一个线程用递归算法输出 Fibinacci 序列的前 50 项，另一个线程使用循环输出 Fibinacci 序列的前 100 项（Fibinacci 序列的前两项是 1，以后每项是前两项的和）。效果如图 10-20 所示。

```java
import javax.swing.*;
import java.awt.*;
import javax.swing.border.*;
public class Example10_18{
    public static void main(String args[]){
        new BarWin();
    }
}
class BarWin extends JFrame implements Runnable{
    JProgressBar pbar1,pbar2;
    Thread thread1,thread2;
    JTextField text1,text2;
    int number=50;
    BarWin(){
        pbar1=new JProgressBar(0,number);
        pbar2=new JProgressBar(0,number);
        pbar1.setStringPainted(true);
        pbar2.setStringPainted(true);
        text1=new JTextField(10);
        text2=new JTextField(10);
        thread1=new Thread(this);
        thread2=new Thread(this);
        Box boxV1=Box.createVerticalBox();
        boxV1.add(pbar1);
        boxV1.add(pbar2);
        Box boxV2=Box.createVerticalBox();
        boxV2.add(text1);
        boxV2.add(text2);
        Box baseBox=Box.createHorizontalBox();
        baseBox.add(boxV1);
        baseBox.add(boxV2);
        setLayout(new FlowLayout());
        add(baseBox);
        setDefaultCloseOperation(JFrame.EXIT_ON_CLOSE);
        setBounds(10,10,300,300);
```

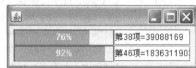

图 10-20　进度条组件

```
            setVisible(true);
            thread1.start();
            thread2.start();
        }
    public void run(){
        if(Thread.currentThread()==thread1){
            for(int i=1; i<=number; i++){
                text1.setText("第"+i+"项="+f(i));
                pbar1.setValue(i);
                try{ Thread.sleep(500); }
                catch(InterruptedException e){ }
            }
        }
        if(Thread.currentThread()==thread2){
            long a1=1, a2=1, a=a1;
            int i=1;
            while(i<=number){
                if(i>=3){
                    a=a1+a2;
                    a1=a2;
                    a2=a;
                }
                text2.setText("第"+i+"项="+a);
                pbar2.setValue(i);
                i++;
                try{ Thread.sleep(500); }
                catch(InterruptedException e){ }
            }
        }
    }
    long f(int n){
        long c=0;
        if(n==1||n==2)
            c=1;
        else if(n>1)
            c=f(n-1)+f(n-2);
        return c;
    }
}
```

2. 带进度条的输入流

进度条的一种用法是读取文件时出现一个表示读取进度的进度条。这也是进度条的用武之地。如果读取文件时希望看见文件的读取进度，可以使用 javax.swing 包提供的输入流类 ProgressMonitorInputStream，其构造方法如下：

```
ProgressMonitorInputStream(Conmponent c,String s,InputStream);
```

它创建的输入流在读取文件时会弹出一个显示读取速度的进度条，进度条在参数 c 指定的组件的正前方显示，若该参数取 null，则在屏幕的正前方显示。

【例 10-19】　使用带进度条的输入流读取文件的内容（效果如图 10-21 所示）。

```
import javax.swing.*;
```

```
import java.io.*;
import java.awt.*;
import java.awt.event.*;
public class Example10_19{
    public static void main(String args[]){
        byte b[]=new byte[30];
        JTextArea text=new JTextArea(20,20);
        JFrame f=new JFrame();
        f.setSize(330,300);
        f.setVisible(true);
        f.setDefaultCloseOperation(JFrame.EXIT_ON_CLOSE);
        f.add(text,BorderLayout.CENTER);
        try{
            FileInputStream input=new FileInputStream("Example10_1.java");
            ProgressMonitorInputStream in=
            new ProgressMonitorInputStream(f,"读取 java 文件",input);
            ProgressMonitor p=in.getProgressMonitor();           // 获得进度条
            while(in.read(b)!=-1){
                String s=new String(b);
                text.append(s);
                Thread.sleep(1000);          // 由于文件较小，为了看清进度条，这里有意延缓 1 秒
            }
        }
        catch(InterruptedException e){ }
        catch(IOException e){ }
    }
}
```

图 10-21　带进度条的输入流

10.13　组件常用方法

JComponent 类是所有组件的父类，本节介绍 JComponent 类的几个常用方法。

图 10-22　组件上的坐标系

组件都是矩形形状，组件本身有一个默认的坐标系，组件的左上角的坐标值是(0, 0)。如果一个组件的宽是 20，高是 10，那么该坐标系中，x 坐标的最大值是 20，y 坐标的最大值是 10，如图 10-22 所示。

1．组件的颜色

❖ public void setBackground(Color c) ——设置组件的背景色。

❖ public void setForeground(Color c) ——设置组件的前景色。

❖ public Color getBackground() ——获取组件的背景色。

❖ public Color getForeground() ——获取组件的前景色。

上述方法都涉及 Color 类。Color 类是 java.awt 包中的类，它创建的对象称为颜色对象。

用 Color 类的构造方法 public Color(int red,int green,ing blue)可以创建一个颜色对象，其中 red、green、blue 的取值在 0～255 之间。另外，Color 类中还有 red、blue、green、orange、cyan、yellow、pink 等静态常量，都是颜色对象。

2．组件透明

组件默认是不透明的。

❖ public void setOpaque(boolean isOpaque) ——设置组件是否不透明，当参数 isOpaque 取 false 时组件被设置为透明，取 true 时组件被设置为不透明。

❖ public boolean isOpaque() ——当组件不透明时该方法返回 true，否则返回 false。

3．组件的边框

组件默认边框是一个黑边的矩形。

❖ public void setBorder(Border border) ——设置组件的边框。

❖ public Border getBorder() ——返回边框。

组件调用 setBorder()方法来设置边框，该方法的参数是一个接口，因此必须向该参数传递一个实现接口 Border 类的实例，如果传递一个 null，组件将取消边框。可以使用 BorderFactory 类的类方法返回一个实现接口 Border 类的实例，如 BorderFactory 类的类方法 createBevelBorder(int type, Color highlight, Color shadow)将得到一个具有"斜角"的边框，参数 type 取值为 BevelBorder.LOWERED 或 BevelBorder.RAISED。

4．组件的字体

❖ public void setFont(Font f) ——设置组件上的字体。例如，文本组件调用该方法可以设置文本组件中的字体。

❖ public Font getFont() ——获取组件上的字体。

上述方法中用到了 java.awt 包中的 Font 类，该类创建的对象称为字体对象。Font 类的构造方法如下：

```
public Font(String name,int style,int size);
```

该构造方法可以创建字体对象。其中，name 是字体的名字，如果系统不支持字体的名字，将取默认的名字创建字体对象。style 决定字体的样式，是一个整数，取值为 Font.BOLD、Font.PLAIN、Font.ITALIC、Font.ROMAN_BASELINE、Font.CENTER_BASELINE、Font.HANGING_BASELINE 或 Font.TRUETYPE_FONT。例如，取值是 Font.BOLD 时，字体的样式是粗体，style 的有效值也可以进行加法运算，其结果代表几种字体样式的复合，如 style 取值是 Font.BOLD+Font.ITALIC 时，字体的样式是斜粗体。参数 size 决定字体的大小，单位是磅，如取值 10.5，即五号大小。

在创建字体对象时，应当给出一个合理的字体名字，也就是说，程序所在的计算机系统上有这样的字体名字。如果在创建字体对象时，没有给出一个合理的字体名字，那么该字体在特定平台的字体系统名称为默认名称。

如果想知道计算机上有哪些字体名字可使用，可以使用 GraphicsEnvironment 对象调用

```
String [] getAvailableFontFamilyNames()
```

方法获取计算机上所有可用的字体名称，并存放到字符串数组中。

GraphicsEnviroment 类是 java.awt 包中的抽象类，不能用构造方法创建对象，Java 运行环境准备好了这个对象，只需让 GraphicsEnvironment 类调用它的类方法

```
public GraphicsEnvironment static getLocalGraphicsEnvironment()
```

获取这个对象的引用即可。例如：

```
GraphicsEnvironment ge= GraphicsEnvironment.getLocalGraphicsEnvironment();
```

```
String fontName[]=ge.getAvailableFontFamilyNames();
```

【例 10-20】　下拉列表 listFont 中列出全部可用字体名字，在下拉列表 listFont 中选择字体名字后，文本区用相应的字体显示特定的文本“北京奥运”（效果如图 10-23 所示）。

```
import java.awt.event.*;
import javax.swing.*;
import java.awt.*;
public class Example10_20{
    public static void main(String args[]){
        new FontWin();
    }
}
class FontWin extends JFrame implements ItemListener{
    JComboBox listFont;
    JTextArea text;
    FontWin(){
        text=new JTextArea(12,12);
        GraphicsEnvironment ge=GraphicsEnvironment.getLocalGraphicsEnvironment();
        String fontName[]=ge.getAvailableFontFamilyNames();
        listFont=new JComboBox(fontName);
        JPanel pNorth=new JPanel();
        pNorth.add(listFont);
        add(pNorth,BorderLayout.NORTH);
        add(new JScrollPane(text),BorderLayout.CENTER);
        listFont.addItemListener(this);
        setDefaultCloseOperation(JFrame.DISPOSE_ON_CLOSE);
        setVisible(true);
        setBounds(100,120,300,300);
    }
    public void itemStateChanged(ItemEvent e){
        String name=(String)listFont.getSelectedItem();
        Font f=new Font(name,Font.BOLD,32);
        text.setFont(f);
        text.setText("北京奥运");
    }
}
```

图 10-23　设置字体

5．组件的大小与位置

❖ public void setSize(int width, int height) ——设置组件的大小，参数 width 指定组件的宽度，height 指定组件的高度。

❖ public void setLocation(int x, int y) ——设置组件在容器中的位置，包含该组件的容器都有默认的坐标系，容器的坐标系的左上角的坐标是(0,0)，参数 x 和 y 指定该组件的左上角在容器的坐标系中的坐标，即组件距容器的左边界 x 个像素，距容器的上边界 y 个像素。

❖ public Dimension getSize() ——返回一个 Dimension 对象的引用，该对象实体中含有名字是 width 和 height 的成员变量，方法返回的 Dimmension 对象的 width 的值就是组件的宽度、height 的值就是当前组件的高度。

❖ public Point getLocation(int x, int y) ——返回一个 Point 对象的引用，该对象实体中含

有名字是 x 和 y 的成员变量，方法返回的 Point 对象 x 和 y 的值就是组件的左上角在容器的坐标系中的 x 坐标和 y 坐标。

❖ public void setBounds(int x, int y, int width, int height) ——设置组件在容器中的位置和组件的大小。该方法相当于 setSize()方法和 setLocation()方法的组合。

❖ public Rectangle getBounds() ——返回一个 Rectangle 对象的引用，该对象实体中含有名字是 x、y、width 和 height 的成员变量，方法返回的 Rectangle 对象 x 和 y 的值就是当前组件左上角在容器坐标系中的 x 坐标和 y 坐标，width 和 height 的值就是当前组件的宽度和高度。

6．组件的激活与可见性

❖ public void setEnabled(boolean b) ——设置组件是否可被激活。参数 b 取值 true 时，组件可以被激活，取值 false 时，组件不可激活。默认情况下，组件是可以被激活的。

❖ public void setVisible(boolean b) ——设置组件在该容器中的可见性。参数 b 取值 true 时，组件在容器中可见；取值 false 时，组件在容器中不可见。除 Window 组件外，其他类型组件默认是可见的。

10.14　窗口事件

1．WindowListener 接口

JFrame 类是 Window 类的子类，Window 对象都能触发 WindowEvent 事件。当一个 JFrame 窗口被激活、撤销激活、打开、关闭、图标化或撤销图标化时，就引发了窗口事件，即 WindowEvent 创建一个窗口事件对象。窗口使用 addWindowlistener()方法获得监视器，创建监视器对象的类必须实现 WindowListener 接口，该接口中有 7 个方法：

❖ public void WindowActivated(WindowEvent e) ——当窗口从非激活状态到激活时，窗口的监视器调用该方法。

❖ public void WindowDeactivated(WindowEvent e) ——当窗口激活状态到非激活状态时，窗口的监视器调用该方法。

❖ public void WindowClosing(WindowEvent e) ——窗口正在被关闭时，窗口的监视器调用该方法。

❖ public void WindowClosed(WindowEvent e) ——窗口关闭时，窗口的监视器调用该方法。

❖ public void WindowIconified(WindowEvent e) ——窗口图标化时，窗口的监视器调用该方法。

❖ public void WindowDeiconified(WindowEvent e) ——窗口撤销图标化时，窗口的监视器调用该方法。

❖ public void WindowOpened(WindowEvent e) ——窗口打开时，窗口的监视器调用该方法。

WindowEvent 创建的事件对象调用 getWindow()方法可以获取发生窗口事件的窗口。

当单击窗口上的关闭图标时，监视器首先调用 WindowClosing()方法，然后执行窗口初始化时用 setDefaultCloseOperation(int n)方法设定的关闭操作，最后执行 WindowClosed()方法。

如果在 WindowClosing()方法执行了 System.exit(0)，或者 setDefaultCloseOperation 设定的关闭操作是 EXITON_ON_CLOSE 或 DO_NOTHING_ON_CLOSE，那么监视器就没有机会再

调用 WindowClosed()方法。

单击窗口的图标化按钮时，监视器调用 WindowIconified()方法后，还将调用 windowDeactivated()方法。撤销窗口图标化时，监视器调用 windowDeiconified()方法后还会调用 windowActivated()方法。

2．WindowAdapter 适配器

接口中如果有多个方法会给使用者带来诸多不便，因为实现这个接口的类必须实现接口中的全部方法，否则这个类必须是一个 abstract 类。为了给编程人员提供方便，Java 提供的接口，如果其中的方法多于一个，就提供一个相关的称为适配器的类，这个适配器是已经实现了相应接口的类。例如，Java 在提供 WindowListener 接口的同时提供了 WindowAdapter 类，WindowAdapter 类实现了 WindowListener 接口。因此，可以使用 WindowAdapte 的子类创建的对象作为监视器，在子类中重写所需要的接口方法即可。

【例 10-21】　使用 WindowAdapter 的匿名类（匿名类就是 WindowAdapter 的一个子类）作为窗口的监视器。

```java
import java.awt.*;
import java.awt.event.*;
import javax.swing.*;
public class Example10_21{
    public static void main(String args[]){
        MyWindow win=new MyWindow();
    }
}
class MyWindow extends JFrame{
    MyWindow(){
        addWindowListener(new WindowAdapter(){            // 匿名类对象作为监视器
                    public void windowClosing(WindowEvent e){
                        System.exit(0);
                    }
                });
        setBounds(100,100,150,150);
        setVisible(true);
        setDefaultCloseOperation(JFrame.DO_NOTHING_ON_CLOSE);
    }
}
```

10.15　鼠标事件

1．鼠标事件的触发

组件是可以触发鼠标事件的事件源。用户的下列 7 种操作都可以使得组件触发鼠标事件：① 鼠标指针从组件外进入；② 鼠标指针从组件内退出；③ 鼠标指针停留在组件上时，按下鼠标；④ 鼠标指针停留在组件上时，释放鼠标；⑤ 鼠标指针停留在组件上时，单击鼠标；⑥ 在组件上拖动鼠标指针；⑦ 在组件上运动鼠标指针。

鼠标事件的类型是 MouseEvent，即组件触发鼠标事件时，MouseEvent 类自动创建一个事件对象。

2. MouseListener 接口与 MouseMotionListener 接口

Java 分别使用两个接口来处理鼠标事件。

（1）MouseListener 接口

如果事件源使用 addMouseListener(MouseListener listener)方法获取监视器，那么用户的下列 5 种操作可使得事件源触发鼠标事件：① 鼠标指针从组件外进入；② 鼠标指针从组件内退出；③ 鼠标指针停留在组件上面时，按下鼠标；④ 鼠标指针停留在组件上面时，释放鼠标；⑤ 鼠标指针停留在组件上面时，单击或连续单击鼠标。

创建监视器的类必须实现 MouseListener 接口，该接口有 5 个方法：

❖ mousePressed(MouseEvent) ——负责处理鼠标按下触发的鼠标事件。

❖ mouseReleased(MouseEvent e) ——负责处理鼠标释放触发的鼠标事件。

❖ mouseEntered(MouseEvent e) ——负责处理鼠标进入组件触发的鼠标事件。

❖ mouseExited(MouseEvent e) ——负责处理鼠标退出组件触发的鼠标事件。

❖ mouseClicked(MouseEvent e) ——负责处理鼠标单击或连击触发的鼠标事件。

（2）MouseMotionListener 接口

如果事件源使用 addMouseMotionListener(MouseMotionListener listener)方法获取监视器，那么用户的下列两种操作可使得事件源触发鼠标事件：① 在组件上拖动鼠标指针；② 在组件上运动鼠标指针。

创建监视器的类必须实现 MouseMotionListener 接口，该接口有两个方法：

❖ mouseDragged(MouseEvent e) ——负责处理鼠标拖动事件，即在事件源上拖动鼠标时，监视器将自动调用接口中的这个方法对事件做出处理。

❖ mouseMoved(MouseEvent e) ——负责处理鼠标移动事件，即在事件源上运动鼠标时，监视器将自动调用接口中的这个方法对事件做出处理。

由于处理鼠标事件的接口中的方法多于一个，Java 提供了相应的适配器类：MouseAdapter 类和 MouseMotionAdapter 类，分别实现 MouseListener 接口和 MouseMotionListener 接口。

3. MouseEvent 类

在处理鼠标事件时，程序经常关心鼠标在当前组件坐标系中的位置，以及触发鼠标事件使用的是鼠标的左键或右键等信息。MouseEvent 类中有下列几个重要的方法：

❖ getX() ——返回触发当前鼠标事件时，鼠标指针在事件源坐标系中的 x 坐标。

❖ getY() ——返回触发当前鼠标事件时，鼠标指针在事件源坐标系中的 y 坐标。

❖ getModifiers() ——返回一个整数值。如果是通过鼠标左键触发的鼠标事件，该方法返回的值等于 InputEvent 类中的类常量 BUTTON1_MASK；如果是右键，返回的是 InputEvent 类中的类常量 BUTTON3_MASK。

❖ getClickCount() ——返回鼠标被连续单击的次数。

❖ getSource() ——返回触发当前鼠标事件的事件源。

【例 10-22】 使用 MouseListener 接口处理鼠标事件。在程序中，分别监视按钮、标签和窗体上的鼠标事件，当发生鼠标事件时，获取鼠标的坐标值（效果如图 10-24 所示）。注意：事件源的坐标系的左上角是原点。

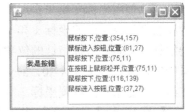

图 10-24 使用 MouseListener 接口

```
import java.awt.*;
```

```
import java.awt.event.*;
import javax.swing.*;
public class Example10_22{
    public static void main(String args[]){
        new MouseWindow();
    }
}
class MouseWindow extends JFrame implements MouseListener{
    JButton button;
    JTextArea textArea;
    MouseWindow(){
        setLayout(new FlowLayout());
        addMouseListener(this);
        button=new JButton("我是按钮");
        button.addMouseListener(this);
        textArea=new JTextArea(8,18);
        add(button);
        add(new JScrollPane(textArea));
        setBounds(100,100,350,280);
        setVisible(true);
        validate();
        setDefaultCloseOperation(JFrame.EXIT_ON_CLOSE);
    }
    public void mousePressed(MouseEvent e){
        textArea.append("\n 鼠标按下,位置:"+"("+e.getX()+","+e.getY()+")");
    }
    public void mouseReleased(MouseEvent e){
        if(e.getSource()==button)
            textArea.append("\n 在按钮上鼠标松开,位置:"+"("+e.getX()+","+e.getY()+")");
    }
    public void mouseEntered(MouseEvent e){
        if(e.getSource()==button)
            textArea.append("\n 鼠标进入按钮,位置:"+"("+e.getX()+","+e.getY()+")");
    }
    public void mouseExited(MouseEvent e){}
    public void mouseClicked(MouseEvent e){
        if(e.getModifiers()==InputEvent.BUTTON3_MASK&&e.getClickCount()>=2)
            textArea.setText("您双击了鼠标右键");
    }
}
```

4．用鼠标拖动组件

可以使用坐标变换来实现组件的拖动。用鼠标拖动容器中的组件时，可以先获取鼠标指针在组件坐标系中的坐标 x 和 y，以及组件的左上角在容器坐标系中的坐标 a 和 b；如果在拖动组件时，想让鼠标指针的位置相对于拖动的组件保持静止，那么，组件左上角在容器坐标系中的位置应当是 a+x-x0，a+y-y0。其中，x0 和 y0 是最初在组件上按下鼠标时，鼠标指针在组件坐标系中的位置坐标。

【例 10-23】　在窗体中添加一个分层窗格，分层窗格中添加了一些组件。使用 MouseListener 和 MouseMotionListener 接口处理鼠标事件，可以用鼠标拖动分层窗格中的组件（效果如图 10-25 所示）。使用分层窗格是为了保证被拖动的组件不会被其他组件遮挡。

图 10-25　拖动组件

```java
import java.awt.*;
import java.awt.event.*;
import javax.swing.*;
public class Example10_23{
    public static void main(String args[]){
        JFrame fr=new JFrame();
        fr.add(new LP(),BorderLayout.CENTER);
        fr.setVisible(true);
        fr.setBounds(12,12,300,300);
        fr.setDefaultCloseOperation(JFrame.EXIT_ON_CLOSE);
        fr.validate();
    }
}
class LP extends JLayeredPane implements MouseListener,MouseMotionListener{
    JButton  button;
    JLabel  label;
    int  x, y, a, b, x0, y0;
    LP(){
        button=new JButton("用鼠标拖动我");
        label=new JLabel("用鼠标拖动我");
        button.addMouseListener(this);
        button.addMouseMotionListener(this);
        label.addMouseListener(this);
        label.addMouseMotionListener(this);
        setLayout(new FlowLayout());
        add(label ,JLayeredPane.DEFAULT_LAYER);
        add(button,JLayeredPane.DEFAULT_LAYER);
    }
    public void mousePressed(MouseEvent e){
        JComponent com=null;
        com=(JComponent)e.getSource();
        setLayer(com,JLayeredPane.DRAG_LAYER);
        a=com.getBounds().x;
        b=com.getBounds().y;
        x0=e.getX();                              // 获取鼠标在事件源中的位置坐标
        y0=e.getY();
    }
    public void mouseReleased(MouseEvent e){
        JComponent com=null;
        com=(JComponent)e.getSource();
        setLayer(com,JLayeredPane.DEFAULT_LAYER);
    }
    public void mouseEntered(MouseEvent e){}
    public void mouseExited(MouseEvent e){}
    public void mouseClicked(MouseEvent e){}
    public void mouseMoved(MouseEvent e){}
    public void mouseDragged(MouseEvent e){
        JComponent com=null;
        if(e.getSource() instanceof JComponent){
```

```
                    com=(JComponent)e.getSource();
                    a=com.getBounds().x;
                    b=com.getBounds().y;
                    x=e.getX();                              // 获取鼠标在事件源中的位置坐标
                    y=e.getY();
                    a=a+x;
                    b=b+y;
                    com.setLocation(a-x0,b-y0);
                }
            }
        }
```

5. 弹出式菜单

单击鼠标右键出现的弹出式菜单是用户熟悉和常用的操作，这是通过处理鼠标事件实现的。弹出式菜单由 JPopupMenu 类负责创建，可以用下列构造方法创建弹出式菜单：

❖ public JPopupMenu() ——构造无标题弹出式菜单。

❖ public JPopupMenu(String label) ——构造由参数 label 指定标题的弹出式菜单。

弹出式菜单需要在某个组件的正前方弹出可见，通过调用 public void show(Component invoker, int x, int y)方法设置弹出式菜单在组件 invoker 上的弹出的位置，位置坐标(x, y)按 invoker 的坐标系。

【例 10-24】 在文本区上单击右键时，在鼠标位置处弹出快捷菜单，用户选择相应的菜单项可以将文本区中选中的内容复制、剪切到系统的剪贴板中或将剪贴板中的文本内容粘贴到文本区（效果如图 10-26 所示）。

```
import javax.swing.*;
import java.awt.event.*;
import java.awt.*;
public class Example10_24{
    public static void main(String args[]){
        new JPopupMenuWindow();
    }
}
```

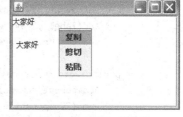

图 10-26　弹出式菜单

```
class JPopupMenuWindow extends JFrame implements ActionListener{
    JPopupMenu menu;
    JMenuItem itemCopy,itemCut,itemPaste;
    JTextArea text;
    JPopupMenuWindow(){
        menu=new JPopupMenu();
        itemCopy=new JMenuItem("复制");
        itemCut=new JMenuItem("剪切");
        itemPaste=new JMenuItem("粘贴");
        menu.add(itemCopy);
        menu.add(itemCut);
        menu.add(itemPaste);
        text=new JTextArea();
        text.addMouseListener(new MouseAdapter(){
                        public void mousePressed(MouseEvent e){
                            if(e.getModifiers()==InputEvent.BUTTON3_MASK)
                                menu.show(text,e.getX(),e.getY());
```

```
                        }
                    });
    add(new JScrollPane(text),BorderLayout.CENTER);
    itemCopy.addActionListener(this);
    itemCut.addActionListener(this);
    itemPaste.addActionListener(this);
    setBounds(120,100,220,220);
    setVisible(true);
    setDefaultCloseOperation(JFrame.DISPOSE_ON_CLOSE);
}
public void actionPerformed(ActionEvent e){
    if(e.getSource()==itemCopy)
        text.copy();
    else if(e.getSource()==itemCut)
        text.cut();
    else if(e.getSource()==itemPaste)
        text.paste();
    }
}
```

10.16　焦点事件

组件可以触发焦点事件。组件可以使用 public void addFocusListener(FocusListener listener)方法增加焦点事件监视器。当组件具有焦点监视器后，如果组件从无输入焦点变成有输入焦点或从有输入焦点变成无输入焦点都会触发 FocusEvent 事件。创建监视器的类必须实现 FocusListener 接口，该接口有两个方法：

```
public void focusGained(FocusEvent e)
public void focusLost(FocusEvent e)
```

当组件从无输入焦点变成有输入焦点触发 FocusEvent 事件时，监视器调用类实现的接口方法 focusGained(FocusEvent e)；当组件从有输入焦点变成无输入焦点触发 FocusEvent 事件时，监视器调用类实现的接口方法 focusLost(FocusEvent e)。

组件调用 public boolean requestFocusInWindow()方法可以获得输入焦点。

10.17　键盘事件

在 SDK 1.2 事件模式中，必须有发生事件的事件源。当一个组件处于激活状态时，组件可以成为触发 KeyEvent 事件的事件源。当某个组件处于激活状态时，如果用户敲击键盘上一个键，就导致这个组件触发 KeyEvent 事件。

1. 使用 KeyListener 接口处理键盘事件

组件使用 addKeyListener()方法获得监视器。监视器是一个对象，创建该对象的类必须实现接口 KeyListener。接口 KeyListener 中有 3 个方法：public void keyPressed(KeyEvent e)，public void keyTyped(KeyEvent e)和 public void KeyReleased(KeyEvent e)。

当按下键盘上某个键时，监视器就会发现，然后 keyPressed()方法会自动执行，并且 KeyEvent 类自动创建一个对象传递给 keyPressed()方法中的参数 e。keyTyped()方法是

Pressedkey()和 keyReleased()方法的组合。当键被按下又释放时，keyTyped()方法被调用。

用 KeyEvent 类的 public int getKeyCode()方法可以判断哪个键被按下、敲击或释放，getKeyCode()方法返回一个键码值（如表 10.1 所示），KeyEvent 类的 public char getKeyChar()方法判断哪个键被按下、敲击或释放，getKeyChar()方法返回键的字符。

表 10.1　键码表

键　码	键	键　码	键
VK_F1-VK_F12	功能键 F1～F12	VK_SEMICOLON	分号
VK_LEFT	向左箭头	VK_PERIOD	.
VK_RIGHT	向右箭头	VK_SLASH	/
VK_UP	向上箭头	VK_BACK_SLASH	\
VK_DOWN	向下箭头	VK_0～VK_9	0～9
VK_KP_UP	小键盘的向上箭头	VK_A～VK_Z	a～z
VK_KP_DOWN	小键盘的向下箭头	VK_OPEN_BRACKET	[
VK_KP_LEFT	小键盘的向左箭头	VK_CLOSE_BRACKET	]
VK_KP_RIGHT	小键盘的向右箭头	VK_UNMPAD0～VK_UNMPAD9	小键盘上的 0～9
VK_END	END	VK_QUOTE	单引号 '
VK_HOME	HOME	VK_BACK_QUOTE	单引号 '
VK_PAGE_DOWN	向后翻页	VK_ALT	Alt
VK_PAGE_UP	向前翻页	VK_CONTROL	Ctrl
VK_PRINTSCREEN	打印屏幕	VK_SHIFT	Shift
VK_SCROLL_LOCK	滚动锁定	VK_ESCAPE	Esc
VK_CAPS_LOCK	大写锁定	VK_NUM_LOCK	数字锁定
VK_TAB	制表符	VK_DELETE	删除
PAUSE	暂停	VK_CANCEL	取消
VK_INSERT	插入	VK_CLEAR	清除
VK_ENTER	回车	VK_BACK_SPACE	退格
VK_SPACE	空格	VK_COMMA	逗号
VK_PAUSE	暂停	—	—

安装某些软件时，经常要求输入序列号码，并且要在几个文本条中依次输入，每个文本框中输入的字符数目都是固定的，在第一个文本框输入了恰好的字符个数后，输入光标会自动转移到下一个文本框。

【例 10-25】 通过处理焦点实践和键盘事件来实现软件序列号的输入。当文本框获得输入焦点后，用户敲击键盘将使得当前文本框触发 KeyEvent 事件，在处理事件时，程序检查文本框中光标的位置，如果光标已经到达指定位置，就将输入焦点转移到下一个文本框（效果如图 10-27 所示）。

```
import java.awt.*;
import java.awt.event.*;
import javax.swing.*;
public class Example10_25{
    public static void main(String args[]){
        Win  win=new Win();
    }
}
class Win extends JFrame implements KeyListener, FocusListener{
    TextField text[]=new TextField[3];
```

图 10-27　输入序列号

```
        JButton b;
        Win(){
            setLayout(new FlowLayout());
            for(int i=0; i<3; i++){
                text[i]=new TextField(7);
                text[i].addKeyListener(this);              // 监视键盘事件
                text[i].addFocusListener(this);            // 监视焦点事件
                add(text[i]);
            }
            b=new JButton("确定");
            add(b);
            text[0].requestFocusInWindow();
            setBounds(10,10,300,300);
            setVisible(true);
            setDefaultCloseOperation(JFrame.EXIT_ON_CLOSE);
        }
        public void keyPressed(KeyEvent e){
            TextField t=(TextField)e.getSource();
            if(t.getCaretPosition()>=6)
                t.transferFocus();
        }
        public void keyTyped(KeyEvent e){ }
        public void keyReleased(KeyEvent e){ }
        public void focusGained(FocusEvent e){
            TextField text=(TextField)e.getSource();
            text.setText(null);
        }
        public void focusLost(FocusEvent e){ }
    }
```

2. 处理组合键

键盘事件 KeyEvent 对象调用 getModifiers()方法，可以返回下列整数值，它们分别是 InputEvent 类的类常量：ALT_MASK，CTRL_MASK，SHIFT_MASK。程序可以根据 getModifiers()方法返回的值处理组合键事件。例如，对于 KeyEvent 对象 e，当使用 CTRL+X 组合键时，下面的逻辑表达式为 true：

```
        e.getModifiers()==InputEvent.CTRL_MASK&&e.getKeyCode()==KeyEvent.VK_X
```

【例 10-26】用户通过 Ctrl+C、Ctrl+X 和 Ctrl+V 组合键实现文本区内容的复制、剪切和粘贴。

```
        import java.awt.*;
        import java.awt.event.*;
        import javax.swing.*;
        public class Example10_26{
            public static void main(String args[]){
                KeyWin  win=new KeyWin();
            }
        }
        class KeyWin extends JFrame implements KeyListener{
            JTextArea  text;
            KeyWin(){
```

```
            setLayout(new FlowLayout());
            text=new JTextArea(30,20);
            text.addKeyListener(this);
            add(new JScrollPane(text), BorderLayout.CENTER);
            setDefaultCloseOperation(JFrame.EXIT_ON_CLOSE);
            setBounds(10, 10, 300, 300);
            setVisible(true);
        }
        public void keyTyped(KeyEvent e){
            JTextArea te=(JTextArea)e.getSource();
            if(e.getModifiers()==InputEvent.CTRL_MASK&&e.getKeyCode()==KeyEvent.VK_X)
                te.cut();
            else if(e.getModifiers()==InputEvent.CTRL_MASK&&e.getKeyCode()==KeyEvent.VK_C)
                te.copy();
            else if(e.getModifiers()==InputEvent.CTRL_MASK&&e.getKeyCode()==KeyEvent.VK_V)
                te.paste();
        }
        public void keyPressed(KeyEvent e){}
        public void keyReleased(KeyEvent e){}
    }
```

10.18　AWT 线程

当 Java 程序包含图形用户界面（GUI）时，Java 虚拟机在运行应用程序时会自动启动更多的线程，其中有两个重要的线程：AWT-EventQuecue 和 AWT-Windows。AWT-EventQuecue 线程负责处理 GUI 事件，AWT-Windows 线程负责将窗体或组件绘制到桌面。因此，当程序中发生 GUI 界面事件时，AWT-EventQuecue 线程会来处理这个事件。例如，单击了程序中的按钮，将触发 ActionEvent 事件，AWT-EventQuecue 线程立刻排队等候执行处理事件的代码。Java 虚拟机在各线程之间快速切换，保证程序中的窗口始终能显示在桌面上，同时保证程序中的 GUI 事件和其他线程的任务得到处理和执行。

可以通过 GUI 界面事件，即在 AWT-EventQuecue 线程中，通知其他线程开始运行、挂起、恢复或死亡（有关线程的知识参见 8.9 节）。

【例 10-27】单击"开始"按钮，启动线程（该线程负责移动一个红色的标签），单击"挂起"按钮，暂时中断线程的执行，单击"恢复"按钮，恢复线程，单击"终止"按钮，终止线程。

```
        import java.awt.*;
        import java.awt.event.*;
        import javax.swing.*;
        public class Example10_27{
            public static void main(String args[]){
                new ThreadWin();
            }
        }
        class ThreadWin extends JFrame implements Runnable,ActionListener{
            Thread  moveOrStop;
            JButton  start, hang, resume, die;
            JLabel  moveLabel;
```

```
boolean  move=false, dead=false;
ThreadWin(){
    moveOrStop=new Thread(this);
    start=new JButton("线程开始");
    hang=new JButton("线程挂起");
    resume=new JButton("线程恢复");
    die=new JButton("线程终止");
    start.addActionListener(this);
    hang.addActionListener(this);
    resume.addActionListener(this);
    die.addActionListener(this);
    moveLabel=new JLabel("线程负责运动我");
    moveLabel.setBackground(Color.red);
    setLayout(new FlowLayout());
    add(start);
    add(hang);
    add(resume);
    add(die);
    add(moveLabel);
    setSize(500,500);
    setVisible(true);
    setDefaultCloseOperation(JFrame.EXIT_ON_CLOSE);
}
public void actionPerformed(ActionEvent e){
    if(e.getSource()==start){
        try{
            move=true;
            moveOrStop.start();                     // 启动线程
        }
        catch(Exception event){ }
    }
    else if(e.getSource()==hang)
        move=false;
    else if(e.getSource()==resume){
        move=true;
        resumeThread();                             // 恢复线程
    }
    else if(e.getSource()==die)
        dead=true;
}
public void run(){
    while(true){
        while(!move){
            try{  hangThread();  }                  // 挂起线程
            catch(InterruptedException e1){ }
        }
        int x=moveLabel.getBounds().x;
        int y=moveLabel.getBounds().y;
        y=y+2;
        if(y>=200)
            y=10;
```

```
                moveLabel.setLocation(x,y);
                try{  moveOrStop.sleep(200);  }
                catch(InterruptedException e2){ }
                if(dead==true)
                    return;                                  // 终止线程
            }
        }
        public synchronized void hangThread() throws InterruptedException{
            wait();
        }
        public synchronized void  resumeThread(){
            notifyAll();
        }
    }
```

10.19 计时器

　　javax.swing 包提供了一个很方便的 Timer 类，该类创建的对象称作计时器。

　　当某些操作需要周期性地执行，就可以使用计时器。可以使用 Timer 类的构造方法 Timer(int a, Object b)创建一个计时器，其中的参数 a 的单位是毫秒，确定计时器每隔 a 毫秒"振铃"一次，参数 b 是计时器的监视器。计时器发生的振铃事件是 ActinEvent 类型事件。当振铃事件发生时，监视器就会监视到这个事件，监视器就回调 ActionListener 接口中的 actionPerformed()方法。因此当振铃每隔 a 毫秒发生一次时，方法 actionPerformed()就被执行一次。想让计时器只振铃一次，可以让计时器调用 setReapeats(boolean b)方法，参数 b 的值取 false 即可。使用 Timer(int a, Object b)方法创建计时器，对象 b 就自动成了计时器的监视器，不必像其他组件那样（如按钮）使用特定的方法获得监视器，但负责创建监视器的类必须实现接口 Actionlistener。如果使用 Timer(int a)方法创建计时器，计时器必须再显式调用 addActionListener(ActionListener listener) 方法获得监视器。另外，计时器还可以调用 setInitialDelay(int depay)方法设置首次振铃的延时，如果没有使用该方法进行设置，首次振铃的延时为 a。

　　计时器通过调用方法 start()启动计时器，调用方法 stop()停止计时器、调用方法 restart() 重新启动计时器。

　　【例 10-28】 使用计时器，使得标签每隔一秒显示一个汉字。单击"开始"按钮，启动计时器，每隔一秒标签显示一个汉字；单击"暂停"按钮，暂停计时器，标签不再显示下一个汉字；单击"继续"按钮，重新启动计时器（效果如图 10-28 所示）。

```
import java.awt.*;
import java.awt.event.*;
import javax.swing.*;
public class Example10_28{
    public static void main(String args[]){
        TimeWin  Win=new TimeWin();
    }
}
class TimeWin extends JFrame implements ActionListener{
    JButton bStart, bStop, bContinue;
```

图 10-28　使用计时器

```
    JLabel  showWord;
    Timer   time;
    int  number=0, start=1;
    char[]  chinaWord;
    TimeWin(){
        time=new Timer(1000,this);                    // TimeWin 对象做计时器的监视器
        showWord=new JLabel();
        showWord.setHorizontalAlignment(JLabel.CENTER);
        showWord.setFont(new Font("宋体",Font.BOLD,58));
        bStart=new JButton("开始");
        bStop=new JButton("暂停");
        bContinue=new JButton("继续");
        bStart.addActionListener(this);
        bStop.addActionListener(this);
        bContinue.addActionListener(this);
        JPanel pNorth=new JPanel();
        pNorth.add(bStart);
        pNorth.add(bStop);
        pNorth.add(bContinue);
        add(pNorth, BorderLayout.NORTH);
        add(showWord, BorderLayout.CENTER);
        setSize(300, 180);
        setVisible(true);
        setDefaultCloseOperation(JFrame.EXIT_ON_CLOSE);
        chinaWord=new char[100];
        for(int k=0, i='我'; k<chinaWord.length; i++, k++)
            chinaWord[k]=(char)i;
    }
    public void actionPerformed(ActionEvent e){
      if(e.getSource()==time){
        showWord.setText(""+chinaWord[number]);
        number++;
        if(number==chinaWord.length-1)
           number=0;
      }
      else if(e.getSource()==bStart)
         time.start();
      else if(e.getSource()==bStop)
         time.stop();
      else if(e.getSource()==bContinue)
         time.restart();
      }
    }
```

10.20　MVC 设计模式

　　模型-视图-控制器（Model-View-Controller），简称 MVC。MVC 是一种先进的设计模式，是 Trygve Reenskaug 教授于 1978 年最早开发的一个设计模板或基本结构，其目的是以会话形式提供方便的 GUI 支持。MVC 设计模式首先出现在 Smalltalk 编程语言中。

MVC 是一种通过三个不同部分构造一个软件或组件的理想办法：① 模型（model），用于存储数据的对象；② 视图（view），为模型提供数据显示的对象；③ 控制器（controller），处理用户的交互操作，对于用户的操作做出响应，让模型和视图进行必要的交互，即通过视图修改、获取模型中的数据；当模型中的数据变化时，让视图更新显示。

　　从面向对象的角度看，MVC 结构可以使程序更具有对象化特性，也更容易维护。在设计程序时，可以将某个对象看成"模型"，然后为"模型"提供恰当的显示组件，即"视图"。为了对用户的操作做出响应，可以选择某个组件做"控制器"，当发生组件事件时，通过"视图"修改或得到"模型"中维护着的数据，并让"视图"更新显示。

　　【例 10-29】 先编写一个封装三角梯形的类，再编写一个窗口。要求窗口使用三个文本框和一个文本区为三角形对象中的数据提供视图，其中三个文本框用来显示和更新梯形对象的上底、下底和高的长度；文本区对象用来显示梯形的面积。窗口中用一个按钮作为控制器，用户单击该按钮后，程序用三个文本框中的数据分别作为梯形的上底、下底和高的长度，并将计算出的三角形的面积显示在文本区中（效果如图 10-29 所示）。

```java
import java.awt.*;
import java.awt.event.*;
import javax.swing.*;
public class Example10_29{
    public static void main(String args[]){
        MVCWin win=new MVCWin();
    }
}
class Lader{
    private double above,bottom,height,area;
    public double getArea(){
        return (above+bottom)*height/2;
    }
    public void setAbove(double above){
        this.above=above;
    }
    public void setBottom(double bottom){
        this.bottom=bottom;
    }
    public void setHeight(double height){
        this.height=height;
    }
}
class MVCWin extends JFrame implements ActionListener{
    Lader lader;                                          // 数据对象
    JTextField textAbove,textBottom,textHeight;          // 数据对象的视图
    JTextArea showArea;                                  // 数据对象的视图
    JButton controlButton;                               // 控制器对象
    MVCWin(){
        lader=new Lader();
        textAbove=new JTextField(5);
        textBottom=new JTextField(5);
        textHeight=new JTextField(5);
        showArea=new JTextArea();
```

图 10-29　MVC 设计模式

```
        controlButton=new JButton("计算面积");
        JPanel pNorth=new JPanel();
        pNorth.add(new JLabel("上底:"));
        pNorth.add(textAbove);
        pNorth.add(new JLabel("下底:"));
        pNorth.add(textBottom);
        pNorth.add(new JLabel("高:"));
        pNorth.add(textHeight);
        pNorth.add(controlButton);
        controlButton.addActionListener(this);
        add(pNorth,BorderLayout.NORTH);
        add(new JScrollPane(showArea),BorderLayout.CENTER);
        setBounds(100,100,630,160);
        setVisible(true);
        setDefaultCloseOperation(JFrame.DISPOSE_ON_CLOSE);
    }
    public void actionPerformed(ActionEvent e){
        try{
            double a=Double.parseDouble(textAbove.getText().trim());
            double b=Double.parseDouble(textBottom.getText().trim());
            double c=Double.parseDouble(textHeight.getText().trim());
            lader.setAbove(a) ;                              // 更新数据
            lader.setBottom(b);
            lader.setHeight(c);
            showArea.append("梯形的面积:"+lader.getArea()+"\n");     // 更新视图
        }
        catch(Exception ex){   showArea.append("\n"+ex+"\n");   }
    }
}
```

10.21   播放音频

用 Java 可以编写播放 AU、AIFF、WAV、MIDI、RFM 格式的音频。AU 格式是 Java 早期唯一支持的音频格式。

假设音频文件 hello.au 位于应用程序当前目录中，播放音频的步骤如下。

（1）创建 File 对象

```
File musicFile=new File("hello.au")
```

（2）获取 URI 对象

URI 类是 java.net 包中的类。URI 是 Uniform Resource Identifier 的缩写。URI 对象中封装着一个资源的字符串表示，如可以是一个 E-mail 地址、一个文件的绝对路径、一个 Internet 主机的域名等。但是 URI 封装的资源不必是有效的，即不要求该资源真实存在。

File 对象调用 public URI toURI()返回一个 URI 对象：

```
URI uri=musicFile.toURI()
```

（3）获取 URL 对象

URL 类是 java.net 包中的类。URL 是 Uniform Resource Locator 的缩写。URL 对象中封装着一个资源的字符串表示，如可以是一个 E-mail 地址、一个文件的绝对路径、一个 Internet

主机的域名等。但是 URL 封装的资源必须是有效的，即要求该资源真实存在。

URI 对象调用 public URL toURL()返回一个 URL 对象：

```
URL url=uri.toURL();
```

（4）创建音频对象

为了播放音频，必须首先获得一个 AudioClip 对象，AudioClip 类是 java.applet 包中的类。可以使用 Applet 的一个静态的方法（类方法）：

```
newAudioClip(java.net.URL)
```

根据参数 url 封装的音频获得一个可用于播放的音频对象 clip。clip 对象可以使用下列方法来处理声音文件：play()，开始播放；loop()，循环播放；stop()，停止播放。

【例 10-30】 创建 7 个按钮，按钮上的名字依次是 "1"、"2"、…、"7"。将 7 个名字依次为 "1.au" … "7.au" 的音频文件存放在应用程序当前目录中。单击名字是 "1" 的按钮，程序就播放 "1.au" 音频文件，以此类推。（效果如图 10-30 所示）。

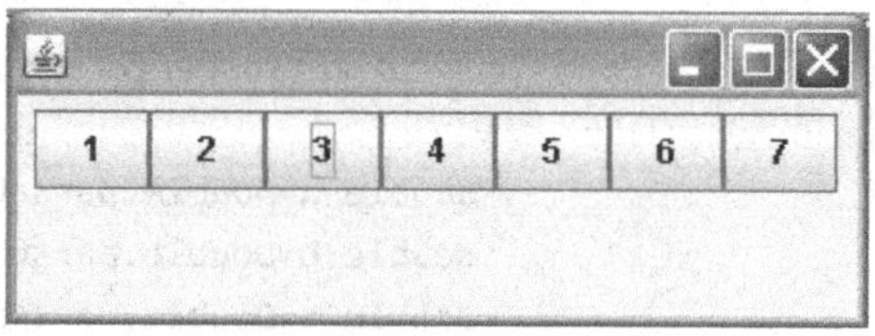

```
import java.awt.*;
import java.awt.event.*;
import javax.swing.*;
import java.io.*;
import java.net.*;
import java.applet.*;
public class Example10_30{
    public static void main(String args[]){
        new MusicWindow();
    }
}
class MusicWindow extends JFrame implements ActionListener{
    JButton [] musicButton;
    File musicFile;
    URI uri;
    URL url;
    AudioClip clip;
    String [] musicName={"1.au","2.au","3.au","4.au","5.au","6.au","7.au"};
    MusicWindow(){
        musicButton=new JButton[7];
        Box musicBox=Box.createHorizontalBox();
        for(int i=0; i<musicButton.length; i++){
            musicButton[i]=new JButton(""+(i+1));
            musicButton[i].addActionListener(this);
            musicBox.add(musicButton[i]);
        }
        setLayout(new FlowLayout());
        add(musicBox);
        setBounds(120,125,250,150);
        setVisible(true);
        setDefaultCloseOperation(JFrame.EXIT_ON_CLOSE);
    }
    public void actionPerformed(ActionEvent e){
        JButton button=(JButton)e.getSource();
        if(clip!=null) clip.stop();
        for(int i=0; i<musicButton.length; i++){
```

图 10-30　播放音频

```
        if(button==musicButton[i]){
            musicFile=new File(musicName[i]);
            uri=musicFile.toURI();
            try{   url=uri.toURL();   }
            catch(Exception exp){ }
        }
    }
    clip=Applet.newAudioClip(url);
    clip.play();
}
}
```

10.22　按钮绑定到键盘

在某些应用中，用户希望敲击键盘上的某个键和用鼠标单击按钮程序做出同样的反应，这就需要掌握本节的知识（按钮绑定到键盘通常被理解为用户直接敲击某个键代替用鼠标单击该按钮所产生的效果）。

1. AbstractAction 类与特殊的监视器

如果希望把用户对按钮的操作绑定到键盘上的某个键，必须用某种办法（见稍后内容）将按钮绑定到敲击某个键，即为按钮绑定键盘操作，再为按钮的键盘操作指定一个监视器（该监视器负责处理按钮的键盘操作）。Java 对按钮的键盘操作的监视器有着更加严格的特殊的要求：创建监视器的类必须实现 ActionListener 接口的子接口 Action。

如果按钮通过 addActionListener()方法注册的监视器和程序为按钮的键盘操作指定的监视器是同一个监视器，那么用户直接敲击某个键（按钮的键盘操作）就可代替用鼠标单击该按钮所产生的效果，这也就是人们通常理解的按钮的键盘绑定。

抽象类 javax.swing.AbstractAction 类实现了 Action 接口，因为大部分应用不需实现 Action 的其他方法，编写 AbstractAction 类的子类时只需重写 public void actionPerformed(ActionEvent e)方法即可，该方法是 ActionListener 接口中的方法。为按钮的键盘操作指定了监视器后，用户只要敲击相应的键，监视器就执行 actionPerformed()方法。

2. 指定监视器的步骤

以下假设按钮是 button，listener 是 AbstractAction 类的子类的实例。

（1）获取输入映射

按钮先调用 public final InputMap getInputMap(int condition)方法返回一个 InputMap 对象，其中参数 condition 取值 JCompent 类的下列 static 常量：WHEN_FOCUSED（仅在击键发生、同时组件具有焦点时才调用操作），WHEN_IN_FOCUSED_WINDOW（当击键发生、同时组件具有焦点时，或者组件处于具有焦点的窗口中时调用操作。只要窗口中的任意组件具有焦点，就调用向此组件注册的操作），WHEN_ANCESTOR_OF_FOCUSED_COMPONENT（当击键发生、同时组件具有焦点时，或者该组件是具有焦点的组件的祖先时调用该操作）。例如：

```
    InputMap inputmap = button.getInputMap(JComponent.WHEN_IN_FOCUSED_WINDOW);
```

（2）绑定按钮的键盘操作

步骤（1）返回的输入映射首先调用 public void put(KeyStroke keyStroke, Object

actionMapKey) 方法将敲击键盘上的某键指定为按钮的键盘操作，并为该操作指定一个
Object 类型的映射关键字（再使用该关键字为按钮上的键盘操作指定监视器，见稍后的步骤）。
例如：

```
inputmap.put(KeyStroke.getKeyStroke("A"),"dog");
```

（3）为按钮的键盘操作指定监视器

按钮调用 public final ActionMap getActionMap()方法返回一个 ActionMap 对象：

```
ActionMap actionmap = button.getActionMap();
```

然后，该对象 actionmap 调用 public void put(Object key, Action action)方法为按钮的键盘操作
指定监视器（实现单击键盘上的键通知监视器的过程）。例如：

```
actionmap.put("dog",listener);
```

【例 10-31】　程序中有 7 个按钮，按钮上的名字依次是"1"、"2"、…、"7"。采用的办
法与例 10-30 不同，本例为按钮绑定了键盘操作：为名字是"1"、"2"、…、"7"的按钮绑定
的键盘操作依次是键盘上名字为"1"，"2"、…、"7"的键。程序实现的功能是用户敲击键盘
上名字是"1"的键，程序播放"1.au"音频文件，以此类推。

```
import java.awt.*;
import java.awt.event.*;
import javax.swing.*;
import java.io.*;
import java.net.*;
import java.applet.*;
public class Example10_31 {
    public static void main(String args[]){
        new MusicWindow();
    }
}
class MusicWindow extends JFrame {
    Police listener;
    JButton [] musicButton;
    File musicFile;
    URI uri;
    URL url;
    AudioClip clip;
    String [] musicName={"1.au","2.au","3.au","4.au","5.au","6.au","7.au"};
    MusicWindow(){
        musicButton=new JButton[7];
        Box musicBox=Box.createHorizontalBox();
        listener=new Police();
        for(int i=0; i<musicButton.length; i++){
            musicButton[i]=new JButton(""+(i+1));
            musicBox.add(musicButton[i]);
            InputMap inputmap =musicButton[i].getInputMap(JComponent.WHEN_IN_FOCUSED_WINDOW);
            inputmap.put(KeyStroke.getKeyStroke(""+(i+1)),"dog");
            ActionMap actionmap=musicButton[i].getActionMap();
            actionmap.put("dog",listener);        // 指定 listener 是按钮键盘操作的监视器
        }
        setLayout(new FlowLayout());
        add(musicBox);
```

```
            setBounds(120,125,290,150);
            setVisible(true);
            setDefaultCloseOperation(JFrame.EXIT_ON_CLOSE);
        }
        class Police extends AbstractAction {            // Police 是内部类
            public void actionPerformed(ActionEvent e){
                if(clip!=null) clip.stop();
                for(int i=0; i<musicButton.length; i++){
                    if(button==musicButton[i]){
                        musicFile=new File(musicName[i]);
                        uri=musicFile.toURI();
                        try{   url=uri.toURL();   }
                        catch(Exception exp){ }
                    }
                }
                clip=Applet.newAudioClip(url);
                clip.play();
            }
        }
    }
```

在例 10-31 中，如果希望保留例 10-30 的功能：单击按钮也播放音频，只需在程序的 MusicWindow 类的构造方法的 for 语句中增加如下代码：

```
        musicButton[i].addActionListener(listener);
```

10.23   对话框

1. JDialog 类

JDialog 类和 JFrame 都是 Window 的子类，两者有相似之处也有不同。例如，对话框必须依赖于某个窗口或组件，当它所依赖的窗口或组件消失，对话框也将消失；而当它所依赖的窗口或组件可见时，对话框又会自动恢复。注意，对话框可见时，默认被系统添加到显示器屏幕上，因此不允许将一个对话框添加到另一个容器中。

通过建立 JDialog 的子类来建立一个对话框类，然后这个类的一个实例（即这个子类创建的一个对象）就是一个对话框。JDialog 类的主要方法如下：

❖ JDialog() ——构造一个无有标题的初始不可见的对话框，对话框依赖一个默认的不可见的窗口，该窗口由 Java 运行环境提供。

❖ JDialog(JFrame owner) ——构造一个无标题的初始不可见的无模式的对话框，owner 是对话框所依赖的窗口，如果 owner 取 null，对话框依赖一个默认的不可见的窗口，该窗口由 Java 运行环境提供。

❖ JDialog(JFrame owner, String title) ——构造一个具有标题的初始不可见的无模式的对话框，参数 title 是对话框的标题的名字，owner 是对话框所依赖的窗口，如果 owner 取 null，对话框依赖一个默认的不可见的窗口，该窗口由 Java 运行环境提供。

❖ JDialog(JFrame owner, String title, boolean modal) ——构造一个具有标题 title 的初始不可见的对话框。参数 modal 决定对话框是否为有模式或无模式，参数 owner 是对话框所依赖的窗口，如果 owner 取 null，对话框依赖一个默认的不可见的窗口，该窗口由 Java 运行环境提供。

❖ setModal(boolean b) ——设置对话框的模式，b 取 true 为有模式，取 false 为无模式。

❖ setVisible(boolean b) ——显示或隐藏对话框。

❖ public void setJMenuBar(JMenuBar menu) ——对话框添加菜单条。

2. 对话框的模式

对话框分为无模式和有模式两种。如果一个对话框是有模式的对话框，那么当这个对话框处于激活状态时，只让程序响应对话框内部的事件，程序不能再激活它所依赖的窗口或组件，而且它将堵塞当前线程的执行，直到该对话框消失不可见。也就是说，某个线程执行了使模式对话框 dialog 可见的代码，如 dialog.setVisible(true)，那么，该线程将进入堵塞状态。当单击对话框上的关闭图标或通过处理对话框中的其他 GUI 事件，使得该对话框消失不可见，该线程才结束堵塞，重新排队等待 CUP 资源。单击对话框上的关闭图标或对话框中的其他 GUI 事件的处理是由 Java 虚拟机启动的 AWT-EventQuecue 线程帮助完成的。

在进行一个重要的操作动作前，最好能弹出一个有模式的对话框。无模式对话框处于激活状态时，程序仍能激活它所依赖的窗口或组件，也不堵塞线程的执行。

【例 10-32】 当对话框处于激活状态时，命令行无法输出信息，对话框消失时，再根据对话框消失的原因，命令行输出信息"你单击了对话框的 Yes 按钮"或"你单击了对话框的 No 按钮"。

```java
import java.awt.event.*;
import java.awt.*;
import javax.swing.*;
public class Example10_32{
    public static void main(String args[]){
        MyDialog dialog=new MyDialog(null,"我有模式",true);
        dialog.setVisible(true);                    // 对话框激活状态
        if(dialog.getMessage()==MyDialog.YES)       // 如果单击了对话框的"yes"按钮
            System.out.println("你单击了对话框的 yes 按钮");
        else if(dialog.getMessage()==MyDialog.NO)
            System.out.println("你单击了对话框的 No 按钮");
        else if(dialog.getMessage()==MyDialog.CLOSE)
            System.out.println("你单击了对话框的关闭图标");
        System.exit(0);
    }
}
class MyDialog extends JDialog implements ActionListener{
    static final int YES=1,NO=0,CLOSE=-1;
    int message=10;
    Button yes,no;
    MyDialog(JFrame f,String s,boolean b){
        super(f,s,b);
        setLayout(new FlowLayout());
        yes=new Button("Yes");
        yes.addActionListener(this);
        no=new Button("No");
        no.addActionListener(this);
        add(yes);
```

```
        add(no);
        setBounds(60,60,100,100);
        addWindowListener(new WindowAdapter(){
                            public void windowClosing(WindowEvent e){
                                message=CLOSE;
                                setVisible(false);
                            }
                    });
    }
    public void actionPerformed(ActionEvent e){
        if(e.getSource()==yes){
            message=YES;
            setVisible(false);
        }
        else if(e.getSource()==no){
            message=NO;
            setVisible(false);
        }
    }
    public int getMessage(){
        return message;
    }
}
```

3．输入对话框

输入对话框含有供用户输入文本的文本框、一个确认和取消按钮，是有模式对话框。输入对话框可见时，要求用户输入一个字符串。javax.swing 包中的 JOptionPane 类的静态方法

```
public static String showInputDialog( Component parentComponent,
                                      Object message,
                                      String title,
                                      int messageType)
```

可以创建一个输入对话框。参数 parentComponent 指定消息对话框所依赖的组件，确认对话框会在该组件的正前方显示出来（如果 parentComponent 为 null，消息对话框会在屏幕的正前方显示出来），参数 message 指定对话框上的提示信息，参数 title 指定对话框上的标题，参数 messageType 的取值是 JoptionPane 中的类常量：ERROR_MESSAGE，WARNING_MESSAGE，INFORMATION_MESSAGE，QUESTION_MESSAGE 或 PLAIN_MESSAGE，这些值可以确定对话框的外观，如取值 WARNING_MESSAGE 时，对话框的外观上会有一个明显的"！"符号。

单击输入对话框上的确认按钮、取消按钮或关闭图标，都可以使输入对话框消失不可见，如果单击的是确认按钮，输入对话框将返回用户在对话框的文本框中输入的字符串，否则返回 null。

4．消息对话框

消息对话框是有模式对话框，进行一个重要的操作动作前，最好能弹出一个消息对话框。javax.swing 包中的 JOptionPane 类的静态方法：

```
public static void showMessageDialog( Component parentComponent,
                                      String message,
```

```
                                      String title,
                                      int messageType)
```

可以创建一个消息对话框。参数 parentComponent 指定消息对话框所依赖的组件，消息对话框会在该组件的正前方显示；message 指定对话框上显示的消息；title 指定对话框标题；messageType 的 有 效 值 是 JOptionPane 的 类 常 量 ：WARNING_MESSAGE ，INFORMATION_MESSAGE ， ERROR_MESSAGE ， QUESTION_MESSAGE 或 PLAIN_MESSAGE。这些值可以确定对话框的外观，如取值 WARNING_MESSAGE 时，对话框的外观上会有一个明显的"!"符号。

ShowMessageDialog()方法是 void 类型，消息对话框的作用是提示用户，不返回值给用户。

5．确认对话框

确认对话框是有模式对话框，javax.swing 包中的 JOptionPane 类的静态方法：

```
    public static int showConfirmDialog( Component parentComponent,
                                      Object message,
                                      String title,
                                      int optionType)
```

可以创建一个确认对话框。参数 parentComponent 指定消息对话框所依赖的组件，确认对话框会在该组件的正前方显示；message 指定对话框上显示的消息；title 指定对话框标题；messageType 的 有 效 值 是 JOptionPane 的 类 常 量，包括：YES_NO_CANCEL_OPTION，YES_NO_OPTION 或 OK_CANCEL_OPTION。这些值可以确定对话框的外观，如取值 YES_NO_OPTION 时，对话框的外观上会有"Yes"和"No"两个按钮。

确 认 对 话 框 消 失 后，showConfirmDialog() 方法会返回 JOptionPane 的类常量：YES_OPTION ， JOptionPane.NO_OPTION ， CANCEL_OPTION ， OK_OPTION 或 CLOSED_OPTION。返回的具体值依赖于用户单击了确认对话框上的哪个按钮以及对话框的关闭图标。

【例 10-33】 用户在输入对话框中输入数字字符，如果输入的字符中有非数字字符，将弹出一个消息对话框，提示用户输入了非法字符，该对话框消失后，将清除用户输入的非法字符；如果用户的输入没有非法字符，将弹出一个确认对话框，让用户确认，如果单击"确认"对话框上的"是（Y）"按钮，就在数字放入文本区。效果如图 10-31 所示。

图 10-31　输入、消息和确认对话框

```
    import java.aw
    t.event.*;
    import java.awt.*;
    import javax.swing.*;
    import java.util.regex.*;
    public class Example10_33{
        public static void main(String args[]){
            new Dwindow();
        }
```

```
    }
class Dwindow extends JFrame implements ActionListener{
    JButton inputNumber;
    JTextArea save;
    Pattern p;                              // 模式对象
    Matcher m;                              // 匹配对象
    Dwindow(){
        inputNumber=new JButton("单击按钮打开输入对话框");
        inputNumber.addActionListener(this);
        save=new JTextArea(12,16);
        add(inputNumber,BorderLayout.NORTH);
        add(new JScrollPane(save),BorderLayout.CENTER);
        p=Pattern.compile("\\D+");          // 创建模式对象（含有非数字字符的模式）
        setBounds(60,60,300,300);
        setVisible(true);
        setDefaultCloseOperation(JFrame.EXIT_ON_CLOSE);
    }
    public void actionPerformed(ActionEvent e){
        String str=JOptionPane.showInputDialog(null, "请输入数字字符序列",
                                "输入对话框", JOptionPane.INFORMATION_MESSAGE);
        if(str!=null){
          m=p.matcher(str);
          while(m.find()){
            JOptionPane.showMessageDialog(this, "您输入了非法字符",
                                "消息对话框", JOptionPane.WARNING_MESSAGE);
            str=JOptionPane.showInputDialog(null,"请输入数字字符序列");
            m=p.matcher(str);
          }
          int n=JOptionPane.showConfirmDialog(this, "确认正确吗？", "确认对话框",
                                JOptionPane.YES_NO_OPTION );
          if(n==JOptionPane.YES_OPTION)
            save.append("\n"+str);
        }
    }
}
```

6. 颜色对话框

javax.swing 包中的 JColorChooser 类的静态方法 public static Color showDialog(Component component, String title, Color initialColor)可以创建一个有模式的颜色对话框。参数 component 指定颜色对话框可见时的位置，颜色对话框在参数 component 指定的组件的正前方显示；如果 component 为 null，颜色对话框在屏幕的正前方显示出来。title 指定对话框的标题；initialColor 指定颜色对话框返回的初始颜色。用户通过颜色对话框选择颜色后，如果单击"确定"按钮，那么颜色对话框将消失，showDialog()方法返回对话框所选择的颜色对象；如果单击"撤销"按钮或关闭图标，那么颜色对话框将消失，showDialog()方法返回 null。

【例 10-34】 用户单击 buttonOpen 按钮时，弹出一个颜色对话框，然后根据用户选择的颜色来改变按钮 showColor 的颜色。

```
import java.awt.event.*;
import java.awt.*;
```

```
import javax.swing.*;
public class Example10_34{
    public static void main(String args[]){
        new ColorWin("带颜色对话框的窗口");
    }
}
class ColorWin extends JFrame implements ActionListener{
    JButton buttonOpen, showColor;
    ColorWin(String s){
        setTitle(s);
        buttonOpen=new JButton("打开颜色对话框");
        showColor=new JButton();
        buttonOpen.addActionListener(this);
        add(buttonOpen,BorderLayout.NORTH);
        add(showColor,BorderLayout.CENTER);
        setBounds(60,60,300,300);
        setVisible(true);
        setDefaultCloseOperation(JFrame.EXIT_ON_CLOSE);
    }
    public void actionPerformed(ActionEvent e){
        Color newColor=JColorChooser.showDialog(this, "调色板", showColor.getBackground());
        if(newColor!=null)
            showColor.setBackground(newColor);
    }
}
```

7. 文件对话框

文件对话框提供从文件系统中进行文件选择的界面。JFileChooser 对象调用

```
showDialog(Component parent, String s)
showOpenDialog(Component parent)
showSaveDialog(Component parent)
```

方法都可以创建一个有模式的文件对话框。文件对话框将在参数指定的组件 parent 的正前方显示，如果 parent 为 null，则在系统桌面的正前方显示。

文件对话框消失后，上述方法返回 JFileChooser 的类常量 APPROVE_OPTION 或 CANCEL_OPTION，返回值依赖于单击了对话框上的"确认"按钮还是"取消"按钮。当上面的某个方法返回 APPROVE_OPTION 时，可以使用 JFileChooser 类的 getSelecedFile()得到被选择的文件。

JFileChooser 类的构造方法如下：

❖ public JFileChooser() ——调用 showDialog 返回的对话框中显示的初始目录是本地系统的默认目录。

❖ public JFileChooser(File currentDirectory) ——调用 showDialog 返回的对话框中显示的初始目录是参数 currentDirectory 指定的目录。

【例 10-35】 单击"打开文件"按钮，弹出一个文件对话框，用户可以把选择的文件的内容显示在一个文本区中。

```
import java.awt.event.*;
import java.awt.*;
import javax.swing.*;
```

```java
import java.io.*;
public class Example10_35{
    public static void main(String args[]){
        new FileWindow();
    }
}
class FileWindow extends JFrame implements ActionListener{
    JButton buttonFile;
    JTextArea text;
    JFileChooser fileChooser;
    FileWindow(){
        fileChooser=new JFileChooser("C:/");
        buttonFile=new JButton("打开文件");
        text=new JTextArea("显示文件内容");
        buttonFile.addActionListener(this);
        add(buttonFile,BorderLayout.NORTH);
        add(new JScrollPane(text),BorderLayout.CENTER);
        setBounds(60,60,300,300);
        setVisible(true);
        setDefaultCloseOperation(JFrame.EXIT_ON_CLOSE);
    }
    public void actionPerformed(ActionEvent e){
        text.setText(null);
        int n=fileChooser.showOpenDialog(null);
        if(n==JFileChooser.APPROVE_OPTION){
            File file=fileChooser.getSelectedFile();
            try{
                FileReader readfile=new FileReader(file);
                BufferedReader in=new BufferedReader(readfile);
                String s=null;
                while((s=in.readLine())!=null)
                    text.append(s+"\n");
            }
            catch(IOException ee){ }
        }
    }
}
```

10.24　多文档界面

Java 实现多文档界面（MDI）常用的方式是在 JFrame 窗口中添加若干内部窗体。内部窗体由 JInternalFrame 类负责创建，这些内部窗体被限制在 JFrame 窗口中。在使用内部窗体时，需要将内部窗体事先添加到 JDesktopPane 桌面容器中，一个桌面容器可以添加若干内部窗体，这些内部窗体被限制在该桌面容器中，然后把桌面容器添加到 JFrame 窗口即可。

桌面容器使用 add(JInternalFrame e, int layer)方法添加内部窗体，并指定内部窗体所在的层次，其中参数 layer 取值 JLayeredPane 类中的类常量（该类是 JDesktopPane 的父类）：DEFAULT_LAYER，PALETTE_LAYER，MODAL_LAYER，POPUP_LAYER 或 DRAG_LAYER。

JDesktopPane 桌面对象调用 public void setLayer(JInternalFrame c, int layer)方法可以重新

设置内部窗体 c 所在的层，调用 public int getLayer(JInternalFrame c)方法可以获取内部窗体 c 所在的层数。另外，内部窗体可以自己调用 public void setLayer(int layer)方法重新设置内部窗体所在的层。

桌面容器经常使用下列方法与它里面的内部窗体发生联系：

❖ public JInternalFrame[ ] getAllFrames() ——返回桌面中所有层中的内部窗体。

❖ public JInternalFrame[ ] getAllFramesInLayer(int layer) ——返回桌面中指定层上的全部内部窗体。

❖ public JInternalFrame getSelectedFrame() ——返回桌面中处于活动状态的内部窗体。

JInternalFrame 的构造方法 JInternalFrame()可以创建一个无标题的内部窗体，该内部窗体默认是不可以关闭、不可以图标化、不可以最大化、不可以调整大小。内部窗体调用下列方法可以设置有关的属性：

❖ setMaximizable(boolean b) ——设置是否可以最大化。

❖ setIconifiable(boolean b) ——设置是否可以图标化

❖ setResizable(boolean b) ——设置是否可以调整大小。

❖ setTitle(String title) ——设置内部窗体的标题。

❖ setClosable(boolean b) ——设置内部窗体是否可关闭。

构造方法 JInternalFrame(String title, boolean resizable,boolean closable,boolean max, boolean min)可以创建一个内部窗体，第一个参数是窗体的名字，接下来的参数分别决定窗体能否调整大小、能否关闭、能否最大化、能否图标化。对于内部窗体需注意下列几点：

① 内部窗体与前面讲的中间容器有所不同，不能直接把组件加到内部窗体中，只能加到它的内容面板中。内部窗体与 JFrame 窗体一样，可以通过 getContentPane()方法得到它的内容窗体。

② 为了能显示内部窗体，必须把内部窗体先添加到一个容器中，这个容器是 JDesktopPane，该容器是专门为内部窗体服务的。

③ 调用 setVisible()为内部窗体设置可见性，内部窗体默认是不可见的。内部窗体需设置初始的大小，内部窗体的内容面板的默认布局是 BorderLayout 布局。

内部窗体可以发生 InternalFrameEvent 事件，通过 public void addInternalFrameListener (InternalFrameListener listener)方法获得监视器。监视器必须实现 InternalFrameListener 接口，该接口有下列方法：

```
void internalFrameActivated(InternalFrameEvent e)
void internalFrameClosed(InternalFrameEvent e)
void internalFrameClosing(InternalFrameEvent e)
void internalFrameDeactivated(InternalFrameEvent e)
void internalFrameDeiconified(InternalFrameEvent e)
void internalFrameIconified(InternalFrameEvent e)
void internalFrameOpened(InternalFrameEvent e)
```

内部窗体事件的处理与前面讲过的 WindowEvent 类似，不再赘述。

【例 10-36】 单击 JFrame 中的"新建"菜单，在窗体中出现一个新的内部窗体，该内部窗体中有一个文本区对象；单击 JFrame 中的"复制"菜单，将处于活动状态的内部窗体里面的文本区选中的内容复制到系统的剪贴板；单击 JFrame 中的"粘贴"菜单，将系统剪贴板中的文本内容粘贴到处于活动状态的内部窗体的文本区中（效果如图 10-32 所示）。

```
import javax.swing.*;
import javax.swing.event.*;
import java.awt.*;
import java.awt.event.*;
public class Example10_36{
    public static void main(String args[]){
        MDIWindow win=new MDIWindow();
    }
}
class MyInternalFrame extends JInternalFrame{
    JTextArea text;
    MyInternalFrame(String title){
        super(title,true,true,true,true);
        text=new JTextArea();
        add(new JScrollPane(text),BorderLayout.CENTER);
        setDefaultCloseOperation(JFrame.DISPOSE_ON_CLOSE);
        addInternalFrameListener(new InternalFrameAdapter (){
                        public void internalFrameActivated(InternalFrameEvent e){
                            setLayer(JDesktopPane.DRAG_LAYER);
                        }
                        public void internalFrameDeactivated(InternalFrameEvent e){
                            setLayer(JDesktopPane.DEFAULT_LAYER);
                        }
                    });
    }
    public JTextArea getJTextArea(){
        return text;
    }
}
class MDIWindow extends JFrame implements ActionListener{
    JDesktopPane  desk;                          // 添加内部窗体的桌面容器
    JMenuBar  menubar;
    JMenu  menu;
    JMenuItem  itemNew, itemCopy, itemCut, itemPaste;
    MDIWindow(){
        desk=new JDesktopPane();
        desk.setDesktopManager(new DefaultDesktopManager());
        add(desk, BorderLayout.CENTER);
        setDefaultCloseOperation(JFrame.EXIT_ON_CLOSE);
        menubar=new JMenuBar();
        menu=new JMenu("编辑");
        itemNew=new JMenuItem("新建");
        itemCopy=new JMenuItem("复制");
        itemCut=new JMenuItem("剪切");
        itemPaste=new JMenuItem("粘贴");
        itemNew.addActionListener(this);
        itemCopy.addActionListener(this);
        itemCut.addActionListener(this);
        itemPaste.addActionListener(this);
```

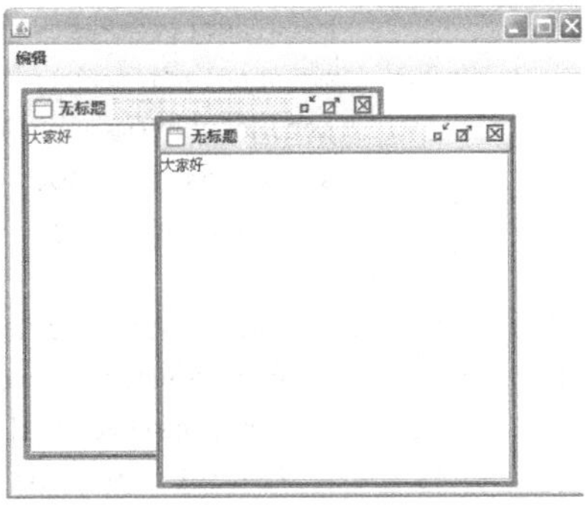

图 10-32　多文档视图

```
        menu.add(itemNew);
        menu.add(itemCopy);
        menu.add(itemCut);
        menu.add(itemPaste);
        menubar.add(menu);
        setJMenuBar(menubar);
        setBounds(100, 100, 300, 300);
        setVisible(true);
    }
    public void actionPerformed(ActionEvent e){
        if(e.getSource()==itemNew){
            JInternalFrame a[]=desk.getAllFrames();
            for(int i=0; i<a.length; i++)
                desk.setLayer(a[i],JDesktopPane.DEFAULT_LAYER);
            JInternalFrame newInternalFrame=new MyInternalFrame("无标题");   // 创建内部窗体
            newInternalFrame.setBounds(10, 10, 300, 300);
            newInternalFrame.setVisible(true);
            desk.add(newInternalFrame, JDesktopPane.DRAG_LAYER);
        }
        if(e.getSource()==itemCopy){
            MyInternalFrame internalFrame=(MyInternalFrame)desk.getSelectedFrame();
            JTextArea text=internalFrame.getJTextArea();
            text.copy();
        }
        else if(e.getSource()==itemCut){
            MyInternalFrame internalFrame=(MyInternalFrame)desk.getSelectedFrame();
            JTextArea text=internalFrame.getJTextArea();
            text.cut();
        }
        else if(e.getSource()==itemPaste){
            MyInternalFrame internalFrame=(MyInternalFrame)desk.getSelectedFrame();
            JTextArea text=internalFrame.getJTextArea();
            text.paste();
        }
    }
}
```

10.25　发布应用程序

可以使用 jar.exe 把一些文件压缩成一个 JAR 文件，来发布我们的应用程序。可以把 Java 应用程序中涉及的类压缩成一个 JAR 文件，如 Tom.jar，然后使用 Java 解释器（使用参数-jar）执行这个压缩文件：

```
        java -jar Tom.jar
```

或用鼠标双击该文件，执行这个压缩文件。

假设 D:\test 目录中的应用程序有 3 个类 Example、MyInterbalFrame 和 Mywindow，其中 Example 是主类。生成一个 JAR 文件的步骤如下：

（1）用文本编辑器（如 Windows 中的记事本）编写一个清单文件

moon.mf

```
Manifest-Version: 1.0
Main-Class: Example10_20
Created-By: 1.6
```

编写清单文件时，在"Manifest-Version:"与"1.0"之间、"Main-Class:"与主类"Example10_20"之间以及"Created-By:"与"1.6"之间必须有且只有一个空格。保存 moon.mf 到 D:\test 中。

（2）生成 JAR 文件

```
D:\test\jar cfm Tom.jar moon.mf Example10_20.class Lader.class MVCWin.class
```

如果目录 D:\test 下的字节码文件刚好是应用程序需要的全部字节码文件，也可以这样生成 JAR 文件：

```
D:\test\jar cfm Tom.jar moon.mf *.class
```

其中，参数 c 表示要生成一个新的 JAR 文件，f 表示要生成的 JAR 文件的名字，m 表示文件清单文件的名字。

现在就可以将 Tom.jar 文件复制到任何一个安装了 Java 运行环境的计算机上，只要双击该文件，就可以运行该 Java 应用程序。

问　答　题

1. 容器中添加组件或移去组件后，容器调用 validate()方法的好处是什么？
2. JFrame 窗体的基本结构是怎样的？
3. 能把组件直接添加到 JFrame 窗体吗？应当添加到 JFrame 窗体的什么容器中？
4. FlowLayout 布局有什么特点？是哪种容器的默认布局？
5. BorderLayout 布局有什么特点？是哪种容器的默认布局？
6. JLayeredPane 容器的特点是什么？
7. JTextField 中显示的文本能靠右对齐吗？
8. Java 处理事件的模式是怎样的？结合 JTextField 对象触发的 ActionEvent 事件给予简单叙述。
9. JCheckBox 对象可以触发哪种类型的事件？
10. 什么条件可以使得组件触发 FocusEvent 事件？
11. 使用 MouseListener 接口可以处理哪几种操作触发的 MouseEvent 事件？
12. AWT 线程的好处是什么？
13. 有模式对话框的特点是什么？
14. Java 实现多文档界面（MDI）常用的方式是什么？
15. 使用 JAR 文件发布一个应用程序的步骤是怎样的？

作　业　题

1. 编写应用程序，在应用程序中有一个按钮和一个文本框。当单击按钮时，文本框显示按钮的名字。
2. 编写一个有两个文本框和一个按钮的应用程序，在一个文本框中输入一个字符串按回车键或单击按钮，另一个文本框中显示字符串中每个字符在 Unicode 表中的顺序位置。
3. 编写一个应用程序，包括 3 个文本框，设计 4 个按钮，分别命名为"加"、"差"、"乘、"、"除"。单击相应的按钮，将两个文本框的数字做运算，在第三个文本框中显示结果。

4．编写一个应用程序，要求有一个含有菜单的窗口，窗口中有文本区组件。菜单有"打开文件"的菜单项，当单击该菜单项时，使用输入流将一个名为"hello.txt"文件的内容读入到文本中。

5．编写有两个文本区的应用程序。当我们在一个文本区中输入若干个数时，另一个文本区同时对输入的数进行求和运算并求出平均值，也就是说，随着输入的变化，另一个文本区不断地更新求和及平均值。

6．参考例 10-16，编写一个带表格的应用程序。

7．编写一个应用程序，有 8 个按钮，用户通过按动键盘上的方向键移动这些按钮。

8．编写一个应用程序，用户可以在一个文本框里输入数字字符，按回车后将数字存入一个文件。当输入的数字大于 1000 时，弹出一个有模式的对话框，提示用户数字已经大于 1000。

第 11 章 Java 中的网络编程

本章导读

✿ URL 类
✿ 读取 URL 中的资源
✿ 显示 URL 资源中的 HTML 文件
✿ 处理超链接
✿ InetAddress 类
✿ 套接字 Socket
✿ 使用多线程处理套接字连接
✿ UDP 数据报
✿ 广播数据报
✿ Java 远程调用

Internet 是计算机最重要的应用领域之一，许多与它有关的新技术不断出现，Java 首当其冲，Java 在网络方面的重要性已是无可争议。本章重点介绍 4 个重要的类：URL、Socket、InetAddress 和 DatagramSocket，讲述它们在网络编程中的重要作用。

本章假设读者具有网络的一些基本知识，如 IP、URL、C/S 等基本知识。

Internet 上的每台计算机必须被唯一地标识出来，因此网络标准化的第一部分就是 IP（Internet Protocol）地址。IP 地址是用于唯一标识连接到 Internet 的计算机的数字地址，IP 地址由 32 位二进制数组成（指 IPv4 地址），如 202.199.28.6。没有 IP 地址就不能区分连在 Internet 上不同的计算机。Internet 的主机有两种方式表示地址："域名"和"IP"，如域名"www.tsinghua.edu.cn"和 IP "202.108.35.210"是一个主机的两种表示法。域名容易记忆，在连接网络时输入一个主机的域名后，域名服务器（DNS）负责将域名转化成 IP 地址，这样我们才能与主机建立连接。

如果 IP 地址唯一标识了 Internet 上的计算机，则 URL 标识了计算机上的资源。更具体地说，URL（Uniform Resource Locator，统一资源定位地址）充当一个指针，指向 Web 上的 Web 页、二进制文件以及其他信息对象。当读者手工输入如"http://www.phei.com.cn"的网址时，实际上就提供了该站点主页的 URL。

一个 URL 通常包含一些重要的信息，如"http://www.dlrin.edu.cn/hotlink.html"包含如下信息：① http，服务使用的协议（HTTP）；② dlrin.edu.cn，存储资源的计算机的域名地址；③ hotlink.html，资源。

客户机 - 服务器体系结构的基本含义就是，客户机需要某些类型的信息，而服务器提供客户机所需要的信息。客户机需要连接到服务器上，并向服务器请求信息，服务器则向客户机发送信息，两者按照协议协同工作，各得其所。

11.1 URL 类

java.net 包中的 URL 类是对 URL 的抽象，使用 URL 创建对象的应用程序称为客户端程序，一个 URL 对象存放着一个具体的资源的引用，表明客户要访问这个 URL 中的资源，利用 URL 对象可以获取 URL 中的资源。一个 URL 对象通常包含最基本的三部分信息：协议、地址、资源。协议必须是 URL 对象所在的 Java 虚拟机支持的协议，许多协议并不常用，常用的 HTTP、FTP、FILE 协议都是 Java 虚拟机支持的协议。地址必须是能连接的有效 IP 地址或域名。资源可以是主机上的任何一个文件。

URL 的构造方法如下：

❖ public URL(String spec) throws MalformedURLException ——使用字符串初始化一个 URL 对象，如

```
try {  url=new URL("http://www.phei.com.cn");  }
catch(MalformedURLException e){  System.out.println ("Bad URL:"+url);  }
```

该 URL 对象使用的协议是 HTTP，即用户按照这种协议与指定的服务器通信，该 URL 对象包含的地址是"www.phei.com.cn"，所包含的资源是默认的资源（主页）。

❖ public URL(String protocol, String host,String file) throws MalformedURLException ——构造的 URL 对象的协议、地址和资源分别由参数 protocol、host 和 file 指定。

11.2 读取 URL 中的资源

URL 对象调用 InputStream openStream()方法可以返回一个输入流，该输入流指向 URL 对象所包含的资源。通过该输入流可以将服务器上的资源信息读入到客户机。

【例 11-1】 在一个文本框中输入网址，然后单击"确定"按钮读取服务器上的资源（效果如图 11-1 所示）。由于网络速度或其他因素，URL 资源的读取可能会引起堵塞，因此程序需在一个线程中读取 URL 资源，以免堵塞主线程。

图 11-1 读取 URL 资源

```java
import javax.swing.*;
import java.awt.*;
import java.awt.event.*;
import java.net.*;
import java.io.*;
public class Example11_1{
    public static void main(String args[]){
        new NetWin();
    }
}
class NetWin extends JFrame implements ActionListener,Runnable{
    JButton  button;
    URL  url;
    JTextField  text;
    JTextArea  area;
    byte  b[]=new byte[118];
    Thread  thread;
    NetWin(){
        text=new JTextField(20);
        area=new JTextArea(12,12);
        button=new JButton("确定");
        button.addActionListener(this);
        thread=new Thread(this);
        JPanel p=new JPanel();
        p.add(new JLabel("输入网址:"));
        p.add(text);
        p.add(button);
        add(new JScrollPane(area), BorderLayout.CENTER);
        add(p, BorderLayout.NORTH);
        setBounds(60,60,360,300);
        setVisible(true);
        setDefaultCloseOperation(JFrame.EXIT_ON_CLOSE);
    }
    public void actionPerformed(ActionEvent e){
        if(!(thread.isAlive()))
            thread=new Thread(this);
        try{  thread.start();  }
        catch(Exception ee){ }
    }
    public void run(){
        try {
            int  n=-1;
            area.setText(null);
            url=new URL(text.getText().trim());
            InputStream in=url.openStream();
            while((n=in.read(b))!=-1){
                String  s=new String(b,0,n);
                area.append(s);
            }
        }
        catch(MalformedURLException e1){
```

```
                text.setText(""+e1);
                return;
            }
            catch(IOException e1){
                text.setText(""+e1);
                return;
            }
            System.out.println("字母"+c+"在 unicode 表中的顺序位置："+(int)c);
            System.out.println("字母表：");
            for(int i=(int)c; i<c+25; i++){
                System.out.print(" "+(char)i);
            }
        }
    }
}
```

11.3　显示 URL 资源中的 HTML 文件

在例 11-1 中可以将 http://www.yahoo.com.cn 的主页的内容显示在文本区中，如果希望看到网页的运行效果，则需要 javax.swing 包中的 JEditorPane 类来解释执行 HTML 文件。也就是说，如果把 HTML 文件读入到 JEditorPane，该 HTML 文件就会被解释执行，显示在 JEditorPane 中，这样程序就看到了网页的运行效果。

JEditorPane 类的如下构造方法

```
public JEditorPane()
public JEditorPane(URL initialPage) throws IOException
public JEditorPane(String url) throws IOException
```

可以构造 JEditorPane 对象。后两个构造方法使用参数 initialPage 或 url 指定该对象最初显示的 URL 中的资源。JEditorPane 对象调用 public void setPage(URL page) throws IOException 方法可以显示新的 URL 中的资源。

【例 11-2】 用 JEditorPane 对象显示网页（效果如图 11-2 所示）。

```
import javax.swing.*;
import java.awt.*;
import java.awt.event.*;
import java.net.*;
import java.io.*;
public class Example11_2{
    public static void main(String args[]){
        new WinOne();
    }
}
class WinOne extends JFrame implements ActionListener,Runnable{
    JButton  button;
    URL  url;
    JTextField  text;
    JEditorPane  editPane;
    byte  b[]=new byte[118];
    Thread  thread;
    public WinOne(){
        text=new JTextField(20);
```

图 11-2　显示网页

```
        editPane=new JEditorPane();
        editPane.setEditable(false);
        button=new JButton("确定");
        button.addActionListener(this);
        thread=new Thread(this);
        JPanel  p=new JPanel();
        p.add(new JLabel("输入网址："));
        p.add(text);
        p.add(button);
        Container  con=getContentPane();
        con.add(new JScrollPane(editPane), BorderLayout.CENTER);
        con.add(p, BorderLayout.NORTH);
        setBounds(60,60,360,300);
        setVisible(true);
        validate();
        setDefaultCloseOperation(JFrame.EXIT_ON_CLOSE);
    }
    public void actionPerformed(ActionEvent e){
        if(!(thread.isAlive()))
            thread=new Thread(this);
        try{  thread.start();  }
        catch(Exception ee){  text.setText("我正在读取"+url);  }
    }
    public void run(){
        try {
            int  n=-1;
            editPane.setText(null);
            url=new URL(text.getText().trim());
            editPane.setPage(url);
        }
        catch(MalformedURLException e1){
            text.setText(""+e1);
            return;
        }
        catch(IOException e1){
            text.setText(""+e1);
            return;
        }
    }
}
```

11.4　处理超链接

当 JEditorPane 对象调用 setEditable()方法将编辑属性设为 false 时，不仅可以显示网页的运行效果，而且用户如果单击网页中超链接，还可以使得 JEditorPane 对象触发 HyperlinkEvent 事件。程序可以通过处理 HyperlinkEvent 事件，来显示新的 URL 资源。JEditorPane 对象调用

```
        addHyperlinkListener(HyperlinkListener listener)
```
获得监视器。监视器需实现 HyperlinkListener 接口，该接口中的方法如下：
```
        void hyperlinkUpdate(HyperlinkEvent e)
```

【例 11-3】　单击超链接时，JEditorPane 对象将显示超链接所链接的网页。

```
import javax.swing.*;
import java.awt.*;
import java.awt.event.*;
import java.net.*;
import java.io.*;
import javax.swing.event.*;
public class Example11_3{
    public static void main(String args[]){
        new WinTwo ();
    }
}
class WinTwo extends JFrame implements ActionListener,Runnable{
    JButton  button;
    URL  url;
    JTextField  text;
    JEditorPane  editPane;
    byte  b[]=new byte[118];
    Thread  thread;
    public WinTwo (){
        text=new JTextField(20);
        editPane=new JEditorPane();
        editPane.setEditable(false);
        button=new JButton("确定");
        button.addActionListener(this);
        thread=new Thread(this);
        JPanel  p=new JPanel();
        p.add(new JLabel("输入网址:"));
        p.add(text);
        p.add(button);
        Container  con=getContentPane();
        con.add(new JScrollPane(editPane), BorderLayout.CENTER);
        con.add(p, BorderLayout.NORTH);
        setBounds(60,60,360,300);
        setVisible(true);
        validate();
        setDefaultCloseOperation(JFrame.EXIT_ON_CLOSE);
        editPane.addHyperlinkListener(new HyperlinkListener(){
                    public void hyperlinkUpdate(HyperlinkEvent e){
                        if(e.getEventType()==HyperlinkEvent.EventType.ACTIVATED){
                            try{  editPane.setPage(e.getURL());  }
                            catch(IOException e1){  editPane.setText(""+e1);  }
                        }
                    }
                });
    }
    public void actionPerformed(ActionEvent e){
        if(!(thread.isAlive()))
            thread=new Thread(this);
        try{  thread.start();  }
```

```
         catch(Exception ee){  text.setText("我正在读取"+url);  }
      }
      public void run(){
         try {
            int  n=-1;
            editPane.setText(null);
            url=new URL(text.getText().trim());
            editPane.setPage(url);
         }
         catch(MalformedURLException e1){
            text.setText(""+e1);
            return;
         }
         catch(IOException e1){
            text.setText(""+e1);
            return;
         }
      }
   }
```

11.5　InetAddress 类

java.net 包中的 InetAddress 类对象含有一个 Internet 主机地址的域名和 IP 地址:

```
www.sina.com.cn/202.108.35.210
```

域名容易记忆,在连接网络时输入一个主机的域名后,域名服务器(DNS)负责将域名转化成 IP 地址,这样我们才能和主机建立连接。

1.　获取 Internet 上主机的地址

InetAddress 类的静态方法 getByName(String s)可以将一个域名或 IP 地址传递给参数 s,获得一个 InetAddress 对象。该对象包含主机地址的域名和 IP 地址,格式如下:

```
www.sina.com.cn/202.108.37.40
```

【例 11-4】　获取域名是 www.sina.com.cn 的主机域名和 IP 地址,同时获取 IP 地址是 166.111.222.3 的主机域名。

```
import java.net.*;
public class Example11_4{
   public static void main(String args[]){
      try{
         InetAddress address_1=InetAddress.getByName("www.sina.com.cn");
         System.out.println(address_1.toString());
         InetAddress address_2=InetAddress.getByName("166.111.222.3");
         System.out.println(address_2.toString());
      }
      catch(UnknownHostException e){ System.out.println("无法找到 www.sina.com.cn"); }
   }
}
```

运行上述程序时应保证已经连接到 Internet 上(通过拨号或局域网连接到 Internet 上)。上述程序的运行结果如下:

```
www.sina.com.cn/202.108.37.40
maix.tup.tsinghua.edu.cn/166.111.222.3
```

InetAddress 类中有两个实例方法：

❖ public String getHostName() ——获取 InetAddress 对象所含的域名。

❖ public String getHostAddress() ——获取 InetAddress 对象所含的 IP 地址。

2．获取本地机的地址

可以使用 InetAddress 类的静态方法 getLocalHost()获得一个 InetAddress 对象，该对象含有本地机的域名和 IP 地址。

11.6　套接字 Socket

IP 地址标识 Internet 上的计算机，端口号标识正在计算机上运行的进程（程序）。端口号与 IP 地址的组合得出一个网络套接字。端口号被规定为一个 16 位的整数 0～65535。其中，0～1023 被预先定义的服务通信占用（如 telnet 占用端口 23，http 占用端口 80 等）。除非需要访问这些特定服务，否则就应该使用 1024～65535 端口中的某个进行通信，以免发生端口冲突。当两个程序需要通信时，它们可以通过使用 Socket 类建立套接字对象并连接在一起。比如，有人让你去"中山广场邮局"，你可能反问"我去做什么"，因为他没有告知你"端口"，你不知处理何种业务。他说："中山广场邮局，8 号窗口"，那么你到达地址"中山广场邮局"，找到"8 号"窗口，就知道 8 号窗口处理特快专递业务，而且必须有个先决条件，就是你到达"中山广场邮局，8 号窗口"时，该窗口必须有一位业务员在等待客户，否则就无法建立通信业务。

套接字连接就是客户机的套接字对象和服务器端的套接字对象通过输入、输出流连接在一起，现在分 3 个步骤来说明套接字连接的基本模式。

（1）服务器建立 ServerSocket 对象

ServerSocket 对象负责等待客户机请求建立套接字连接，类似邮局某个窗口中的业务员。也就是说，服务器须事先建立一个等待客户机请求建立套接字连接的 ServerSocket 对象。ServerSocket 的构造方法是 ServerSocket(int port)，port 是一个端口号。port 必须与客户机请求的端口号相同。

当建立服务器套接字时可能发生 IOException 异常，因此要像下面那样建立接收客户机的服务器套接字。

```
try{  ServerSocket waitSocketConnection=new ServerSocket(1880);  }
catch(IOException e){ }
```

当服务器的 ServerSocket 对象 waitSocketConnection 建立后，就可以使用 accept()方法接受客户的套接字连接请求：

```
waitSocketConnection.accept();
```

接收客户的套接字也可能发生 IOException 异常，因此要建立接收客户机的套接字：

```
try{  Socket socketAtServer=waitSocketConnection.accept();   }
catch(IOException e){}
```

接收客户的套接字请求就是 accept()方法会返回一个 Socket 对象 socketAtServer（服务器端的套接字对象）。但是，accept()方法不会立刻返回，该方法会堵塞服务器端当前线程的执行，直到有客户机请求建立套接字连接。也就是说，如果没有客户机请求建立套接字连接，那么下述代码中的"System.out.println("ok");"总不会被执行：

```
try{
    Socket socketAtServer = waitSocketConnection.accept();
    System.out.println("ok")
}
catch(IOException e){ }
```

（2）客户机创建 Socke 对象

客户机程序可以使用 Socket 类创建对象，Socket 的构造方法如下：

```
Socket(String host,int port)
```

参数 host 是服务器的 IP 地址，port 是一个端口号。

创建 Socket 对象可能发生 IOException 异常，因此要建立到服务器的套接字连接：

```
try{  Socket socketAtClient=new Socket("http://192.168.0.78",1880);  }
catch(IOException e){ }
```

> ServerSocket 对象可以调用 setSoTimeout(int timeout) 方法设置超时值（单位是毫秒），timeout 是一个正值。当 ServerSocket 对象调用 accept() 方法堵塞的时间一旦超过 timeout 时，将触发

客户机建立 socketAtClient 对象的过程就是向服务器发出套接字连接请求，如果服务器相应的端口上有 ServerSocket 对象正在使用 accept()方法等待客户机，那么双方的套接字对象 socketAtClient 和 socketAtServer 就都诞生了。

也可以使用 Socket 类不带参数的构造方法 public Socket()创建一个套接字对象，该对象不请求任何连接。该对象再调用

```
public void connect(SocketAddress endpoint) throws IOException
```

请求与参数 SocketAddress 指定地址的套接字建立连接。

为了使用 connect()方法，可以使用 SocketAddress 的子类 InetSocketAddress 创建一个对象，InetSocketAddress 的构造方法如下：

```
public InetSocketAddress(InetAddress addr, int port)
```

> 从套接字连接中读取数据与从文件中读取数据有很大不同，尽管二者都是输入流。从文件中读取数据时，所有的数据都已经在文件中了。而使用套接字连接时，可能在另一端数据发送出来之前，就已经开始试着读取了，这就会堵塞本线程，直到该读取方法成功读取到信息，本线程才继续执行后续的操作。

（3）流连接

客户机和服务器的套接字对象诞生后，还必须进行输入/输出流的连接。服务器的 Socket 对象 socketAtServer 使用方法 getOutputStream()获得的输出流将指向客户端 Socket 对象 socketAtClient 使用方法 getInputStream()获得的那个输入流。

同样，服务器的该 Socket 对象 socketAtServer 使用方法 getInputStream()获得的输入流将指向客户机 Socket 对象 socketAtClient 使用方法 getOutputStream()获得的那个输出流。因此，当服务器向这个输出流写入信息时，客户机通过相应的输入流就能读取，反之亦然（如图 11-3 所示）。

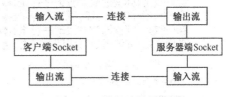

图 11-3　套接字连接示意

连接建立后，服务器端的套接字对象调用 getInetAddress()方法可以获取一个 InetAddess 对象，该对象含有客户机的 IP 地址和域名。同样，客户机的套接字对象调用 getInetAddress() 方法可以获取一个 InetAddess 对象，该对象含有服务器端的 IP 地址和域名。

套接字调用 close()方法可以关闭双方的套接字连接，一方关闭连接，就会导致对方发生 IOException 异常。

【例 11-5】 客户机向服务器发出 ASCII 表的顺序值：1～127；服务器接收这些数据，并

将顺序值对应的字符返回给客户机。先将本例中服务器的 Server.java 编译通过，并运行起来，等待客户机请求连接，然后运行客户机程序。

① 客户机程序（效果如图 11-4 所示）

```java
import java.io.*;
import java.net.*;
public class Client{
    public static void main(String args[]){
        String  s=null;
        Socket  mysocket;
        DataInputStream  in=null;
        DataOutputStream  out=null;
        int  i=1;
        try{
            mysocket=new Socket("localhost", 4331);
            in=new DataInputStream(mysocket.getInputStream());
            out=new DataOutputStream(mysocket.getOutputStream());
            out.writeInt(i);                                // 通过 out 向服务器写入信息
            while(true){
                i=(i+1)%128;
                //通过使用 in 读取服务器写入输出流的信息。堵塞状态，除非读取到信息
                s=in.readUTF();
                out.writeInt(i);
                System.out.println("客户收到:"+s);
                Thread.sleep(500);
            }
        }
        catch(IOException e){   System.out.println("无法连接");   }
        catch(InterruptedException e){ }
    }
}
```

② 服务器程序（效果如图 11-5 所示）

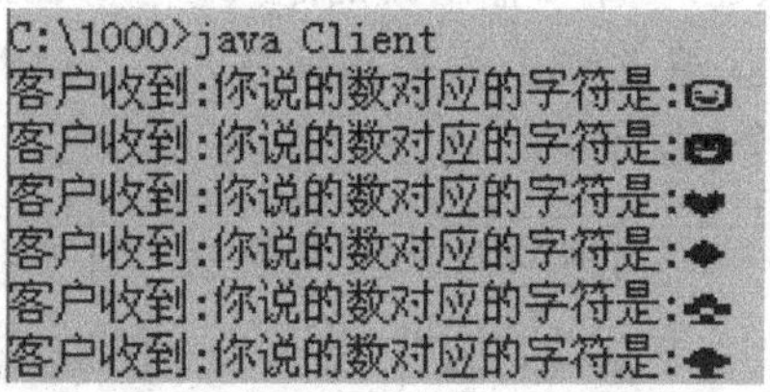

图 11-4　客户机收到的字符 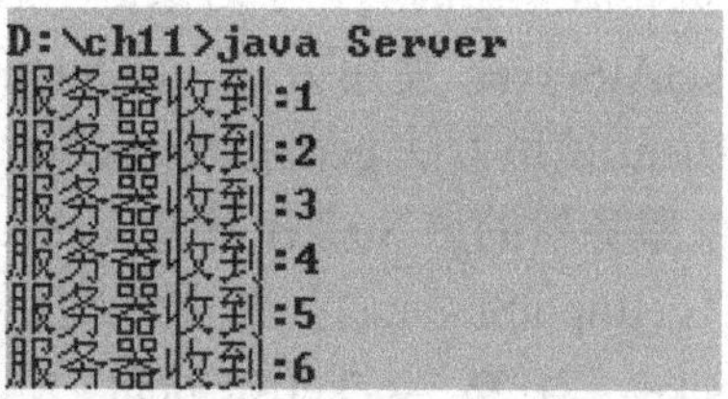　　　　　　　图 11-5　服务器收到的字符

```java
import java.io.*;
import java.net.*;
public class Server{
    public static void main(String args[]){
        ServerSocket  server=null;
        Socket  you=null;
        DataOutputStream  out=null;
        DataInputStream  in=null;
        try{ server=new ServerSocket(4331);  }
        catch(IOException e1){ System.out.println("ERRO:"+e1);  }
        try{
```

```
        you=server.accept();
        in=new DataInputStream(you.getInputStream());
        out=new DataOutputStream(you.getOutputStream());
        while(true){
            int  m=0;
            m=in.readInt();
            // 通过使用 in 读取客户写入输出流的信息。堵塞状态，除非读取到信息
            out.writeUTF("你说的数对应的字符是:"+(char)m);
            System.out.println("服务器收到:"+m);
            Thread.sleep(500);
        }
    }
    catch(IOException e){   System.out.println(""+e);   }
    catch(InterruptedException e){ }
  }
}
```

11.7　使用多线程处理套接字连接

套接字连接中涉及输入流和输出流操作，客户机或服务器读取数据可能会引起堵塞，应把读取数据放在一个单独的线程中去进行。另外，服务器收到一个客户机的套接字后，就应该启动一个专门为该客户机服务的线程。

我们用学过的组件，设计一个略微复杂的套接字连接。

【例 11-6】　在客户机输入一个一元二次方程的系数并发送给服务器，服务器把计算出的方程的实根返回给客户。因此，用户可以将计算量大的工作放在服务器，客户机负责计算量小的工作，实现 C/S 交互计算，来完成某项任务。

先将本例中服务器的程序编译通过，并运行起来，等待客户的呼叫。

① 客户机程序（效果如图 11-6 所示）

```
import java.net.*;
import java.io.*;
import java.awt.*;
import java.awt.event.*;
import javax.swing.*;
public class ClientFrame extends JFrame implements Runnable, ActionListener{
    JButton  connection, computer;
    JTextField  inputA, inputB, inputC;
    JTextArea  showResult;
    Socket  socket=null;
    DataInputStream  in=null;
    DataOutputStream  out=null;
    Thread  thread;
    public ClientFrame(){
        socket=new Socket();                    // 待连接的套接字
        connection=new JButton("连接服务器");
        computer=new JButton("求方程的根");
        computer.setEnabled(false);             // 没有与服务器连接之前，该按钮不可用
        inputA=new JTextField("0",12);
        inputB=new JTextField("0",12);
```

```
            inputC=new JTextField("0",12);
            Box boxV1=Box.createVerticalBox();
            boxV1.add(new JLabel("输入 2 次项系数"));
            boxV1.add(new JLabel("输入 1 次项系数"));
            boxV1.add(new JLabel("输入常数项"));
            Box boxV2=Box.createVerticalBox();
            boxV2.add(inputA);
            boxV2.add(inputB);
            boxV2.add(inputC);
            Box baseBox=Box.createHorizontalBox();
            baseBox.add(boxV1);
            baseBox.add(boxV2);
            Container con=getContentPane();
            con.setLayout(new FlowLayout());
            showResult=new JTextArea(8,18);
            con.add(connection);
            con.add(baseBox);
            con.add(computer);
            con.add(new JScrollPane(showResult));
            computer.addActionListener(this);
            connection.addActionListener(this);
            thread = new Thread(this);
            setBounds(100,100,360,310);
            setVisible(true);
            setDefaultCloseOperation(JFrame.EXIT_ON_CLOSE);
    }
    public void run(){
        while(true){
          try{
            double root1=in.readDouble();              // 堵塞状态，除非读取到信息
            double root2=in.readDouble();
            showResult.append("\n 两个根:\n"+root1+"\n"+root2);
            showResult.setCaretPosition((showResult.getText()).length());
          }
          catch(IOException e){
            showResult.setText("与服务器已断开");
            computer.setEnabled(false);
            break;
          }
        }
    }
    public void actionPerformed(ActionEvent e){
        if(e.getSource()==connection){
          try{
            if(socket.isConnected()) {}
            else{
              InetAddress address=InetAddress.getByName("127.0.0.1");
              InetSocketAddress socketAddress=new InetSocketAddress(address,4331);
              socket.connect(socketAddress);
              in=new DataInputStream(socket.getInputStream());
              out=new DataOutputStream(socket.getOutputStream());
```

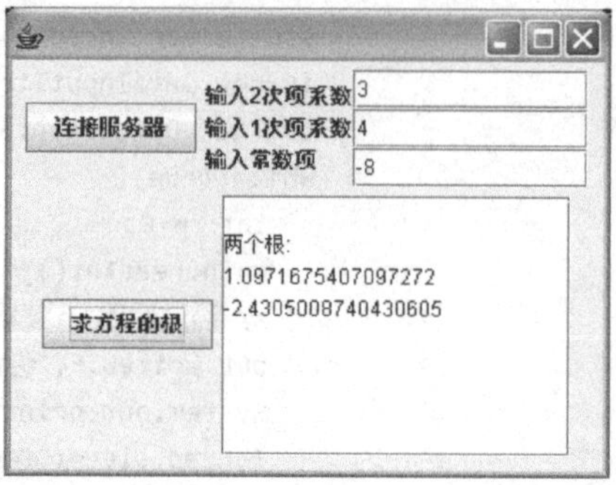

图 11-6　客户机连接服务器得到方程的根

```
                    computer.setEnabled(true);
                    thread.start();
                }
            }
            catch (IOException ee){
                System.out.println(ee);
                socket=new Socket();
            }
        }
        if(e.getSource()==computer){
            try{
                double  a=Double.parseDouble(inputA.getText()),
                        b=Double.parseDouble(inputB.getText()),
                        c=Double.parseDouble(inputC.getText());
                double  disk=b*b-4*a*c;
                if(disk>=0){
                    out.writeDouble(a);
                    out.writeDouble(b);
                    out.writeDouble(c);
                }
                else
                    inputA.setText("此 2 次方程无实根");
            }
            catch(Exception ee){   inputA.setText("请输入数字字符");   }
        }
    }
    public static void main(String args[]){
        ClientFrame win=new ClientFrame();
    }
}
```

② 服务器端程序（效果如图 11-7 所示）

```
import java.io.*;
import java.net.*;
import java.util.*;
public class MutiServer{
    public static void main(String args[]){
        ServerSocket  server=null;
        ServerThread  thread;
        Socket  you=null;
        while(true){
            try{   server=new ServerSocket(4331);   }
            catch(IOException e1){
                System.out.println("正在监听");                // ServerSocket 对象不能重复创建
            }
            try{
                you=server.accept();
                System.out.println("客户的地址:"+you.getInetAddress());
            }
            catch (IOException e){   System.out.println("正在等待客户");   }
            if(you!=null)
                new ServerThread(you).start();                // 为每个客户启动一个专门的线程
```

```
D:\ch11>java Server
客户的地址:/127.0.0.1
正在监听
```

图 11-7　多线程服务器

```
            else
                continue;
        }
    }
}
class ServerThread extends Thread{
    Socket   socket;
    DataOutputStream  out=null;
    DataInputStream  in=null;
    String  s=null;
    ServerThread(Socket t){
        socket=t;
        try{
            in=new DataInputStream(socket.getInputStream());
            out=new DataOutputStream(socket.getOutputStream());
        }
        catch (IOException e){}
    }
    public void run(){
        while(true){
            double  a=0, b=0, c=0, root1=0, root2=0;
            try{
                a=in.readDouble();                      // 堵塞状态，除非读取到信息
                b=in.readDouble();
                c=in.readDouble();
                double disk=b*b-4*a*c;
                root1=(-b+Math.sqrt(disk))/(2*a);
                root2=(-b-Math.sqrt(disk))/(2*a);
                out.writeDouble(root1);
                out.writeDouble(root2);
            }
            catch (IOException e){
                System.out.println("客户离开");
                break;
            }
        }
    }
}
```

11.8 UDP 数据报

前面学习了基于 TCP 协议的网络套接字（Socket），套接字属于有连接的通信方式，非常像生活中的电话通信，一方呼叫，另一方负责监听，一旦建立了连接，双方就可以进行通信了。本节将介绍 Java 中基于 UDP（用户数据报协议）的网络信息传输方式。基于 UDP 的通信和基于 TCP 的通信不同，基于 UDP 的信息传递更快，但不提供可靠性保证。也就是说，数据在传输时，用户无法知道数据能否正确到达目的地主机，也不能确定数据到达目的地的顺序是否和发送的顺序相同。可以把 UDP 通信比作邮递信件，我们不能肯定所发的信件就一定能够到达目的地，也不能肯定到达的顺序是发出时的顺序，可能因为某种原因导致后发出的先到达，也不能确定对方收到信就一定会回信。既然 UDP 是一种不可靠的协议，为什么还

要使用它呢？如果要求数据必须绝对准确地到达目的地，显然不能选择 UDP 协议来通信。但有时候人们需要较快速地传输信息，并能容忍小的错误，就可以考虑使用 UDP 协议。

基于 UDP 通信的基本模式如下：将数据打包，称为数据报（好比将信件装入信封一样），然后将数据报发往目的地；接受别人发来的数据报（好比接收信封一样），然后查看数据报中的内容。

1. 发送数据

（1）创建 DatagramPacket 对象

用 DatagramPacket 类将数据打包，即用 DatagramPacket 类创建一个对象，称为数据报。用 DatagramPacket 的以下两个构造方法创建待发送的数据报：

```
DatagramPacket(byte data[], int length, InetAddtress address, int port)
DatagramPacket(byte data[], int offset, int length, InetAddtress address, int port)
```

使用构造方法创建的数据报对象具有下列两个性质：含有 data 数组指定的数据，该数据报将发送到地址是 address、端口号是 port 的主机上。

我们称 address 是它的目标地址，port 是这个数据报的目标端口号。其中，第 2 个构造方法创建的数据报对象含有数组 data 从 offset 开始指定长度的数据。例如：

```
byte data[]="近来好吗".getByte();
InetAddtress address=InetAddtress.getName("www.sian.com.cn");
DatagramPacket data_pack=new DatagramPacket(data,data.length, address,980);
```

（2）发送数据

用 DatagramSocket 类的不带参数的构造方法：DatagramSocket()创建一个对象，该对象负责发送数据报。例如：

> 用上述方法创建的数据报 data_pack 调用 public int getPort()方法可以获取该数据报目标端口号；调用 public InetAddress getAddres()方法可以获取这个数据报的目标地址；调用 public byet[] getData() 方法可以获取数据报中的数据。

```
DatagramSocket mail_out=new DatagramSocket();
mail_out.send(data_pack);
```

2. 接收数据

用 DatagramSocket 类另一个构造方法 DatagramSocket(int port)创建一个对象，其中的参数必须和待接收的数据报的端口号相同。例如，如果发送方发送的数据报的端口号是 5666：

```
DatagramSocket mail_in=new DatagramSocket(5666);
```

对象 mail_in 使用方法 receive(DatagramPacket pack)接收数据报。该方法有一个数据报参数 pack，方法 receive()把收到的数据报传递给该参数。因此，我们必须预备一个数据报以便收取数据报。这时需使用 DatagramPacket 类的另外一个构造方法 DatagramPacket(byte data[],int length)创建一个数据报，用于接收数据报。例如：

```
byte  data[]=new byte[100];    int  length=90;
DatagramPacket pack=new DatagramPacket(data, length);
mail_in.receive(pack);
```

该数据报 pack 将接收长度是 length 的数据放入 data。

> ① receive()方法可能会堵塞，直到收到数据报。
> ② 如果 pack 调用方法 getPort()可以获取所收数据报是从远程主机上的哪个端口发出的，即可以获取包的始发端口号；调用方法 InetAddress getAddres()可获取这个数据报来自哪个主机，即可以获取包的始发地址。我们称主机发出数据报使用的端口号为该包的始发端口号，发送数据报的主机地址称为数据报的始发地址。
> ③ 数据报数据的长度不要超过 8192 KB。

【例 11-7】　两个主机（可用本地机模拟）互相发送和接收数据报。

主机 1：

```java
import java.net.*;
import java.awt.*;
import java.awt.event.*;
import javax.swing.*;
public class A extends JFrame implements Runnable,ActionListener{
    JTextField  outMessage=new JTextField(12);
    JTextArea  inMessage=new JTextArea(12,20);
    JButton  b=new JButton("发送数据");
    A(){
        super("I AM A");
        setSize(320,200);
        setVisible(true);
        JPanel p=new JPanel();
        b.addActionListener(this);
        p.add(outMessage);
        p.add(b);
        Container  con=getContentPane();
        con.add(new JScrollPane(inMessage),BorderLayout.CENTER);
        con.add(p,BorderLayout.NORTH);
        Thread thread=new Thread(this);
        setDefaultCloseOperation(JFrame.EXIT_ON_CLOSE);
        validate();
        thread.start();                              // 线程负责接收数据
    }
    public void actionPerformed(ActionEvent event){      // 单击按钮发送数据
        byte  b[]=outMessage.getText().trim().getBytes();
        try{
            InetAddress address=InetAddress.getByName("127.0.0.1");
            DatagramPacket data=new DatagramPacket(b,b.length,address,1234);
            DatagramSocket mail=new DatagramSocket();
            mail.send(data);
        }
        catch(Exception e){}
    }
    public void run(){                                // 接收数据
        DatagramPacket  pack=null;
        DatagramSocket  mail=null;
        byte  b[]=new byte[8192];
        try{
            pack=new DatagramPacket(b,b.length);
            mail=new DatagramSocket(5678);
        }
        catch(Exception e){}
        while(true){
            try{
                mail.receive(pack);
                String message=new String(pack.getData(),0,pack.getLength());
                inMessage.append("收到数据来自："+pack.getAddress());
```

```
                inMessage.append("\n 收到数据是："+message+"\n");
                inMessage.setCaretPosition(inMessage.getText().length());
            }
            catch(Exception e){}
        }
    }
    public static void main(String args[]){
        new A();
    }
}
```

主机 2:

```
import java.net.*;
import java.awt.*;
import java.awt.event.*;
import javax.swing.*;
public class B extends JFrame implements Runnable, ActionListener{
    JTextField outMessage=new JTextField(12);
    JTextArea inMessage=new JTextArea(12,20);
    JButton b=new JButton("发送数据");
    B(){
        super("I AM B");
        setBounds(350,100,320,200);
        setVisible(true);
        JPanel p=new JPanel();
        b.addActionListener(this);
        p.add(outMessage);
        p.add(b);
        Container con=getContentPane();
        con.add(new JScrollPane(inMessage), BorderLayout.CENTER);
        con.add(p, BorderLayout.NORTH);
        Thread thread=new Thread(this);
        setDefaultCloseOperation(JFrame.EXIT_ON_CLOSE);
        validate();
        thread.start();                             // 线程负责接收数据
    }
    public void actionPerformed(ActionEvent event){      // 单击按钮发送数据
        byte  b[]=outMessage.getText().trim().getBytes();
        try{
            InetAddress  address=InetAddress.getByName("127.0.0.1");
            DatagramPacket data=new DatagramPacket(b, b.length, address, 5678);
            DatagramSocket mail=new DatagramSocket();
            mail.send(data);
        }
        catch(Exception e){}
    }
    public void run(){                                   // 接收数据
        DatagramPacket  pack=null;
        DatagramSocket  mail=null;
        byte  b[]=new byte[8192];
        try{
```

```
                pack=new DatagramPacket(b,b.length);
                mail=new DatagramSocket(1234);
            }
            catch(Exception e){}
            while(true){
                try{
                    mail.receive(pack);
                    String message=new String(pack.getData(),0,pack.getLength());
                    inMessage.append("收到数据来自 : "+pack.getAddress());
                    inMessage.append("\n 收到数据是 : "+message+"\n");
                    inMessage.setCaretPosition(inMessage.getText().length());
                }
                catch(Exception e){ }
            }
        }
        public static void main(String args[]){
            new B();
        }
    }
```

11.9　广播数据报

广播数据报类似于电台广播，进行广播的电台需在指定的波段和频率上广播信息，接收者只有将收音机调到指定的波段、频率上才能收听到广播的内容。

广播数据报涉及地址和端口。Internet 的地址是 a.b.c.d 的形式，该地址的一部分代表用户自己主机，而另一部分代表用户所在的网络。如果 a 小于 128，则 b.c.d 用来表示主机，这类地址称为 A 类地址。如果 a 大于等于 128 并且小于 192，则 a.b 表示网络地址，而 c.d 表示主机地址，这类地址称为 B 类地址。如果 a 大于等于 192，则网络地址是 a.b.c，d 表示主机地址，这类地址称为 C 类地址。224.0.0.0 与 239.255.255.255 之间的地址称为 D 类地址，D 类地址并不代表某个特定主机的位置，一个具有 A、B 或 C 类地址的主机要广播数据或接收广播，都必须加入到同一个 D 类地址。一个 D 类地址也称为一个组播地址，加入到同一个组播地址的主机可以在某个端口上广播信息，也可以在某个端口号上接收信息。

准备广播或接收的主机需经过下列步骤。

1．设置组播地址

使用 InetAddress 类创建组播组地址，如

```
    InetAddress group=InetAddress.getByName("239.255.8.0")
```

2．创建多点广播套接字

使用 MulticastSocket 类创建一个多点广播套接字对象。MulticastSocket 的构造方法如下：
```
    public MulticastSocket(int port) throws IOException
```
创建的多点广播套接字可以在参数指定的端口上广播。

3．设置广播的范围

准备广播的主机必须让多点广播套接字（MulticastSocket）对象调用方法
```
    public void setTimeToLive(int ttl) throws IOException
```

设置广播的范围。其中，参数 ttl 的取值范围是 0～255，代表广播的数据能经过的路由器的最大数目。也就是说，当数据经过的路由器的数目大于 ttl 的取值时，该数据将被网络丢弃。

4．加入组播组

准备广播或接收的主机必须让多点广播套接字（MulticastSocket）对象调用方法

```
public void joinGroup(InetAddress mcastaddr) throws IOException
```

加入组播组。多点广播套接字（MulticastSocket）对象调用方法

```
public void leaveGroup(InetAddress mcastaddr) throws IOException
```

可以离开已经加入的组播组。

5．广播数据和接收数据

进行广播的主机可以让多点广播套接字（MulticastSocket）对象调用方法

```
public void send(DatagramPacket p) throws IOException
```

将参数 p 指定的数据报广播到组播组中的其他主机。

接收广播的主机可以让多点广播套接字（MulticastSocket）对象调用方法

```
public void receive(DatagramPacket p) throws IOException
```

接收广播的数据报中的数据，并将接收的数据存放到参数 p 指定的数据报中。

【例 11-8】　一个主机重复广播奥运会新闻，加入到同一组的主机都可以随时接收广播的信息。接收者将正在接收的信息放入一个文本区，把已接收到的全部信息放入另一个文本区（在调试本例时，必须保证 BroadCast.java 所在的机器具有有效的 IP 地址。可以在命令行窗口检查本机是否具有有效的 IP 地址，如 ping 192.168.2.100）。

① 广播数据报的主机

BroadCast.java

```java
import java.net.*;
public class BroadCast extends Thread{
    String s="中国奥运代表团已经获得 58 枚金牌";
    int port=5858;                                    // 组播的端口
    InetAddress group=null;                           // 组播组
    MulticastSocket socket=null;                      // 多点广播套接字
    BroadCast(){
      try{
        group=InetAddress.getByName("239.255.8.0");   // 设置组播组为 239.255.8.0
        socket=new MulticastSocket(port);             // 多点广播套接字将在 port 端口广播
        socket.setTimeToLive(0);                      // 多点广播套接字发送数据报范围为本地网络
        // 加入组播组，加入 group 后，socket 发送的数据报可以被加入到 group 中的成员接收到
        socket.joinGroup(group);
      }
      catch(Exception e){}
    }
    public void run(){
      while(true){
        try{
          DatagramPacket packet=null;                 // 待广播的数据报
          byte data[]=s.getBytes();
          packet=new DatagramPacket(data, data.length, group,port);
          System.out.println(new String(data));
          socket.send(packet);                        // 广播数据报
```

```
                    sleep(2000);
                }
                catch(Exception e){}
            }
        }
        public static void main(String args[]){
            new BroadCast().start();
        }
    }
```

② 接收数据报的主机

Receive.java

```java
import java.net.*;
import java.awt.*;
import java.awt.event.*;
import javax.swing.*;
public class Receive extends JFrame implements Runnable,ActionListener{
    int port;                                          // 组播的端口
    InetAddress group=null;                            // 组播组的地址
    MulticastSocket socket=null;                       // 多点广播套接字
    JButton startReceive, stopReceive;
    JTextArea showArea;
    Thread thread;                                     // 负责接收信息的线程
    boolean stop=false;
    public Receive(){
        super("定时接收信息");
        thread=new Thread(this);
        startReceive=new JButton("开始接收");
        stopReceive=new JButton("停止接收");
        startReceive.addActionListener(this);
        stopReceive.addActionListener(this);
        showArea=new JTextArea(10,10);
        JPanel north=new JPanel();
        north.add(startReceive);
        north.add(stopReceive);
        Container con=getContentPane();
        con.add(north,BorderLayout.NORTH);
        con.add(new JScrollPane(showArea),BorderLayout.CENTER);
        port=5858;
        try{
            group=InetAddress.getByName("239.255.8.0");
            socket=new MulticastSocket(port);
            socket.joinGroup(group);
        }
        catch(Exception e){ }
        setDefaultCloseOperation(JFrame.EXIT_ON_CLOSE);
        setSize(320,300);
        validate();
        setVisible(true);
    }
    public void actionPerformed(ActionEvent e){
        if(e.getSource()==startReceive){
```

```
        if(!(thread.isAlive())){
            thread=new Thread(this);
            stop=false;
        }
        try{ thread.start(); }
        catch(Exception ee){ }
    }
    if(e.getSource()==stopReceive)
        stop=true;
}
public void run(){
    while(true){
        byte data[]=new byte[8192];
        DatagramPacket packet=null;
        packet=new DatagramPacket(data,data.length,group,port);
        try {
            socket.receive(packet);
            String message=new String(packet.getData(),0,packet.getLength());
            showArea.append("\n"+message);
            showArea.setCaretPosition(showArea.getText().length());
        }
        catch(Exception e){ }
        if(stop==true)
            break;
    }
}
public static void main(String args[]){
    new Receive();
}
}
```

11.10　Java 远程调用

Java 远程调用（Remote Method Invocation，RMI）是一种分布式技术，可以让一个虚拟机上的应用程序请求调用位于网络上另一处虚拟机上的对象。习惯上，称发出调用请求的虚拟机为（本地）客户机，称接受并执行请求的虚拟机为（远程）服务器。

1. 远程对象及其代理

（1）远程对象

驻留在（远程）服务器上的对象是客户要请求的对象，称为远程对象，即客户程序请求远程对象调用方法，然后远程对象调用方法并返回必要的结果。

（2）代理与存根（Stub）

驻留在（远程）服务器上的对象是客户要请求的对象，称作远程对象，即客户程序请求远程对象调用方法，然后远程对象调用方法并返回必要的结果。

RMI 不希望客户应用程序直接与远程对象打交道，代替地让用户程序和远程对象的代理打交道。代理的特点是：它与远程对象实现了相同的接口，也就是说，它与远程对象向用户公开了相同的方法，当用户请求代理调用这样的方法时，如果代理确认远程对象能调用相同的方法时，就把实际的方法调用委派给远程对象。远程对象和客户之关系非常类似生活中总统与大使的关系，比如，中国的张山（客户）想与美国总统（远程对象）打交道时，需要先与总统派驻住在中国的大使打交道，相对张三而言，大使就是总统的远程代理。

RMI 会帮助生成一个存根（Stub）：一种特殊的字节码，并让这个存根产生的对象作为远程对象的代理。代理需要驻留在客户机，也就是说，需要把 RMI 生成的存根（Stub）复制或下载到客户端。因此，在 RMI 中，用户实际上是在与远程对象的代理直接打交道，但用户并没有感觉到他在和一个代理打交道，而是觉得自己就是在和远程对象直接打交道。比如，用户想请求远程对象调用某个方法，只需向远程代理发出同样的请求即可，如图 11-8 所示。

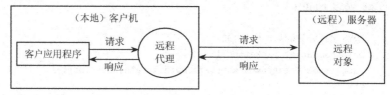

图 11-8　远程代理与远程对象

（3）Remote 接口

RMI 为了标识一个对象是远程对象，即可以被客户请求的对象，要求远程对象必须实现 java.rmi 包中的 Remote 接口，也就是说，只有实现该接口的类的实例才被 RMI 认为是一个远程对象。Remote 接口中没有方法，该接口仅仅起到一个标识作用，因此必须扩展 Remote 接口，以便规定远程对象的那些方法是客户可以请求的方法，用户程序不必编写和远程代理的有关代码，只需知道远程代理和远程对象实现了相同的接口（就像总统和大使遵守同样的法则）。

2. RMI 的设计细节

为了叙述的方便，假设本地客户机存放有关类的目录是 D:\Client，远程服务器的 IP 是 127.0.0.1，存放有关类的目录是 D:\Server。

（1）扩展 Remote 接口

定义一个接口是 java.rmi 包中 Remote 的子接口，即扩展 Remote 接口。以下定义的 Remote 的子接口是 RemoteSubject（指定总统和大使遵守的法则）。RemoteSubject 子接口中定义了计算面积的方法，即要求远程对象为用户计算某种几何图形的面积。RemoteSubject 的代码如下：

RemoteSubject.java

```java
import java.rmi.*;
public interface RemoteSubject extends Remote {
    public void setHeight(double height) throws RemoteException;
    public void setWidth(double width) throws RemoteException;
    public double getArea() throws RemoteException;
}
```

该接口需要保存在前面约定的远程服务器的 D:\Server 目录中，并编译它生成相应的.class 字节码文件。由于客户机的远程代理也需要该接口（大使需要与总统保持同样的法则），因此需要将生成的字节码文件 RmoteSubject.class 复制到前面约定的客户机的 D:\Client 目录中（在实际项目设计中，可以提供 Web 服务让用户下载该接口的 class 文件）。

（2）远程对象

创建远程对象的类必须要实现 Remote 接口，RMI 使用 Remote 接口来标识远程对象（想当总统就必须遵守规定的法则）。

Remote 接口中没有方法，因此创建远程对象的类需要实现 Remote 接口的一个子接口。另外，RMI 为了让一个对象成为远程对象还需要进行一些必要初始化工作，因此，在编写创建远程对象的类时，可以简单让该类是 RMI 提供的 java.rmi.server 包中的 UnicastRemoteObject 类的子类（接任上届总统，省时省力）即可。

以下是我们定义的创建远程对象的类：RemoteConcreteSubject，是 UnicastRemoteObject 类的子类，并实现了上述 RemoteSubject 接口（见本节上述标题 1 中的 RemoteSubject 接口），所创建的远程对象可以计算矩形的面积。

RemoteConcreteSubject 的代码如下（这个代码看起来简单，它可是用来创建总统的！）：

RemoteConcreteSubject.java

```java
import java.rmi.*;
import java.rmi.server.UnicastRemoteObject;
public class RemoteConcreteSubject extends UnicastRemoteObject implements RemoteSubject{
    double width, height;
    public RemoteConcreteSubject() throws RemoteException {
    }
    public void setWidth(double width) throws RemoteException{
        this.width=width;
    }
    public void setHeight(double height) throws RemoteException{
        this.height=height;
    }
    public double getArea() throws RemoteException {
        return width*height;
    }
}
```

将 RemoteConcreteSubject.java 保存到前面约定的远程服务器的 D:\Server 目录中（入住白宫），并编译它生成相应的 class 字节码文件。

（3）存根（Stub）与代理

RMI 负责产生存根（Stub Object），如果创建远程对象的字节码是 RemoteConcreteSubject.class，那么存根（Stub）的字节码是 RemoteConcreteSubject_Stub.class，即后缀为"_Stub"（先有总统，后有大使）。

RMI 使用 rmic 命令生成存根：RemoteConcreteSubject_Stub.class。首先进入 D:\Server 目录，然后如下执行 rmic 命令：

```
rmic  RemoteConcreteSubject
```

然后将产生存根：RemoteConcreteSubject_Stub.class（在 D:\Server 中）。

客户机需要使用存根（Stub）来创建一个对象，即远程代理，因此需要将 RemoteConcreteSubject_Stub.class 复制到前面约定的客户机的 D:\Client 目录中（将大使派往中国）。

> 在实际项目设计中，可以提供 Web 服务让用户下载存根字节码。

（4）启动注册（rmiregistry）

在远程服务器创建远程对象之前，RMI 要求远程服务器必须首先启动注册：rmiregistry，只有启动了 rmiregistry，远程服务器才可以创建远程对象，并将该对象注册到 rmiregistry 所管理的注册表中。

在远程服务器开启一个终端，如在 MS-DOS 命令行窗口进入 D:\Server 目录，然后执行 rimregistry 命令启动注册。也可以后台启动注册：

```
start rmiregistry
```

（5）启动远程对象服务

远程服务器启动注册 rmiregistry 后，远程服务器就可以启动远程对象服务了，即编写程序来创建和注册远程对象，并运行该程序。

远程服务器使用 java.rmi 包中的 Naming 类调用其类方法 rebind(String name, Remote obj) 绑定一个远程对象到 rmiregistry 所管理的注册表中，该方法的 name 参数是 URL 格式，obj 参数是远程对象，将来客户机的代理会通过 name 找到远程对象 obj。

以下是远程服务器上的应用程序 BindRemoteObject（这里有总统!），运行该程序就启动了远程对象服务，即该应用程序可以让用户访问它注册的远程对象。

BindRemoteObject.java

```java
import java.rmi.*;
public class BindRemoteObject {
    public static void main(String args[]) {
        try{
            RemoteConcreteSubject remoteObject=new RemoteConcreteSubject(); // 远程对象（总统）
            Naming.rebind("rmi://127.0.0.1/rect",remoteObject);
            System.out.println("be ready for client server...");
        }
        catch(Exception exp){   System.out.println(exp);   }
    }
}
```

将 BindRemoteObject.java 保存到前面约定的远程服务器的 D:\Server 目录中，并编译它生成相应的 BindRemoteObject.class 字节码文件,然后运行 BindRemoteObject，效果如图 11-9 所示。

（6）运行客户机程序

远程服务器启动远程对象服务后，客户机就可以运行有关程序，访问使用远程对象。

客户机使用 java.rmi 包中的 Naming 类调用其类方法 lookup(String name)返回一个远程对象的代理，即使用存根（Stub）产生一个与远程对象具有同样接口的对象。lookup(String name) 方法中的 name 参数取值必须是远程对象注册的 name，如"rmi://127.0.0.1/rect"。

客户机程序可以像使用远程对象一样来使用 lookup(String name)方法返回的远程代理。比如,下面的客户机应用程序 ClientApplication 中的 Naming.lookup("rmi://127.0.0.1/rect")返回一个实现了 RemoteSubject 接口的远程代理（见本节中的 RemoteSubject 接口）。

ClientApplication 使用远程代理计算了矩形的面积。将 ClientApplication.java 保存到前面约定的客户机的 D:\Client 目录中，然后编译、运行该程序。程序运行效果如图 11-10 所示。

```
D:\server>java BindRemoteObject
be ready for client server...
```

图 11-9　启动远程对象服务

```
D:\client>java ClientApplication
面积:68112.0
```

图 11-10　运行客户机程序

ClientApplication.java

```java
import java.rmi.*;
public class ClientApplication{
    public static void main(String args[]){
```

```
try{
    Remote  remoteObject=Naming.lookup("rmi://127.0.0.1/rect");
    RemoteSubject remoteSubject= (RemoteSubject)remoteObject;
    remoteSubject.setWidth(129);
    remoteSubject.setHeight(528);
    double area=remoteSubject.getArea();
    System.out.println("面积："+area);
}
catch(Exception exp){   System.out.println(exp.toString());    }
    }
}
```

问 答 题

1. 一个 URL 对象通常包含哪些信息？
2. 怎样读取 URL 中的资源？
3. Java 使用哪个组件来显示 URL 中的 HTML 文件？
4. 客户机的 Socket 对象与服务器的 Socket 对象是怎样通信的？
5. ServerSocket 对象调用什么方法来建立服务器端的 Socket 对象？该方法有什么特点？
6. 基于 UDP 的通信与基于 TCP 的通信有什么不同？
7. D 类地址是什么？与 A、B 或 C 类地址有何不同？

作 业 题

1. 参考例 11-2 和例 11-3，使用多文档视图设计一个显示网页的应用程序。
2. 参考例 11-6，编写一个套接字通信的程序。

第 12 章　数据库操作

本章导读

✿　JDBC 简介
✿　Derby 数据库
✿　查询操作
✿　更新、插入和删除操作
✿　用结果集更新表
✿　CachedRowSetImpl 类
✿　预处理语句与事务
✿　批处理
✿　SQL Server 2000 数据库
✿　使用纯 Java 数据库驱动

　　许多应用程序都可能需要使用数据库，因为数据库在数据查询、修改、保存、安全等方面有着其他数据处理手段无法替代的地位。许多优秀的数据库管理系统在数据管理方面扮演着重要的角色。Java 使用 JDBC 提供的 API 和数据库进行交互信息，其特点是，只要掌握与某种数据库管理系统所管理的数据库交互信息，就会容易地掌握与其他数据库管理系统所管理的数据库交互信息。为了便于教学，本书首先使用 Derby 数据库管理系统来讲解 JDBC 的主要内容，然后介绍 Java 怎样与 SQL Server 数据库管理系统交互信息。

　　关注作者的微信公众号:java-violin，可以在作者录制的视频指导下完成一个基于数据库的课程设计。

12.1　JDBC 简介

　　JDBC（Java DataBase Connectivity）是 Java 运行平台的核心类库中的一部分，提供了访问数据库的 API，它由一些 Java 类和接口组成。在 Java 中可以使用 JDBC 实现对数据库中表记录的查询、修改和删除等操作。JDBC 技术在数据库开发中占有很重要的地位，JDBC 操作不同的数据库仅仅是连接方式上的差异而已（见 12.13 和 12.14 节），使用 JDBC 的应用程序一旦与数据库建立连接，就可以使用 JDBC 提供的 API 操作数据库（如图 12-1 所示）。

　　我们经常使用 JDBC 进行如下操作:与一个数据库建立连接,向已连接的数据库发送 SQL 语句,处理 SQL 语句返回的结果。

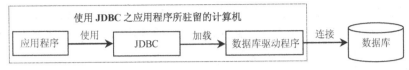

图 12-1　使用 JDBC 操作数据库

12.2　Derby 数据库

为了使用 Java 中的 JDBC 操作数据库，必须选用一个数据库管理系统，以便有效地学习 JDBC 技术，但学习 JDBC 技术并不依赖所选择的数据库（见 12.13 和 12.14 节）。

JDK 1.6 版本及之后的版本为 Java 平台提供了一个数据库管理系统，该数据库管理系统由 Apache 开发——Derby，因此人们习惯将 Java 平台提供的数据库管理系统称为 Derby 数据库管理系统，或简称 Derby 数据库。Derby 是一个纯 Java 实现、开源的数据库管理系统。安装 JDK（1.6 或更高版本）后，在安装目录下的 db\lib 子目录中提供了操作 Derby 数据库所需要的类（如加载驱动程序的类）。

Derby 数据库管理系统大约 2.6 MB，相对于那些大型的数据库管理系统可谓小巧玲珑，但是 Derby 数据库具有几乎大部分的数据库应用所需要的特性。

本章选用 Derby 数据库，不仅是为了教学的方便，更重要的是在 Java 应用程序中掌握使用 Derby 数据库也是十分必要的。本章并非讲解数据库本身的知识体系，而是讲解怎样在 Java 程序中使用数据库。

1. 平台搭建

连接 Derby 数据库需要有关的类，这些类以 JAR 文件的形式存放在 Java 安装目录的 db\lib 目录中。为了使用这些类，需要把 Java 安装目录\db\lib（如 E:\jdk1.6\db\lib 下的 3 个 JAR 文件：derby.jar、derbynet.jar 和 derbyclient.jar）复制到 Java 运行环境的扩展中，即将这些 JAR 文件存放在 JDK 安装目录的\jre\lib\ext 目录中，如复制到 E:\jdk1.6\jre\lib\ext 目录中。

2. 配置系统变量 path

为了在命令行窗口操作 Derby 数据库，需要使用 Java 安装目录中 db\bin 下的一些命令，如 E:\jdk1.6\db\bin 下的一些命令。可以将 db\bin 作为系统环境变量 path 的一个值，以便随时在命令行窗口中使用 db\bin 中的命令。对于 Windows 7/Windows XP，右键单击"计算机"/"我的电脑"，在弹出的快捷菜单中选择"属性"命令，弹出"系统特性"对话框，再选择"高级系统设置"/"高级选项"，然后单击"环境变量"按钮，添加系统环境变量。如果曾经设置过环境变量 path，可单击该变量进行编辑操作，将需要的值 E:\jdk1.6\db\bin 加入，如图 12-2 所示。也可以在打开的命令行窗口直接进行设置（一旦关闭命令行窗口，设置即可失效）：

```
set path = E:\jdk1.6\db\bin;%path%
```

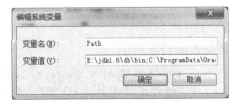

图 12-2　编辑环境变量 path

12.3　在命令行连接 Derby 数据库

1. ij 环境

在命令行窗口连接 Derby 数据库需要启动 ij 环境。启动 ij 环境后，可以连接数据库，在数据库库中创建表、进行诸如查询、增删改等操作。执行 ij.bat 批处理文件，启动 ij 环境（ij.bat 是 Java 安装目录 db\bin 中的一个批处理文件），如图 12-3 所示。

退出 ij 环境，可以在命令行窗口输入：

```
exit;
```

注意，不要忘记 exit 后面的分号。也可以按快捷键 Ctrl+C 退出 ij 环境。进入 ij 环境环境后，可以使用 ij 提供的各种命令，如连接数据库、建立表等命令（ij 命令不区分大小写）。

2．连接内置 Derby 数据库

ij 命令如下：

```
connect 'jdbc:derby:数据库;create=true|false';
```

① create=true，如果数据库不存在，就在当前目录即启动 ij 的当前目录（如 D:\2000）中创建数据库，并与所创建的数据库建立连接。如果数据库存在，那么不再创建数据库，直接与存在的数据库建立连接。

② create=false，如果数据库存在，就直接与存在的数据库建立连接；如果数据库不存在，不再创建数据库、直接放弃连接。

例如，与 student 数据库建立连接，如图 12-4 所示。

```
connect 'jdbc:derby:student;create=true';
```

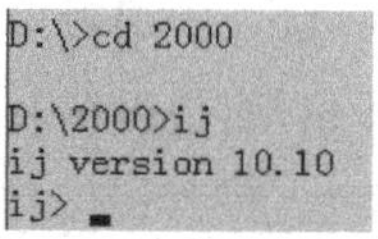

图 12-3　启动 ij 环境	图 12-4　创建并连接内置 Derby 数据库

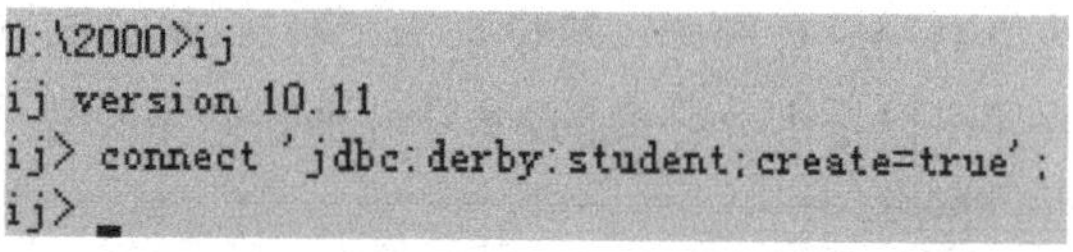

Derby 数据库以文件夹的形式存放。建立并连接数据库时，也可以指定数据库所在的目录，如连接 D:\00 下的 cat 数据库：

```
connect 'jdbc:derby:D:/00/cat;create=true';
```

3．操作表

（1）在数据库中创建表

在 ij 环境下和数据库建立连接以后，在命令行可以使用 ij 命令（这些 ij 命令就是标准的 SQL 语句）在数据库中进行创建表、向表中插入记录、删除表中的记录、查询表中的记录等操作。

创建表的 ij 命令如下：

```
create table 表名(字段 1 数据类型, 字段 2 字段 2 属性 … 字段 n 字段 n 属性);
```

假如准备在 student 数据库中创建名字为 message 的表，该表的字段（属性）为：number（文本，主键），name（文本），birthday（日期），height（数字，双精度）。ij 命令如下：

```
create table message(number char(10) primary key, name varchar(20),
                                    birthday date, height double);
```

效果如图 12-5 所示。

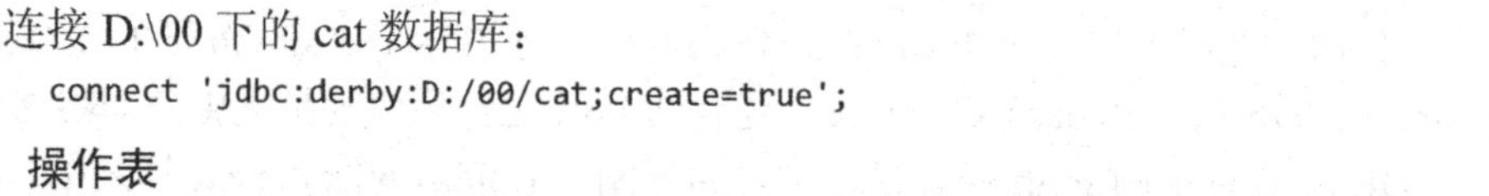

图 12-5　创建表

（2）向表中插入记录（行）

创建表后，可以使用 ij 命令向表中插入记录。向表中插入记录的 ij 命令如下（就是标准的 SQL 语句）。

① 一次插入一条记录：

```
insert into 表名 values(字段1值, 字段2值, … 字段n值);
```

② 一次插入多条记录：

```
insert into 表名 values(字段1值, 字段2值, … 字段n值),(字段1值, 字段2值, … 字段n值) …;
```

例如，插入一条记录：

```
insert into mess values('001','小明','2015-09-18',1.78);
```

为了提高插入记录的效率，建议使用一个 insert 语句插入多条记录，如

```
insert into message values('001','张三','1990-10-10',1.78),
                          ('002','李四','1989-09-09',1.67),
                          ('003','王小二','1999-11-11',1.65),
                          ('004','李四','1989-12-12',1.86);
```

效果如图 12-6 所示。

（3）查询记录

记录带有全部字段值：

```
select * from 表名;
```

例如：

```
select * from message;
```

效果如图 12-7 所示。

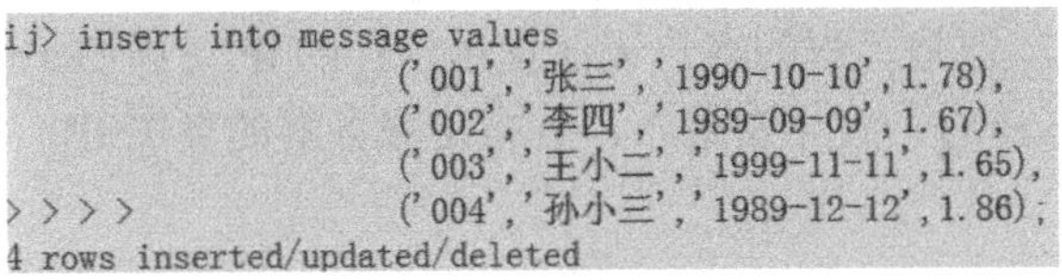

```
ij> insert into message values
                    ('001','张三','1990-10-10',1.78),
                    ('002','李四','1989-09-09',1.67),
                    ('003','王小二','1999-11-11',1.65),
> > > >               ('004','孙小三','1989-12-12',1.86);
4 rows inserted/updated/deleted
```

图 12-6　向表中插入记录

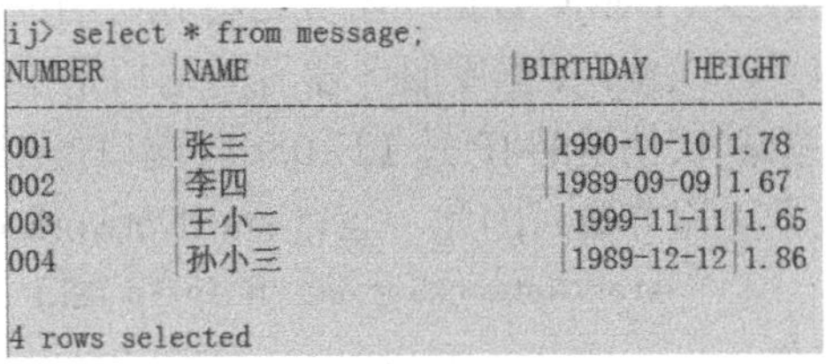

```
ij> select * from message;
NUMBER  |NAME          |BIRTHDAY  |HEIGHT
---------------------------------------------
001     |张三          |1990-10-10|1.78
002     |李四          |1989-09-09|1.67
003     |王小二        |1999-11-11|1.65
004     |孙小三        |1989-12-12|1.86

4 rows selected
```

图 12-7　查询记录

带有部分字段值：

```
select 字段m, … 字段n  from 表名;
```

例如：

```
select name,weight from message;
```

（4）更新表中的记录

```
update <表名> set <字段名> = 新值  where <条件子句>
```

例如：

```
update  message  set  weight = 1.87    where number='002';
```

（5）删除表中的记录

```
delete  from  <表名>  where  <条件子句>
```

例如：

```
delete from  message  where number='002';
```

（6）删除表

```
drop  table  表名;
```

4．Derby 数据库常用的基本数据类型

❖ smallint：取值范围$-2^{15} \sim 2^{15}-1$。例如，age smallint，其中 age 是字段名。

❖ int：取值范围$-2^{31} \sim 2^{31}-1$，如 spead int。

❖ bigint：取值范围$-2^{63} \sim 2^{63}-1$，如 price int。

❖ real 或 float：取值范围$-3.402 \times 10\char`^ +38 \sim 3.402 \times 10+38$，如 length real。

❖ double：取值范围$-1.79769 \times 10+308 \sim 1.79769 \times 10+308$，如 weight double。

❖ decimal：小数点可精确到 31 位。decimal(n, m)表示数值中共有 n 位数，其中整数 n−m 位，小数 m 位。例如，height decimal(12, 6)。

❖ char：最大长度 254，如 name char(20)。

❖ varchar：最大长度 32672，如 content varchar(265)。

❖ time：取值范围 00:00:00～24:00:00，如 sleep time。

❖ date：取值范围 0001-01-01～9999-12-31，如 birth date。

❖ timestamp：取值范围是 date 和 time 的合集，如 birth timestamp。

5．访问 Derby 网络数据库

（1）启动 Derby 数据库服务器

Derby 网络数据库驻留的计算机称为服务器端，因此服务器端必须启动 Derby 数据库服务器，以便用户访问 Derby 网络数据库。

在服务器端的命令行窗口中执行 startNetworkServer.bat 批处理文件，启动 Derby 数据库服务器。Derby 数据库服务器将独占当前启动它的命令行窗口，显示 Derby 数据库服务器的信息，Derby 数据库服务器占的端口是 1527。执行 startNetworkServer 命令，Derby 数据库服务器默认使用的 IP 是 127.0.0.1，端口是 1527，但是远程的客户无法使用这样的 IP 访问 Derby 数据库服务器。因此，运行 startNetworkServer 时，使用参数-h、-p 指定服务器的真实 IP：

```
startNetworkServer -h Ip -p 端口
```

例如：

```
startNetworkServer -h 172.22.102.106 -p 1527
```

客户端和 Derby 数据库服务器在同一台计算机时，IP 可以是 127.0.0.1。

注意：可以查看网络连接属性知道机器的 IP，或在命令行运行 ipconfig 显示本机的 IP。

在 D:\00 目录下启动 Derby 数据库服务器的效果如图 12-8 所示。

```
D:\00>startNetworkServer
Tue Feb 21 09:05:59 CST 2017 : 已使用基本服务器安全策略安装了 Security Manager。
Tue Feb 21 09:06:00 CST 2017 : Apache Derby 网络服务器 - 10.11.1.2 - (1629631)已启动并准备接受端口 1527 上的连接
```

图 12-8　启动 Derby 数据库服务器

（2）连接 Derby 网络数据库器

客户端可使用如下 ij 命令与服务器端的 Derby 网络数据库建立连接。

```
connect 'jdbc:derby://数据库服务器 IP:1527/数据库名;create=true|false';
```

上述命令中"create=true"的意思是，如果服务端的 Derby 数据库不存在，那么在服务器端即启动 Derby 数据库服务器的目录（如 D:\00 中创建数据库，并与所创建的数据库建立连接，如果数据库存在，那么不再创建数据库，直接与存在的数据库建立连接。"create=false"的意思是，如果数据库存在，就直接与存在的数据库建立连接，如果数据库不存在，不再创

建数据库，直接放弃连接。

客户端和 Derby 数据库服务器在同一台计算机时，服务器端可以直接运行 startNetworkServer.bat 文件，使用默认的 IP 地址 127.0.0.1 和端口 1527，客户端连接 Derby 网络数据库使用的 IP 和端口也是默认的 IP 地址 127.0.0.1 和端口 1527。

例如，客户连接 Derby 网络数据库 cat 的 ij 命令如下：

```
connect 'jdbc:derby://127.0.0.1:1527//cat;create=true';
```

客户端与 Derby 网络数据库建立连接后，就可以使用 ij 命令在 Derby 网络数据库中创建表等操作（这些操作与操作内置 Derby 数据库完全相同，见前面的连接内置 Derby 数据库）。

12.4　Java 程序连接 Derby 数据库

ij 环境是一个独立的专门用于操作 Derby 数据库的客户端程序，称为 Derby 数据库的客户端管理工具。各种数据库都会提供这样的客户端管理工具。ij 环境是基于命令行方式的管理工具，其他数据库（如 SQL Server 和 MySQL 等）不仅提供了命令行方式的管理工具，也提供 GUI 界面的管理工具。

除了可以用专门的数据库客户端管理工具操作数据库外，在许多应用问题中需要编写应用程序来操作数据库，本节介绍 Java 程序操作 Derby 数据库的步骤，后续章节会详细讲解。

1．加载 JDBC-Derby 数据库驱动

Java 应用程序为了能与数据库交互，可以加载连接该数据库的 JDBC-数据库驱动。我们需要的 JDBC-Derby 数据库驱动都封装在某个 Java 类中，该类并不是 java 运行环境核心类库中的类，为此，在 12.2 节介绍 Derby 数据库时，已经将 JDBC-Derby 数据库驱动复制到了 Java 运行环境的扩展中（其他类型的数据库也是类似操作，即将所需 JDBC-数据库驱动复制到 Java 运行环境的扩展中）。

① 加载内置 Derby 数据库的驱动，代码如下：

```
try{ Class.forName("org.apache.derby.jdbc.EmbeddedDriver"); }    // 加载驱动
catch(Exception e) { }
```

② 加载 Derby 网络数据库的驱动，代码如下：

```
try{ Class.forName("org.apache.derby.jdbc.ClientDriver"); }    // 加载驱动
catch(Exception e) { System.out.print(e); }
```

2．Java 程序连接 Derby 数据库

加载驱动程序后，程序就可以与数据库建立连接。

① 连接内置 Derby 数据库。使用 java.sql 包中的 DriverManager 类的静态方法 getConnection()返回 Connection 连接对象。例如：

```
Connection con = DriverManager.getConnection("jdbc:derby:数据库;create=true|false");
```

例如，返回连接内置 Derby 数据库 student 的 Connection 对象 con：

```
Connection con = DriverManager.getConnection("jdbc:derby:student;crueate=true");
```

② 连接 Derby 网络数据库。使用 java.sql 包中的 DriverManager 类的静态方法 getConnection()返回 Connection 连接对象。例如：

```
String uri = "jdbc:derby://数据库服务器 IP:1527/数据库;create=true|false";
Connection con = DriverManager.getConnection(uri);
```

例如，返回连接 Derby 网络数据库 cat 的 Connection 对象 con：

```
String uri = "jdbc:derby://127.0.0.1:1527/cat;create=true ";
Connection con = DriverManager.getConnection(uri);
```

12.5　查询操作

应用程序与数据库建立连接后，就可以使用 JDBC 提供的 API 与数据库交互信息（JDBC 操作不同的数据库仅仅是 JDBC-数据库驱动和连接方式上的差异而已，本书的例子只要更改相应的 JDBC-数据库驱动和连接方式，就可以连接相应的数据库），如查询、修改和更新数据库中的数据等。JDBC 与数据库进行交互的主要方式是使用 SQL 语句，JDBC 提供的 API 可以将标准的 SQL 语句发送给数据库，实现与数据库的交互。

后续例子中，Java 应用程序都是连接内置 Derby 数据库 student（见 12.3 节创建的数据库）。注意，在同一计算机上、同一时刻只能有一个程序连接内置 Derby 数据库，如果曾打开 ij 环境连接了本节要连接的内置 Derby 数据库，必须退出 ij 环境。

由于连接 Derby 网络数据库与连接 Derby 内置数据库仅仅是连接方式的不同而已，因此后续例子都是连接 Derby 内置数据库。只要更改连接方式，就可以将例子修改为连接 Derby 网络数据库（见 12.4 节）。

1．查询操作步骤

查询数据库中的表的具体步骤如下。

① 向数据库发送 SQL 查询语句。首先使用 Statement 声明一个 SQL 语句对象，然后让已创建的连接对象 con 调用方法 createStatment()创建这个 SQL 语句对象，代码如下：

```
try{ Statement  sql=con.createStatement(); }
catch(SQLException e ){}
```

② 处理查询结果。有了 SQL 语句对象后，这个对象就可以调用相应的方法实现对数据库中表的查询和修改，并将查询结果存放在一个 ResultSet 类声明的对象中。也就是说，SQL 查询语句对数据库的查询操作将返回一个 ResultSet 对象，ResultSet 对象是以统一形式的列组织的数据行组成。例如，对于

```
ResultSet rs=sql.executeQuery("SELECT * FROM message");
```

内存的结果集对象 rs 的列数是 4 列，刚好与 message 的列数相同，第 1～4 列分别是"number"、"name"、"birthdy"和"height"列；而对于

```
ResultSet  rs=sql.executeQuery("SELECT name,height FROM message");
```

内存的结果集对象 rs 列数只有两列，第 1 列是"name"列、第 2 列是"height"列。

ResultSet 对象一次只能看到一个数据行，使用 next()方法可以将游标依次移动到数据行。当游标移动到某数据行后，ResultSet 对象使用 getXXX()方法，并将位置索引（第一列使用 1，第二列使用 2，等等）或列名传递给该方法的参数，就可以获得改数据行中相应的列值。表 12.1 给了出了 ResultSet 对象的若干方法。

2．顺序查询

结果集 ResultSet 对象调用 next()方法，可以顺序查询表中的记录。结果集对象将游标最初定位在第一行的前面，第一次调用 next()方法使游标移动到第一行。next()方法返回一个 boolean 类型数据，当游标移动到最后一行之后返回 false。

表 12.1　ResultSet 对象的若干方法

方法名称	返回类型	方法名称	返回类型
next()	boolean	getByte(String columnName)	byte
getByte(int columnIndex)	byte	getDate(String columnName)	Date
getDate(int columnIndex)	Date	getDouble(String columnName)	double
getDouble(int columnIndex)	double	getFloat(String columnName)	float
getFloat(int columnIndex)	float	getInt(String columnName)	int
getInt(int columnIndex)	int	getLong(String columnName)	long
getLong(int columnIndex)	long	getString(String columnName)	String
getString(int columnIndex)	String		

注：无论列是何种属性，总可以使用 getString(int columnIndex)或 getString(String columnName)方法返回列值的串表示。

【例 12-1】　查询数据库 student 的 message 表中的全部记录，每条记录包含全部的字段值（效果如图 12-9 所示）。

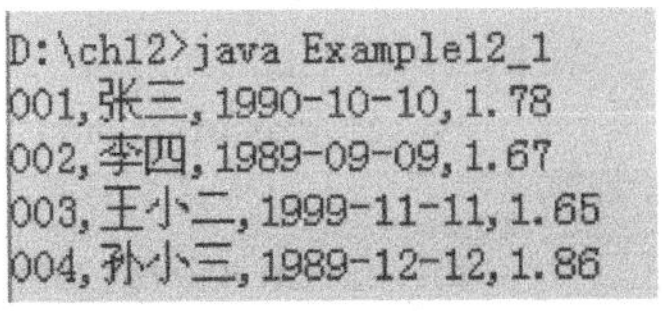

```
import java.sql.*;
public class Example12_1{
    public static void main(String args[]){
        Connection con;
        Statement sql;
        ResultSet rs;
        try { Class.forName("org.apache.derby.jdbc.EmbeddedDriver"); }
        catch(ClassNotFoundException e){ System.out.println(""+e); }
        try{
            con=DriverManager.getConnection("jdbc:derby:d:/2000/student;crueate=true");
            sql=con.createStatement();
            rs=sql.executeQuery("SELECT * FROM message");
            while(rs.next()){
                String number=rs.getString(1);
                String name=rs.getString(2);
                Date birth=rs.getDate(3);
                double height=rs.getDouble(4);
                System.out.println(number+","+name+","+birth+","+height);
            }
            con.close();
        }
        catch(SQLException e){ System.out.println(e); }
    }
}
```

```
D:\ch12>java Example12_1
001,张三,1990-10-10,1.78
002,李四,1989-09-09,1.67
003,王小二,1999-11-11,1.65
004,孙小三,1989-12-12,1.86
```

图 12-9　顺序查询

如果不想在代码中出现数据库所在目录的代码 D:/2000/student，可以将例 12-1 中的 Java 应用程序存放在 D:\2000 中（Derby 数据库 student 所在目录），或将 student 数据库复制到 Java 程序所在的 D:\ch12 目录中。

3. 模糊查询

可以用 SQL 语句操作符 LIKE 进行模式般配，用 "%" 表示零个或多个字符，用下划线表示任意一个字符，用 "[若干字符]" 表示 "若干字符" 中的任意一个。比如，下述语句查询字段 name 值以 "张" 为前缀的记录：

```
rs=sql.executeQuery("SELECT *  FROM message  WHERE name LIKE '张%' ");
```

下述语句查询字段 name 值以"张"或"李"为前缀的记录：

```
rs=sql.executeQuery("SELECT *  FROM message  WHERE name LIKE '[张李]%' ");
```

将例 12-1 中的

```
rs=sql.executeQuery("SELECT *  FROM message");
```

修改为

```
sql.executeQuery("SELECT *  FROM message  WHERE name Like '[张李]%'");
```

后，程序的输出结果如下：

```
001,张三,1990-10-10,1.78
002,李四,1989-09-09,1.67
```

4．排序查询

可以在 SQL 语句中使用 ORDER BY 子语句，对记录排序。例如，按 height 排序查询的
SQL 语句为

```
SELECT *  FROM message  ORDER BY height。
```

将例 12-1 中的

```
rs=sql.executeQuery("SELECT *  FROM message");
```

修改为

```
sql.executeQuery("SELECT *  FROM message ORDER BY height ");
```

后，程序的输出结果如下（按身高排序）：

```
003,王小二,1999-11-11,1.65
002,李四,1989-09-09,1.67
001,张三,1990-10-10,1.78
004,孙小三,1989-12-12,1.86
```

将例 12-1 中的

```
rs=sql.executeQuery("SELECT *  FROM message");
```

修改为

```
sql.executeQuery("SELECT *  FROM message  ORDER BY birthday ");
```

后，程序的输出结果如下（按出生日期排序）：

```
002,李四,1989-09-09,1.67
004,孙小三,1989-12-12,1.86
001,张三,1990-10-10,1.78
003,王小二,1999-11-11,1.65
```

5．条件查询

可以在 SQL 语句中使用 WHERE 子语句进行条件查询。例如，SQL 语句

```
SELECT *  FROM message  WHERE name ='张三'
```

查询姓名是"张三"的记录；SQL 语句

```
SELECT *  FROM message  WHERE DATEPART('yyyy',birthday)>=1990
```

查询 1990 年后出生的记录。将例 12-1 中的

```
rs=sql.executeQuery("SELECT *  FROM message");
```

修改为

```
rs=sql.executeQuery("SELECT *  FROM message
                     WHERE DATEPART('yyyy', birthday)>1990 AND height>=1.65");
```

后，程序的输出结果如下：

```
001,张三,1990-10-10,1.78
003,王小二,1999-11-11,1.65
```

6．随机查询

有时需要在结果集中前后移动或显示结果集指定的一条记录等，这时必须返回一个可滚动的结果集。为了得到一个可滚动的结果集，必须使用下述方法返回一个 Statement 对象：

```
Statement stmt=con.createStatement(int type, int concurrency);
```

其中，参数 type 取值可确定 stmt 返回的 rs 是否为可滚动的结果集：

```
ResultSet  re=stmt.executeQuery(SQL 语句);
```

参数 type 的取值决定滚动方式：

❖ ResultSet.TYPE_FORWORD_ONLY ——结果集的游标只能向下移动。

❖ ResultSet.TYPE_SCROLL_INSENSITIVE ——结果集的游标可以上下移动，当数据库变化时，当前结果集不变。

❖ ResultSet.TYPE_SCROLL_SENSITIVE ——返回可滚动的结果集，当数据库变化时，当前结果集同步改变。

参数 Concurrency 的取值决定是否可以用结果集更新数据库：

❖ ResultSet.CONCUR_READ_ONLY ——不能用结果集更新数据库中的表。

❖ ResultSet.CONCUR_UPDATABLE ——能用结果集更新数据库中的表。

滚动查询时经常用到 ResultSet 的下述方法：

❖ public boolean previous() ——将游标向上移动，返回 boolean 类型数据；移到结果集第一行之前时，返回 false。

❖ public void beforeFirst ——将游标移动到结果集的初始位置，即在第一行之前。

❖ public void afterLast() ——将游标移到结果集最后一行之后。

❖ public void first() ——将游标移到结果集的第一行。

❖ public void last() ——将游标移到结果集的最后一行。

❖ public boolean isAfterLast() ——判断游标是否在最后一行之后。

❖ public boolean isBeforeFirst() ——判断游标是否在第一行之前。

❖ public boolean ifFirst() ——判断游标是否指向结果集的第一行。

❖ public boolean isLast() ——判断游标是否指向结果集的最后一行。

❖ public int getRow() ——得到当前游标所指行的行号，行号从 1 开始，如果结果集没有行，返回 0。

❖ public boolean absolute(int row) ——将游标移到参数 row 指定的行号。如果 row 取负值，就是倒数的行数，absolute(-1)表示移到最后一行，absolute(-2)表示移到倒数第 2 行。移动到第一行前面或最后一行的后面时，该方法返回 false。

【例 12-2】 随机从结果集中取出 3 条记录，并计算 3 条记录的 height（身高）的平均值（效果如图 12-10 所示）。

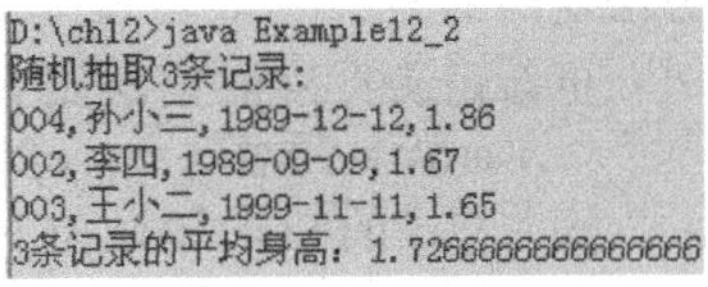

```
import java.sql.*;
import java.util.*;
public class Example12_2{
    public static void main(String args[]){
        ArrayList<Integer> list=new ArrayList<Integer>();
        Connection con;
        Statement  sql;
        ResultSet  rs;
        try{  Class.forName("org.apache.derby.jdbc.EmbeddedDriver");  }
```

图 12-10　随机查询

```
catch(ClassNotFoundException e){}
try{
  con=DriverManager.getConnection("jdbc:derby:d:/2000/student;create=true");
  sql=con.createStatement (ResultSet.TYPE_SCROLL_SENSITIVE,
                                      ResultSet.CONCUR_READ_ONLY);
  rs=sql.executeQuery("SELECT * FROM message");
  rs.last();
  int lastNumber=rs.getRow();
  for(int i=1; i<=lastNumber; i++)
    list.add(i);
  double sum=0;
  int samplingNumber=3;
  int count=samplingNumber;
  System.out.println("随机抽取"+count+"条记录:");
  while(samplingNumber>0){
    int  i=(int)(Math.random()*list.size());
    int  index=list.get(i);
    rs.absolute(index);                          // 游标移到这一行
    String  number=rs.getString(1);
    String  name=rs.getString(2);
    java.sql.Date birth=rs.getDate(3);
    double  height=rs.getDouble("height");
    System.out.println(number+","+name+","+birth+","+height);
    sum=sum+height;
    samplingNumber--;
    list.remove(i);                              // list 删除抽取过的元素
  }
  System.out.println(count+"条记录的平均身高："+sum/count);
  con.close();
}
catch(SQLException e1) {}
  }
}
```

12.6　更新、插入和删除操作

　　Statement 对象调用 public int executeUpdate(String sqlStatement) 方法，通过参数 sqlStatement 指定的方式实现对数据库表中记录的更新、插入和删除操作，如果操作成功，该方法返回 1。

　　更新记录的 SQL 语法如下：

　　　　UPDATE <表名> SET <字段名> = 新值 WHERE <条件子句>

　　插入记录的 SQL 语法如下：

　　　　INSERT INTO 表(字段列表) VALUES(对应的具体的记录)

或

　　　　INSERT INTO 表 VALUES(对应的具体的记录)

　　删除记录的 SQL 语法如下：

　　　　DELETE FROM <表名> WHERE <条件子句>

　　例如，下述 SQL 语句将 message 表中"number"字段值为 001 的记录的"height"字段的值更新为 1.88：

```
UPDATE message SET height =1.88 WHERE number='001'。
```

下述 SQL 语句将向 message 表中插入一条新的记录('009', 'li', '1998-12-20', 1.75)：

```
INSERT INTO message VALUES ( '009','li', '1998-12-20',1.75 )
```

下述 SQL 语句将删除 message 表中的"number"字段值为 002 的记录：

```
DELETE  FROM employee WHERE number = '002'
```

可以使用一个 Statement 对象进行更新操作，但需要注意，当查询语句返回结果集后，没有立即输出结果集的记录，而是接着执行了更新语句，那么结果集就不能输出记录了。要想输出记录，就必须重新返回结果集。

【例 12-3】　对 message 表进行更新和插入操作。

```java
import java.sql.*;
public class Example12_3{
    public static void main(String args[]){
        Connection con;
        Statement sql;
        ResultSet rs;
        try { Class.forName("org.apache.derby.jdbc.EmbeddedDriver");  }
        catch(ClassNotFoundException e){ System.out.println(""+e);  }
        try{
            con=DriverManager.getConnection("jdbc:derby:d:/2000/student;create=true");
            sql=con.createStatement();
            int ok=sql.executeUpdate ("INSERT INTO message
                                        VALUES('007','将林','1988-12-20',1.75)");
            sql.executeUpdate ("UPDATE message SET height=1.89 WHERE number='001'");
            rs=sql.executeQuery("SELECT * FROM message");
            while(rs.next()){
                String number=rs.getString(1);
                String name=rs.getString(2);
                Date birth=rs.getDate(3);
                double height=rs.getDouble(4);
                System.out.println(number+","+name+","+birth+","+height);
            }
            con.close();
        }
        catch(SQLException e){ System.out.println(e);  }
    }
}
```

12.7　用结果集更新数据库中的表

可以用 SQL 语句对数据库中表进行更新、插入操作，也可以使用内存中的 ResultSet 对象对底层数据库表进行更新和插入操作（这些操作由系统自动转化为相应的 SQL 语句），优点是不必熟悉有关更新、插入的 SQL 语句，且方便编写代码，缺点是必须事先返回结果集。

首先，必须得到一个可滚动的 ResultSet 对象 rs，如

```java
Connnection con=DriverManager.getConnection("jdbc:derby:D:/2000/student;create=true");
Statement sql=con.createStatement(ResultSet.TYPE_SCROLL_SENSITIVE,
                                  ResultSet.CONCUR_UPDATABLE);
```

```
ResultSet rs=sql.executeQuery("SELECT *  FROM message");
```

1. 更新记录中的列值

使用结果集更新数据库表中第 n 行记录中某列的值的步骤如下。

① 结果集 rs 的游标移动到第 n 行：

```
rs.absolute(n);
```

② 结果集将第 n 行的 p 列的列值更新。结果集可以使用下列方法更新列值：

```
updateInt(String columnName, int x)
updateInt(int columnIndex int x)
updateLong(String columnName, long x)
updateLong(int columnIndex, long x)
updateDouble(String columnName, double x)
updateDouble(int columnIndex, double x)
updateString(String columnName, String x)
updateString(int columnIndex,String x)
updateBoolean(String columnName, boolean x)
updateBoolean(int columnIndex, boolean x)
updateDate(String columnName, Date x)
updateDate(int columnIndex, Date x)
```

③ 更新数据库中的表。结果集调用 updateRow()方法，用结果集中的第 n 行更新数据库表中的第 n 行记录。

以下代码片段更新 message 表中的第 3 行记录的 name 列（字段）的值。

```
rs.absolute(3);
rs.updateString(2, "王晓二");          // 也可以写成 rs.updateString("name", "王晓二");
rs.updateRow();
```

2. 插入记录

使用结果集向数据库表中插入（添加）一行记录的步骤如下。

① 结果集 rs 的游标移动到插入行。结果集中有一个特殊区域，用于构建要插入的行的暂存区域（staging area），习惯上将该区域位置称为结果集的插入行。

为了向数据库表中插入一行新的记录，必须先将结果集的游标移动到插入行。例如：

```
rs.moveToInsertRow();
```

② 更新插入行的列值。结果集可以用 updateXXX()方法更新插入行的列值。例如：

```
rs.updateString(1, "006");
rs.updateString(2, "陈大林");
rs.updateDate(3,Date 对象);
rs.updateDouble(4, 1.79);
```

③ 插入记录。结果集调用 insertRow()方法，用结果集中的插入行向数据库表中插入一行新记录。

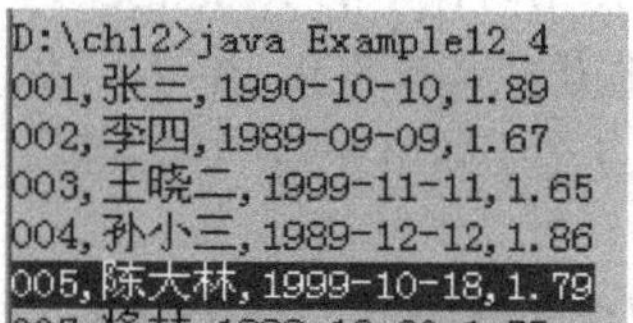

```
D:\ch12>java Example12_4
001,张三,1990-10-10,1.89
002,李四,1989-09-09,1.67
003,王晓二,1999-11-11,1.65
004,孙小三,1989-12-12,1.86
005,陈大林,1999-10-18,1.79
007,将林,1988-12-20,1.75
```

图 12-11　用结果集更新表

【例 12-4】 用结果集对数据库中的 message 表进行更新和插入操作（效果如图 12-11 所示）。

```
import java.sql.*;
import java.util.*;
public class Example12_4{
    public static void main(String args[]){
        Connection con;
        Statement sql;
```

```
ResultSet rs;
Calendar calendar=Calendar.getInstance();
calendar.set(1999,9,18);                        // 9 代表十月
java.sql.Date date=new java.sql.Date(calendar.getTimeInMillis());
try { Class.forName("org.apache.derby.jdbc.EmbeddedDriver");  }
catch(ClassNotFoundException e){ System.out.println(""+e);  }
try{
    con=DriverManager.getConnection("jdbc:derby:d:/2000/student;create=true");
    sql=con.createStatement (ResultSet.TYPE_SCROLL_SENSITIVE,
                                      ResultSet.CONCUR_UPDATABLE);
    rs=sql.executeQuery("SELECT * FROM message");
    rs.absolute(3);
    rs.updateString(2,"王晓二");
    rs.updateRow();                    // 将 message 表第 3 行记录的 name 的值更新为 "王晓二"
    rs.moveToInsertRow();
    rs.updateString(1,"005");
    rs.updateString(2, "陈大林");
    rs.updateDate(3,date);
    rs.updateDouble(4,1.79);
    rs.insertRow();                                // 向 message 表插入一行记录
    rs=sql.executeQuery("SELECT * FROM message");
    while(rs.next()){
       String number=rs.getString(1);
       String name=rs.getString(2);
       java.sql.Date birth=rs.getDate(3);
       double height=rs.getDouble(4);
       System.out.println(number+","+name+","+birth+","+height);
    }
    con.close();
  }
catch(SQLException e){   System.out.println(e);   }
  }
}
```

12.8　CachedRowSetImpl 类

JDBC 使用 ResultSet 对象处理 SQL 语句从数据库表中查询的记录。注意，ResultSet 对象与数据库连接对象（Connnection 对象）实现了紧密的绑定，一旦连接对象被关闭，ResultSet 对象中的数据立刻消失。这意味着，应用程序在使用 ResultSet 对象中的数据时，必须始终保持与数据库的连接，直到应用程序将 ResultSet 对象中的数据查看完毕。比如，在例 12-1 中，如果在代码 "rs=sql.executeQuery("SELECT * FROM message");" 后立刻关闭连接：

```
con.close();
```

那么，输出结果集中的数据的代码：

```
while(rs.next()){
    ……
}
```

就无法执行。在前面的例子中，如例 12-1，必须在 while 语句之后才执行关闭连接：

```
con.close();
```

每种数据库在同一时刻都有允许的最大连接数目，因此当多个应用程序连接访问数据库

时，应当避免长时间占用数据库的连接资源。

　　com.sun.rowset 包提供了 CachedRowSetImpl 类，该类实现了 CachedRowSet 接口。CachedRowSetImpl 对象可以保存 ResultSet 对象中的数据，而且 CachedRowSetImpl 对象不依赖 Connnection 对象，这意味着一旦把 ResultSet 对象中的数据保存到 CachedRowSetImpl 对象中后，就可以关闭与数据库的连接。CachedRowSetImpl 继承了 ResultSet 的所有方法，因此可以像操作 ResultSet 对象一样来操作 CachedRowSetImpl 对象。将 ResultSet 对象 rs 中的数据保存到 CachedRowSetImpl 对象 rowSet 中的代码如下：

```
rowSet.populate(rs);
```

　　【例 12-5】 使用 CachedRowSetImpl 对象保存数据库表的记录。

```java
import java.net.*;
import java.sql.*;
import com.sun.rowset.*;
public class Example12_5{
    public static void main(String args[]){
        Connection con;
        Statement sql;
        ResultSet rs;
        CachedRowSetImpl rowSet;
        try {  Class.forName("org.apache.derby.jdbc.EmbeddedDriver");  }
        catch(ClassNotFoundException e){  System.out.println(""+e);  }
        try{
            con=DriverManager.getConnection("jdbc:derby:d:/2000/student;create=true");
            sql=con.createStatement();
            rs=sql.executeQuery("SELECT * FROM message");
            rowSet=new CachedRowSetImpl();
            rowSet.populate(rs);
            con.close();                              // 现在就可以关闭连接了
            while(rowSet.next()){
                String number=rowSet.getString(1);
                String name=rowSet.getString(2);
                Date birth=rowSet.getDate(3);
                double height=rowSet.getDouble(4);
                System.out.println(number+","+name+","+birth+","+height);
            }
            con.close();
        }
        catch(SQLException e){  System.out.println(e);  }
    }
}
```

　　JDK 1.5 之后的版本，如 JDK 1.6，如果使用了 Sun 公司专用包（包名以 com.sun 为前缀），在编译时将提示用户使用了 Sun 的专用 API，只要该 API 未废弃，程序可正常运行。

12.9　预处理语句

　　Java 提供了更高效率的数据库操作机制，即 PreparedStatement 对象，该对象被习惯称为预处理语句对象。本节学习怎样使用预处理语句对象操作数据库中的表。

1. 预处理语句优点

当向数据库发送一个 SQL 语句，如"SELECT ＊ FROM message"，数据库库中的 SQL 解释器负责将把 SQL 语句生成底层的内部命令，然后执行该命令，完成有关数据操作。如果不断地向数据库提交 SQL 语句，势必增加数据库中 SQL 解释器的负担，影响执行的速度。如果应用程序能针对连接的数据库，事先将 SQL 语句解释为数据库底层的内部命令，然后直接让数据库去执行这个命令，不仅会减轻数据库的负担，也会提高访问数据库的速度。

Connection 连接对象 con 调用 prepareStatement(String sql)方法如下：

```
PreparedStatement pre=con.prepareStatement(String sql);
```

对参数 sql 指定的 SQL 语句进行预编译处理，生成该数据库底层的内部命令，并将该命令封装在 PreparedStatement 对象 pre 中。那么，该对象调用下列方法都可以使得该底层内部命令被数据库执行：

```
ResultSet executeQuery()
boolean execute()
int executeUpdate()
```

只要编译好了 PreparedStatement 对象 pre，那么 pre 可以随时执行上述方法，显然提高了访问数据库的速度。

【例 12-6】　使用预处理语句来查询数据库中表的全部记录。

```java
import java.sql.*;
public class Example12_6{
    public static void main(String args[]){
        Connection con;
        PreparedStatement pre;
        ResultSet rs;
        try { Class.forName("org.apache.derby.jdbc.EmbeddedDriver"); }
        catch(ClassNotFoundException e){ System.out.println(""+e); }
        try{
            con=DriverManager.getConnection("jdbc:derby:d:/2000/student;create=true");
            pre=con.prepareStatement("SELECT * FROM message");        // 预处理语句 pre
            rs=pre.executeQuery();
            while(rs.next()){
                String number=rs.getString(1);
                String name=rs.getString(2);
                Date birth=rs.getDate(3);
                double height=rs.getDouble(4);
                System.out.println(number+","+name+","+birth+","+height);
            }
            con.close();
        }
        catch(SQLException e){ System.out.println(e); }
    }
}
```

2. 使用通配符

在对 SQL 进行预处理时可以使用通配符"?"来代替字段的值，只要在预处理语句执行之前再设置通配符所表示的具体值即可。例如：

```
prepareStatement pre=con.prepareStatement("SELECT *  FROM message  WHERE height < ? ");
```

那么，在 SQL 对象执行之前必须调用相应的方法设置通配符"?"代表的具体值。例如：

```
        pre.setDouble(1,1.72);
```
指定上述预处理语句 pre 中通配符 "?" 代表的值是 1.72。通配符按照它们在预处理的 "SQL 语句" 中从左至右依次出现的顺序分别被称为第 1 个、第 2 个……第 m 个通配符。比如，方法 void setDouble(int parameterIndex,int x)用来设置通配符的值。其中，参数 parameterIndex 表示 SQL 语句中从左到右的第 parameterIndex 个通配符号，x 是该通配符所代表的具体值。

　　尽管
```
        pre=con.prepareStatement("SELECT *  FROM message  WHERE height < ? ");
        pre.setDouble(1,1.72);
```
的功能等同于
```
        pre=con.prepareStatement("SELECT * FROM message WHERE height < 1.72 ");
```
但是，使用通配符可以使得应用程序更容易动态地改变 SQL 语句中字段值的条件。

　　预处理语句设置通配符 "?" 的值的常用方法如下：
```
        void setDate(int parameterIndex,Date x)
        void setDouble(int parameterIndex,double x)
        void setFloat(int parameterIndex,float x)
        void setInt(int parameterIndex,int x)
        void setLong(int parameterIndex,long x)
        void setString(int parameterIndex,String x)
```

【例 12-7】　使用预处理语句向 student 数据库中的 message 表插入记录。

```
import java.sql.*;
import java.util.Calendar;
public class Example12_7{
    public static void main(String args[]){
        Connection con;
        PreparedStatement pre;
        ResultSet rs;
        Calendar calendar=Calendar.getInstance();
        calendar.set(2000,0,28);                // 0代表一月
        Date date=new Date(calendar.getTimeInMillis());
        try {  Class.forName("org.apache.derby.jdbc.EmbeddedDriver");  }
        catch(ClassNotFoundException e){ System.out.println(""+e);  }
        try{
            con=DriverManager.getConnection("jdbc:derby:d:/2000/student;create=true");
            String insertCondition="INSERT INTO message VALUES (?,?,?,?)";
            pre=con.prepareStatement(insertCondition);
            pre.setString(1,"008");             // 设置第 1 个?的值是字符串"008"
            pre.setString(2,"弘为大");          // 设置第 2 个?的值是字符串"弘为大"
            pre.setDate(3,date);                // 设置第 3 个?的值是日期对象 date
            pre.setDouble(4,1.99);              // 设置第 4 个?的值是数值 1.99
            int m=pre.executeUpdate();
            if(m!=0)
              System.out.println("对表中插入"+m+"条记录成功");
            pre=con.prepareStatement("SELECT * FROM message");
            rs=pre.executeQuery();
            while(rs.next()){
                String number=rs.getString(1);
                String name=rs.getString(2);
                Date birth=rs.getDate(3);
```

```
                double height=rs.getDouble(4);
                System.out.println(number+","+name+","+birth+","+height);
            }
            con.close();
        }
        catch(SQLException e){   System.out.println(e);   }
    }
}
```

12.10　事务

1. 事务及处理

事务由一组 SQL 语句组成。事务处理是指应用程序保证事务中的 SQL 语句要么全部都执行，要么一个都不执行。

事务是保证数据库中数据完整性与一致性的重要机制。应用程序与数据库建立连接之后，可能使用多个 SQL 语句操作数据库中的一个表或多个表。比如，一个管理资金转账的应用程序为了完成一个简单的转账业务，可能需要两个 SQL 语句，即需要将数据库 user 表中 id 是 0001 的记录的 userMoney 字段的值由原来的 100 更改为 50，然后将 id 是 0002 的记录的 userMoney 字段的值由原来的 20 更新为 70。应用程序必须保证这两个 SQL 语句要么全都执行，要么全都不执行。

2. JDBC 事务处理步骤

（1）使用 setAutoCommit(boolean autoCommit)方法

与数据库建立一个连接对象后，如 con，那么 con 的提交模式是自动提交模式，即该连接对象 con 产生的 Statement（PreparedStatement 对象）对数据库提交任何一个 SQL 语句操作都会立刻生效，使得数据库中的数据发生变化，这显然不能满足事物处理的要求。比如，在转账操作时,将用户 0001 的 userMoney 的值由原来的 100 更改为 50 的操作不应当立刻生效，而应等到 0002 的用户的 userMoney 的值由原来的 20 更新为 70 后一起生效,如果第 2 个语句 SQL 语句操作未能成功，第一个 SQL 语句操作就不应当生效。为了能进行事务处理，必须关闭 con 的这个默认设置。

con 对象先调用 setAutoCommit(boolean autoCommit)方法，将参数 autoCommit 取值 false 来关闭默认设置：

```
        con.setAutoCommit(false);
```
（2）使用 commit()方法

con 调用 setAutoCommit(false)后，con 产生的 Statement 对象对数据库提交任何一个 SQL 语句操作都不会立刻生效，这样就有机会让 Statement 对象（PreparedStatement 对象）提交多个 SQL 语句，这些 SQL 语句就是一个事务。事务中的 SQL 语句不会立刻生效，直到连接对象 con 调用 commit()方法，从而让事务中的 SQL 语句全部生效。

（3）使用 rollback()方法

con 调用 commit()方法进行事务处理时，只要事务中任何一个 SQL 语句没有生效，就抛出 SQLException 异常。在处理 SQLException 异常时必须让 con 调用 rollback()方法，其作用是：撤销事务中成功执行过的 SQL 语句对数据库数据所做的更新、插入或删除操作，即撤销引起数据发生变化的 SQL 语句操作，将数据库中的数据恢复到 commi()方法执行前的状态。

【例 12-8】 启动 ij 环境（见 12.3 节），连接到 student 数据库，在 student 数据库中再创建一个 yh 表，该表的字段及属性为：name（文本），userMoney（双精度型）。然后在 ij 环境下，向 yh 表插入两条记录：('0001', 900)，('0002', 100)。

本例使用事务处理，将 yh 表中的 number 字段是 0001 的 userMoney 的值减少 n，并将减少的 n 增加到字段是 0002 的 userMoney 属性值上。运行本例前，务必退出连接到 student 数据库的 ij 环境。

```java
import java.sql.*;
public class Example12_8{
    public static void main(String args[]){
        Connection con=null;
        Statement sql;
        ResultSet rs;
        try { Class.forName("org.apache.derby.jdbc.EmbeddedDriver"); }
        catch(ClassNotFoundException e){ System.out.println(""+e); }
        try{
            double n=50;
            con=DriverManager.getConnection("jdbc:derby:d:/2000/student;create=true");
            con.setAutoCommit(false);                    // 关闭自动提交模式
            sql=con.createStatement();
            rs=sql.executeQuery("SELECT * FROM yh WHERE number='0001'");
            rs.next();
            double moneyOne=rs.getDouble("userMoney");
            moneyOne=moneyOne-n;
            rs=sql.executeQuery("SELECT *  FROM yh  WHERE number='0002'");
            rs.next();
            double moneyTwo=rs.getDouble("userMoney");
            moneyTwo=moneyTwo+n;
            sql.executeUpdate("UPDATE yh SET userMoney ="+moneyOne+
                                        " WHERE number='0001'");
            sql.executeUpdate("UPDATE yh SET userMoney="+moneyTwo+
                                        " WHERE number='0002'");
            con.commit();                                // 开始事务处理
            con.close();
        }
        catch(SQLException e){
            try{ con.rollback(); }                       // 撤销事务所做的操作
            catch(SQLException exp){ }
            System.out.println(e);
        }
    }
}
```

12.11 批处理

程序在与数据库交互时，可能需要执行多个对表进行更新操作的 SQL 语句，这就需要 Statement 对象反复执行 execute()方法。能否让 Statement 对象调用一个方法执行多个 SQL 语句呢？即能否对 SQL 语句进行批处理呢？

JDBC 为 Statement 对象提供了批处理功能，即 Statement 对象调用 executeBatch()方法可以一次执行多条 SQL 语句，只要事先让 Statement 对象调用 addBatch(String sql)方法，将要执行的 SQL 语句添加到该对象中即可。

在对若干个 SQL 进行批处理时，如果不允许批处理中的任何 SQL 语句执行失败，那么与前面讲解处理事务的情况相同，要事先关闭连接对象的自动提交模式，即将批处理作为一个事务来对待，否则批处理中成功执行的 SQL 语句将立刻生效。

【例 12-9】 Statement 对象调用 executeBatch()方法对多个 SQL 语句进行批处理，并将批处理作为一个事务。

```
import java.sql.*;
public class Example12_9 {
    public static void main(String args[]){
        Connection con=null;
        Statement sql;
        ResultSet rs;
        try{ Class.forName("org.apache.derby.jdbc.EmbeddedDriver");  }
        catch(ClassNotFoundException e){ System.out.println(""+e);  }
        try{
            double n = 500;
            con = DriverManager.getConnection("jdbc:derby:d:/2000/student;create=true");
            con.setAutoCommit(false);              // 关闭自动提交模式
            sql = con.createStatement();
            sql.addBatch("UPDATE message SET height =1.79 WHERE number='001'");
            sql.addBatch("UPDATE message SET height =1.69 WHERE number='002'");
            sql.addBatch("UPDATE message SET height =1.85 WHERE number='003'");
            sql.addBatch("INSERT INTO message VALUES ('012','赵号人','2010-12-20',1.75)");
            int[] number = sql.executeBatch();       // 开始批处理,返回被执行的 SQL 语句的序号
            con.commit();                            // 进行事务处理
            System.out.println("共有"+number.length+"条SQL 语句被执行");
            sql.clearBatch();
            con.close();
        }
        catch(SQLException e) { }
        try{ con.rollback();  }                      // 撤销事务所做的操作
        catch(SQLException exp){ }
        System.out.println(e);
    }
}
```

12.12　使用 JTable 组件操作表

为了突出 JDBC 的内容，前面的例子都没有使用图形界面，即没有使用第 10 章学习的组件。借助组件，可以更方便地操作数据库中的表。本节讲述怎样使用 JTable 组件操作数据库中的表中。有关 JTable 的知识请参见 10.10 节。

【例 12-10】使用 JTable 组件显示 message 表的记录、更新 message 表的记录、向 message 表插入记录（效果如图 12-12 所示）。其中有 4 个 Java 源文件，需分别保存和编译，Example12_10.java 是主类。

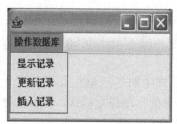

（a）窗口界面

（b）显示记录

（c）更新记录

（d）插入记录

图 12-12　例 12-10 效果

Example12_10.java（效果如图 12-12（a）所示）

```java
import javax.swing.*;
import java.awt.*;
import java.awt.event.*;
import java.sql.*;
public class Example12_10{
    public static void main(String args[ ]){
        try {  Class.forName("org.apache.derby.jdbc.EmbeddedDriver");  }
        catch(ClassNotFoundException e){  System.out.println(""+e);  }
        DatabaseWin win=new DatabaseWin();
    }
}
class DatabaseWin extends JFrame implements ActionListener{          // 主窗口
    JMenuBar menubar;
    JMenu menu;
    JMenuItem itemShow, itemUpdate, itemInsert;
    ShowRecord showRecord;
    ModifyRecord modifyRecord;
    InsertRecord insertRecord;
    DatabaseWin(){
        menubar=new JMenuBar();
        menu=new JMenu("操作数据库");
        itemShow=new JMenuItem("显示记录");
        itemUpdate=new JMenuItem("更新记录");
        itemInsert=new JMenuItem("插入记录");
        itemShow.addActionListener(this);
```

```java
            itemUpdate.addActionListener(this);
            itemInsert.addActionListener(this);
            menu.add(itemShow);
            menu.add(itemUpdate);
            menu.add(itemInsert);
            menubar.add(menu);
            showRecord=new ShowRecord("显示记录对话框");
            modifyRecord=new ModifyRecord("修改记录对话框");
            insertRecord=new InsertRecord("插入记录对话框");
            setJMenuBar(menubar);
            setBounds(100,100,370,250);
            setVisible(true);
            setDefaultCloseOperation(JFrame.EXIT_ON_CLOSE);
        }
        public void actionPerformed(ActionEvent e){
            if(e.getSource()==itemShow)
                showRecord.setVisible(true);
            else if(e.getSource()==itemUpdate)
                modifyRecord.setVisible(true);
            else if(e.getSource()==itemInsert)
                insertRecord.setVisible(true);
        }
    }
```

ShowRecord.java（效果如图 12-12（b）所示）

```java
    import javax.swing.*;
    import java.awt.*;
    import java.awt.event.*;
    import java.sql.*;
    public class ShowRecord extends JDialog implements ActionListener{ // 负责显示记录的类
        JTable table;
        Object a[][];
        Object name[]={"学号","姓名","出生日期","身高"};
        JButton showRecord;
        Connection con;
        Statement sql;
        ResultSet rs;
        ShowRecord(String title){
            setTitle(title);
            showRecord=new JButton("显示记录");
            showRecord.addActionListener(this);
            add(showRecord,BorderLayout.NORTH);
            setBounds(200,60,400,250);
        }
        public void actionPerformed(ActionEvent e){
            try{
                con=DriverManager.getConnection("jdbc:derby:d:/2000/student;create=true");
                sql=con.createStatement(ResultSet.TYPE_SCROLL_SENSITIVE,
                                                ResultSet.CONCUR_READ_ONLY);
                rs=sql.executeQuery("SELECT * FROM message");
                rs.last();
                int lastNumber=rs.getRow();
```

```
        a=new Object[lastNumber][4];
        int k=0;
        rs.beforeFirst();
        while(rs.next()){
            a[k][0]=rs.getString(1);
            a[k][1]=rs.getString(2);
            a[k][2]=rs.getDate(3);
            a[k][3]=rs.getString(4);
            k++;
        }
        con.close();
    }
    catch(SQLException ee){   System.out.println(ee);   }
    table=new JTable(a,name);
    getContentPane().removeAll();
    add(showRecord,BorderLayout.NORTH);
    add(new JScrollPane(table),BorderLayout.CENTER);
    validate();
  }
}
```

ModifyRecord.java（效果如图 12-12（c）所示）

```
import javax.swing.*;
import java.awt.*;
import java.awt.event.*;
import java.sql.*;
import javax.swing.border.*;
public class ModifyRecord extends JDialog implements ActionListener{ // 负责更新记录的类
    JLabel hintLabel;
    JTextField inputNumber;
    Object name[]={"姓名","出生日期","身高"};
    Object a[][]=new Object[1][3];
    JTable table;
    JButton enterModify;
    Connection con;
    Statement sql;
    ResultSet rs;
    String num;
    ModifyRecord(String s){
        setTitle(s);
        hintLabel=new JLabel("输入学号(回车确认):");
        inputNumber=new JTextField(20);
        table=new JTable(a,name);
        enterModify=new JButton("更新记录");
        setLayout(null);
        Box baseBox=Box.createHorizontalBox();
        baseBox.add(hintLabel);
        baseBox.add(inputNumber);
        baseBox.add(new JScrollPane(table));
        baseBox.add(enterModify);
        add(baseBox);
        baseBox.setBounds(10,40,600,38);
```

```
                inputNumber.addActionListener(this);
                enterModify.addActionListener(this);
                setBounds(20,60,700,200);
            }
            public void actionPerformed(ActionEvent e){
                if(e.getSource()==inputNumber){
                    try{
                        num=inputNumber.getText().trim();
                        con=DriverManager.getConnection("jdbc:derby:d:/2000/student;create=true");
                        sql=con.createStatement();
                        rs=sql.executeQuery("SELECT * FROM message WHERE number='"+num+"'");
                        boolean boo=rs.next();
                        if(boo==false){
                            JOptionPane.showMessageDialog(this,"学号不存在", "提示",
                                                          JOptionPane.WARNING_MESSAGE);
                        }
                        else{
                            a[0][0]=rs.getString(2);
                            a[0][1]=rs.getDate(3).toString();
                            a[0][2]=rs.getString(4);
                            table.repaint();
                        }
                        con.close();
                    }
                    catch(SQLException ee){   System.out.println(ee);    }
                }
                if(e.getSource()==enterModify){
                    try{
                        con=DriverManager.getConnection("jdbc:derby:d:/2000/student;create=true");
                        sql=con.createStatement();
                        sql.executeUpdate("UPDATE message
                                      SET name='"+a[0][0]+ "', birthday='"+a[0][1]+ "',
                                      height="+a[0][2]+"  WHERE number='"+num+"'");
                        JOptionPane.showMessageDialog(this, "更新成功", "成功",
                                                          JOptionPane.PLAIN_MESSAGE);
                        con.close();
                    }
                    catch(SQLException ee){
                        JOptionPane.showMessageDialog(this, "更新失败"+ee, "失败",
                                                          JOptionPane.ERROR_MESSAGE);
                    }
                }
            }
        }
```

InsertRecord.java（效果如图 12-12（d）所示）

```
    import javax.swing.*;
    import java.awt.*;
    import java.awt.event.*;
    import java.sql.*;
    import javax.swing.border.*;
    public class InsertRecord extends JDialog implements ActionListener{ //负责插入记录的类
```

```
JLabel hintLabel;
Object name[]={"学号","姓名","出生日期","身高"};
Object a[][]=new Object[1][4];
JTable table;
JButton enterInsert;
Connection con;
Statement sql;
ResultSet rs;
String num;
InsertRecord(String s){
    setTitle(s);
    hintLabel=new JLabel("输入新记录:");
    table=new JTable(a,name);
    enterInsert=new JButton("插入新记录");
    setLayout(null);
    Box baseBox=Box.createHorizontalBox();
    baseBox.add(hintLabel);
    baseBox.add(new JScrollPane(table));
    baseBox.add(enterInsert);
    add(baseBox);
    baseBox.setBounds(10,40,600,38);
    enterInsert.addActionListener(this);
    setBounds(120,160,700,200);
}
public void actionPerformed(ActionEvent e){
    try{
        con=DriverManager.getConnection("jdbc:derby:d:/2000/student;create=true");
        sql=con.createStatement();
        int k=sql.executeUpdate("INSERT INTO message VALUES('"+ a[0][0]+"',
                            '"+a[0][1]+"','"+a[0][2]+"',"+a[0][3]+")");
        if(k==1)
            JOptionPane.showMessageDialog(this, "插入记录成功", "成功",
                                            JOptionPane.PLAIN_MESSAGE);
        con.close();
    }
    catch(SQLException ee){
        JOptionPane.showMessageDialog(this, "插入记录失败"+ee, "失败",
                                            JOptionPane.ERROR_MESSAGE);
    }
}
}
```

12.13　SQL Server 2000 数据库

本节介绍 SQL Server 2000 数据库管理系统。SQL Server 2000 数据库管理系统可以有效地管理数据库，是一个网络数据库管理系统，也称为 SQL Server 2000 数据库服务器。

1. 启动 SQL Server 2000

SQL Server 2000 是一个网络数据库，可以使远程的计算机访问它所管理的数据库。安装好 SQL Server 2000 后，需启动 SQL Server 2000 提供的数据库服务器，以便使远程的计算机访问它所管理的数据库。如果已经安装 SQL Server 2000，可以启动 SQL Server 2000 提供的数据库服务器：选择"开始"→"程序"→"Microsoft SQL Server"→"服务器管理器"。启动后的 SQL Server 2000 服务器如图 12-13 所示。

2．建立数据库

使用 SQL Server 2000 可以建立多个不同的数据库。本节将建立一个名为 factory 的数据库。首先打开 SQL Server 2000 提供的"企业管理器"（见图 12-13），其中"数据库"目录下是已有的数据库的名称，在"数据库"目录上单击右键，通过快捷菜单建立新的数据库"factory"，如图 12-14 中右侧所示。

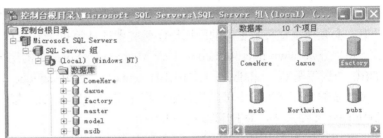

图 12-13　启动 SQL Server 2000　　　　图 12-14　使用企业管理器建立新数据库

3．创建表

创建好数据库后，就可以在该数据库下建立若干个表。

我们准备在 factory 数据库中创建名字为 empoyee 的表。打开"企业管理器"，单击"数据库"下的 factory 数据库，在 factory 管理的"表"的选项上单击右键，选择"新建表"，将出现相应的建表界面。建立表 employee，该表的字段（属性）为：number（char），name（char），birthday（smalldatetime），salary（float）。其中，"number"字段为主键，如图 12-15 所示。

列名	数据类型	长度	允许空
number	char	10	
name	char	10	✓
birthday	smalldatetime	4	✓
salary	float	8	✓

图 12-15　employee 表及字段属性

12.14　使用纯 Java 数据库驱动

用 Java 语言编写的数据库驱动称为纯 Java 数据库驱动，简称 JDBC-数据库驱动。JDBC 提供的 API 通过将 JDBC-数据库驱动转换为 DBMS（数据库管理系统）所使用的专用协议来实现与特定的 DBMS 交互。简单地说，JDBC 可以调用本地的 JDBC-数据库驱动与相应的数据库建立连接，如图 12-16 所示。

使用 JDBC-数据库驱动与数据库建立连接需要经过 2 个步骤：加载 JDBC-数据库驱动→与指定的数据库建立连接。

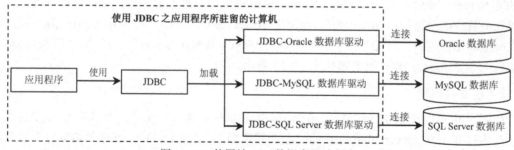

图 12-16　使用纯 Java 数据库驱动程序

1. 加载 JDBC-数据库驱动

目前，许多数据库厂商都提供了自己的相应的 JDBC-数据库驱动。使用 JDBC-数据库驱动时，必须保证连接数据库的应用程序所驻留的计算机上安装有相应 JDBC-数据库驱动。

可以登录 www.microsoft.com 下载 Microsoft 公司提供的用于连接 SQL Server 2000 的 JDBC-数据库驱动：sqljdbc_1.1.1501.101_enu.exe。安装 sqljdbc_1.1.1501.101_enu.exe 后，在安装目录的 enu 子目录中可以找到驱动程序文件 sqljdbc.jar，将该驱动复制 JDK 安装目录的 \jre\lib\ext 文件夹中，如 E:\jdk1.6\jre\lib\ext。

应用程序加载 JDBC-SQLServer 数据库驱动代码如下：

```
try {  Class.forName("com.microsoft.sqlserver.jdbc.SQLServerDriver");  }
catch(Exception e){ }
```

2. 与指定的数据库建立连接

假设 SQL Server 数据库服务器所驻留的计算机的 IP 地址是 192.168.100.1、SQL Server 数据库服务器占用的端口是 1433。应用程序要与 SQL Server 数据库服务器管理的数据库 factory 建立连接，而有权访问数据库 factory 的用户 id 和密码分别是 sa、sa，那么建立连接的代码如下：

```
try{
    String uri= "jdbc:sqlserver://192.168.100.1:1433;DatabaseName=factory";
    String user="sa";
    String password="sa";
    con=DriverManager.getConnection(uri,user,password);
}
catch(SQLException e){ }
```

应用程序一旦与某个数据库建立连接，就可以通过 SQL 语句与该数据库中的表交互信息，如查询、修改、更新表中的记录。如果应用程序与要连接 SQL Server 2000 服务器驻留在同一计算机上，使用的 IP 地址可以是 127.0.0.1。

如果应用程序无法与 SQL Server 2000 服务器建立连接，可能需要更新 SQL Server 2000 服务器，登录 Microsoft 官网下载 SQL Server 2000 的补丁 SQLsp4.rar，安装该补丁即可。

【例 12-11】使用纯 Java 数据库驱动程序查询数据库 factory 中 employee 表的全部记录。

```
import java.sql.*;
public class Example12_11{
    public static void main(String args[]){
        Connection con;
        PreparedStatement pre;
```

```
ResultSet rs;
try{ Class.forName("com.microsoft.sqlserver.jdbc.SQLServerDriver"); }
catch(ClassNotFoundException e){ System.out.println(""+e); }
try{
    String uri="jdbc:sqlserver://127.0.0.1:1433, DatabaseName=factory";
    String user="sa";
    String password="sa";
    con=DriverManager.getConnection(uri,user,password);
    pre=con.prepareStatement("SELECT *  FROM employee");
    rs=pre.executeQuery();
    while(rs.next()){
        String number=rs.getString(1);
        String name=rs.getString(2);
        Date birth=rs.getDate(3);
        double salary=rs.getDouble(4);
        System.out.println(number+","+name+","+birth+","+salary);
    }
    con.close();
}
catch(SQLException e){   System.out.println(e);    }
}
}
```

问 答 题

1. 为了连接 Derby 数据库，应当把 JDK 安装目录 db/lib 下的哪些文件复制到 Java 运行环境的扩展中？
2. 模糊查询的 SQL 语句是怎样的？有哪些通配符？
3. 使用 CachedRowSetImpl 类有什么好处？
4. 使用预处理语句的好处是什么？
5. 什么叫事务？JDBC 事务处理分几个步骤？
6. 加载 JDBC-数据库驱动的代码是什么？

作 业 题

1. 参考例 12-1，用 ij 环境创建一个名字为 university 的 Derby 内置数据库，在数据库中创建名字为 classgrade 的表，该表的字段及属性如下：class_id（文本，主键），class_name（文本），class_studentNumber（数字，整数）。首先使用 ij 环境查询数据库中的 classgrade 表，然后退出 ij 环境，参考例子 12-1，编写程序查询数据库中的 classgrade 表。

2. 参考例 12-2，用 ij 环境创建一个名字为 company 的数据库，在数据库中再创建名字是 employee 的表，该表字段（属性）为：number（文本），name（文本），birthday（日期），salary（数字，双精度）。其中，number 字段为主键。要求：从 employee 表中随机抽取 10 条记录，计算平均工薪。

3. 参考例 12-3，向作业 1 题中的 classgrade 表插入 5 条记录。

4. 参考例 12-4，向作业 2 题中的 employee 表插入 5 条记录。

5. 模拟某个实际问题，用事务处理来解决。

第13章 Java Applet

13.1 Java Applet 的运行原理

1. Java Applet 概述

Java Applet 也是由若干个类组成的,一个 Java Applet 不再需要 main()方法,但必须有且只有一个类扩展了 Applet 类,即它是 Applet 类的子类,我们把这个类称为这个 Java Applet 的主类。Java Applet 的主类必须是 public 的。Applet 类是 java.applet 包提供的类,Applet 类是 Container 类的一个间接子类,因此 Java Applet 的实例是一个容器。Java Applet 属于 Java 嵌入式开发的一种,嵌入式程序的主类的实例化由嵌入该程序的环境平台中 JVM 负责。这样,我们必须向该平台提供相应的配置文件,嵌入该程序的环境平台使用配置文件通知平台中的 JVM 建立主类的对象,并产生相应的一些行为。

Applet 类有 5 个常用的方法:init(),start(),stop(),destroy()和 paint(Graphics g)。

用户编写的 Java Applet 的主类经常需要重写其中的某些方法。

【例 13-1】 Java Applet 运行原理(效果如图 13-1 所示)。

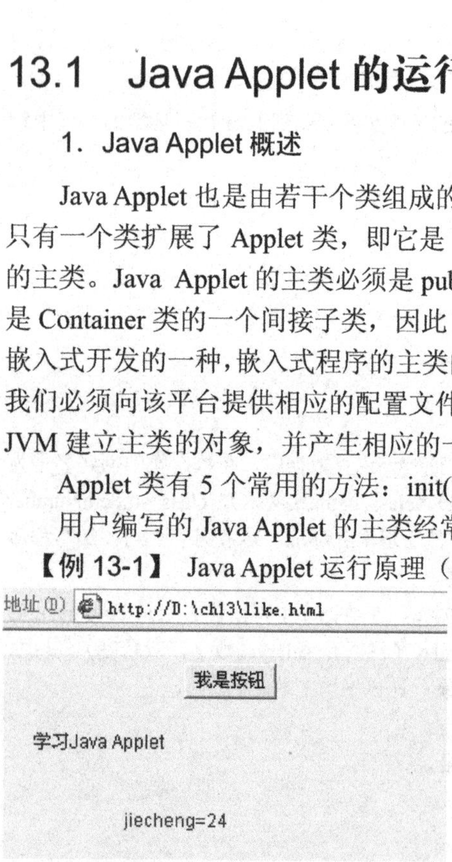

地址 (D) http://D:\ch13\like.html

图 13-1 运行 Java Applet

```
import java.applet.*;
import java.awt.*;
public class Example13_1 extends Applet{
Button button;
    int jiecheng=1;
    public void init(){
        setBackground(Color.yellow);
        button=new Button("我是按钮");
        add(button);
    }
```

```java
public void start(){
   for(int i=1; i<=4; i++)
       jiecheng=jiecheng*i;
}
public void stop(){}
public void destroy(){}
public void paint(Graphics g){
    g.setColor(Color.blue);
    g.drawString("学习 Java Applet",20,60);
    g.setColor(Color.red);
    g.drawString("jiecheng="+jiecheng,80,110);
}
}
```

2. 运行原理

假设上述程序保存到 D:\ch13 目录中，并编译通过。如果使用 JDK 1.6 平台的编译器，应使用-source 参数，并将参数取值为 1.1（见本书 1.7 节）。

（1）网页的编写

Java Applet 属于嵌入到浏览器环境中的程序，必须由浏览器的 JVM 执行。当 Java Applet 编译通过后，我们需要编写一个超文本文件（含有 applet 标记的 Web 页）告诉浏览器来运行它。假设 Applet 主类的名字是 Example13_1，下面是一个简单的 HTML 文件"like.html"。

```html
<applet code=Example13_1.class height=180 width=300>
</applet>
```

like.html 文件告诉浏览器运行主类是 Example13_1 的 Java Applet。like.html 中的 <applet …>和</applet>标记告诉浏览器将运行一个 Java Applet，code 告诉浏览器运行哪个 Java Applet。"code="后面是主类的字节码文件。

超文本文件 like.html 可以被看成运行环境执行 Java Applet 所要求的配置文件。内嵌式 Java 程序的运行原理和应用程序有许多不同，掌握和理解 Java Applet 的运行原理，对于学习其他 Java 嵌入式程序有很大的帮助。

在本机调试 Java Applet 程序时，读者可以用文件打开的方式让浏览器执行 like.html 来运行 Java Applet。

但网页的最终目的是让其他客户机通过网络来访问，下载到客户机执行。可以用 Web 发布管理器，如 IIS 或 Tomcat，将含有 Java Applet 网页所在的目录设成 Web 服务目录。例如，将 like.html 所在的文件夹 D:\ch13 设为 Web 服务目录，虚拟目录名称是 hello，那么其他用户就可以在其浏览器的地址栏中输入该服务器的 IP 地址、虚拟目录名称访问含有 Java Applet 的网页，如 http://192.168.0.100/hello/like.html。也就是说，Java Applet 的字节码文件会下载到客户机，由客户机浏览器负责运行。

如果修改、重新编译了源文件，读者可能需要关闭浏览器，重新打开浏览器来运行含有 Java Applet 的字节码，以便加载更新后的字节码。

（2）Java Applet 的生命周期

Java Applet 的执行过程被称为这个 Java Applet 的生命周期。一个 Java Applet 的生命周期会涉及如下方法的调用：init()，start()，stop()，destroy()和 paint(Graphics g)。

类是对象的模板，那么上述 Java Applet 的主类的对象是由谁创建的呢？这些方法又是怎样被调用的呢？当浏览器执行 like.html，发现有 applet 标记时，浏览器内置的 JVM 将创建主类 Example13_1 的一个对象，它的大小由超文本文件 like.html 中的 width 和 height 来确定。由于 Applet 类也是 Container 的间接子类，因此主类的实例也是一个容器。容器有相应的坐标系统，单位是像素，原点是容器的左上角。该容器的默认布局是 FlowLayout 布局，被自动添加到浏览器的桌面上。

JVM 创建的主类 Example13_1 的对象在生命周期内将有下列行为：

① 浏览器内置的 JVM 创建了主类 Boy 对象后，立刻通知这个对象调用 init()方法完成必要的初始化工作。初始化的主要任务是创建所需要的对象、设置初始状态、装载图像、设置参数等。

② 该对象自动调用 start()方法。在程序的执行过程中，init()方法只被调用一次。但 start()方法将多次被自动调用。除了进入执行过程时调用方法 start()外，当用户从 Java Applet 所在的 Web 页面转到其他页面又返回时，start()将再次被调用，但不再调用 init()方法。

③ 当浏览器离开 Java Applet 所在的页面转到其他页面时，主类创建的对象将调用 stop()方法。如果浏览器又回到此页，则 start()又被调用来启动 Java Applet。在 Java Applet 的生命周期中，stop()方法也可以被调用多次。如果在 Java Applet 中设计了播放音乐的功能，而没有在 stop()方法中给出停止播放它的有关语句，那么当离开此页去浏览其他页时，音乐将不能停止。如果没有定义 stop()方法，当用户离开 Java Applet 所在的页面时，Java Applet 将继续使用系统的资源。若定义了 stop()方法，则可以挂起 Java Applet 的执行。

④ 当浏览器结束浏览时，主类创建的对象自动执行 destroy()方法，结束 Java Applet 的生命。该方法是父类 Applet 中的方法，不必重写这个方法，直接继承即可。

paint(Graphics g)方法可以使一个 Java Applet 在容器上显示某些信息，如文字、色彩、背景或图像等。在 Java Applet 的生命周期内可以多次调用。例如，当 Java Applet 被其他页面遮挡，然后重新放到最前面、改变浏览器窗口的大小以及 Java Applet 本身需要显示信息时，主类创建的对象都会自动调用 paint()方法。与上述 4 种方法不同的是，paint()方法有一个参数 g，浏览器的 Java 运行环境产生一个 Graphics 类的实例，并传递给其中的参数 g。

3. repaint()方法和 update(Graphics g)

repaint()方法和 update(Graphics g) 方法是 Component 类中的一个方法。当调用 repaint()方法时，程序首先清除 paint()方法以前所画的内容，再调用 paint()方法。实际上，调用 repaint()方法时，程序自动调用 update(Graphics g)方法，浏览器的 Java 运行环境产生一个 Graphics 类的实例，传递给 update(Graphics g)方法中的参数 g。这个方法的功能是：清除 paint()方法以前所画的内容，再调用 paint()方法。因此，我们可以在子类中重写 update()方法（即隐藏父类的方法），根据需要清除哪些部分，或保留哪些部分。

【例 13-2】 在 paint()方法中使用 repaint()方法，当 Java Applet 调用 paint()方法时，就会调用 update()方法。本例重写了 update()方法，清除 paint()方法所绘制的部分内容，再调用 paint()方法。

```java
import java.applet.*;
import java.awt.*;
public class Example13_2 extends Applet{
    int x=5;
    public void paint(Graphics g){
```

```
        x=x+12;
        if(x>=200)
            x=5;
        g.drawString("我们在学习 repaint 方法", 20, x);
        try {    Thread.sleep(1000);    }
        catch(InterruptedException ee){ }
        repaint();
    }
}
```

13.2　在 Java Applet 中播放音频

用 Java 可以编写播放 AU、AIFF、WAV、MIDI、RM 格式的音频。AU 格式是 Java 早期唯一支持的音频格式。在 Java Applet 中播放声音需要使用 Applet 类的静态方法（类方法）

```
        newAudioClip(URL url, String name)
```

或 Applet 类的实例方法

```
        getAudioClip(url url, String name)
```

根据参数 url 提供的地址和该处的声音文件 name，可以获得一个用于播放的音频对象（AudioClip 类型对象）。这个音频对象可以使用下列方法来处理声音文件：① play()，播放声音文件 name；② loop()，循环播放 name；③ stop()，停止播放 name。

【例 13-3】 播放音频。

```
import java.applet.*;
import java.awt.*;
import java.awt.event.*;
public class Example13_3 extends Applet implements ActionListener{
    AudioClip clip;                                     // 声明一个音频对象
    Button button_play,button_loop,button_stop;
    public void init(){
        clip=getAudioClip(getCodeBase(),"1.au");
        button_play=new Button("开始播放");
        button_loop=new Button("循环播放");
        button_stop=new Button("停止播放");
        button_play.addActionListener(this);
        button_stop.addActionListener(this);
        button_loop.addActionListener(this);
        add(button_play);
        add(button_loop);
        add(button_stop);
    }
    public void stop(){
        clip.stop();                                    // 当离开此页面时停止播放
    }
    public void actionPerformed(ActionEvent e){
        if(e.getSource()==button_play)
            clip.play();
        else if(e.getSource()==button_loop)
            clip.loop();
        if(e.getSource()==button_stop)
```

```
        clip.stop();
    }
}
```

13.3　网页向 Java Applet 传值

可以在超文本中使用若干<Param>标志把值传递到 Java Applet 中，这样实现了动态地向程序传递信息，不必重新编译程序，便于程序的维护和使用。

【例 13-4】　在网页中传值。

```
import java.awt.*;
import java.applet.*;
public class Example13_4 extends Applet{
    int x=0, y=0;
    public void init(){
        String s1=getParameter("girl");          // 从 html 得到"girl"的值
        String s2=getParameter("boy");           // 从 html 得到"boy"的值
        x=Integer.parseInt(s1);
        y=Integer.parseInt(s2);
    }
    public void paint(Graphics g){
        g.drawString("x="+x+","+"y="+y,90,120);
    }
}
```

运行例 13-4 的超文本文件如下。

ex4.html

```
<applet code= Example13_4.class width=200 height=200>
    <Param name="girl"  value ="160">
    <Param name="boy"  value ="175">
</applet>
```

13.4　在 Java Applet 中使用组件

Applet 类是容器的间接子类，因此可以在这个容器中添加组件，处理组件事件，完成一些工作。如果没有更新浏览器内置的 JVM，Java Applet 中只能使用 JDK 1.1 版本公布的 java.awt 包中的组件，如 Button、TextField、TextArea 等。

【例 13-5】　把 Java Applet 的布局设置为 BorderLayout 布局（效果如图 13-2 所示）。Java Applet 的中心和北面分别嵌套面板（Panel 创建的对象）centerPanel 和 northPanel。centerPanel 面板的布局是 CardLayout 布局、northPanel 的布局是默认的 FlowLayout 布局。在 northPanel 中添加了两个按钮，centerPanel 面板中又嵌套两个容器，作为 centerPanel 中的"卡片"，单击相应的按钮时，centerPanel 面板将显示相应的"卡片"，两张卡片分别负责计算圆和三角形的面积。

```
import java.awt.*;
import java.awt.event.*;
import java.applet.*;
public class Example13_5 extends Applet
implements ActionListener{
```

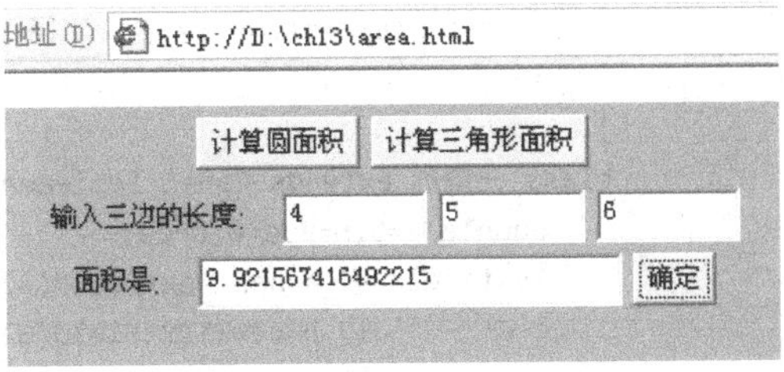

```
        Panel centerPanel, northPanel;
        Button b1, b2;
        CardLayout card;
        public void init(){
            setBackground(Color.green);
            setLayout(new BorderLayout());
            centerPanel=new Panel();
            northPanel=new Panel();
            card=new CardLayout();
            centerPanel.setLayout(card);
            圆 circle=new 圆();
            三角形 trangle=new 三角形();
            centerPanel.add("trangle",trangle);
            centerPanel.add("circle",circle);
            b1=new Button("计算圆面积");
            b2=new Button("计算三角形面积");
            b1.addActionListener(this);
            b2.addActionListener(this);
            northPanel.add(b1);
            northPanel.add(b2);
            add(centerPanel,BorderLayout.CENTER);
            add(northPanel,BorderLayout.NORTH);
        }
        public void actionPerformed(ActionEvent e){
          if(e.getSource()==b1)
            card.show(centerPanel,"circle");
          else if(e.getSource()==b2)
            card.show(centerPanel,"trangle");
        }
    }
class 圆 extends Panel implements ActionListener{            // 负责计算圆面积的类
    double r,area;
    TextField 半径=null,
            结果=null;
    Button b=null;
    圆(){
        半径=new TextField(10);
        结果=new TextField(10);
        b=new Button("确定");
        add(new Label("输入半径"));
        add(半径);
        add(new Label("面积是："));
        add(结果); add(b);
        b.addActionListener(this);
    }
    public void actionPerformed(ActionEvent e){
        try {
            r=Double.parseDouble(半径.getText());
            area=Math.PI*r*r;
            结果.setText(""+area);
        }
```

图 13-2　使用 AWT 组件

地址 (D)　http://D:\ch13\area.html

计算圆面积　　计算三角形面积

输入三边的长度：　4　　5　　6

面积是：　9.921567416492215　　确定

```
      catch(Exception ee){   半径.setText("请输入数字字符");   }
   }
}
class 三角形 extends Panel implements ActionListener{        // 负责计算三角形面积的类
   double a=0,b=0,c=0,area;
   TextField 边_a=new TextField(6),
             边_b=new TextField(6),
             边_c=new TextField(6),
             结果=new TextField(24);
   Button button=new Button("确定");
   三角形(){
      add(new Label("输入三边的长度："));
      add(边_a);
      add(边_b);
      add(边_c);
      add(new Label("面积是："));
      add(结果); add(button);
      button.addActionListener(this);
   }
   public void actionPerformed(ActionEvent e){
      try{
         a=Double.parseDouble(边_a.getText());
         b=Double.parseDouble(边_b.getText());
         c=Double.parseDouble(边_c.getText());
         if(a+b>c&&a+c>b&&c+b>a){
            double p=(a+b+c)/2;
            area=Math.sqrt(p*(p-a)*(p-b)*(p-c));
            结果.setText(""+area);
         }
         else
            结果.setText("您输入的数字不能形成三角形");
      }
      catch(Exception ee){   结果.setText("请输入数字字符");   }
   }
}
```

如果计算机安装了 SDK 1.4 以后的版本，那么浏览器中的 JVM 就会被更新为当前 JDK 所带的 JVM，这样浏览器可以使用 javax.swing 包中的组件。使用 javax.swing 包中的组件时，Java Applet 的主类应当是 JApplet 的子类。javax.swing 包中的 JApplet 是 Applet 的直接子类。注意，JApplet 的默认布局与 Applet 不同，不再是 FlowLayout 布局，而是 BorderLayout 布局。

【例 13-6】在 JApplet 的内容面板的中心添加了 JTree 组件，该组件用来显示日历。网页将年份传值给 JApplet，在内容面板的北面添加了两个按钮，分别负责向前和向后翻动月份；在内容面板的南面添加了一个标签，用来显示月份和年份。本例中用到了 Calendar 类的许多属性和功能（见本书 7.2 节）。效果如图 13-3 所示。

网页文件如下：

```
<applet code=Example13_6.class width=330 height=240>
   <Param name="year"  value ="2008">
</applet>
```

程序代码如下：

```java
import java.util.*;
import javax.swing.*;
import java.awt.*;
import java.awt.event.*;
public class Example13_6 extends
JApplet implements ActionListener{
    JTable  table;
    Object a[][]=new Object[6][7];
    Object  name[]={"星期日","星期一","星期二","星期三", "星期四","星期五","星期六"};
    JButton  nextMonth, previousMonth;
    int  year=2008, month=1;
    CalendarBean  calendar;
    JLabel  showMessage=new JLabel("",JLabel.CENTER);
    public void init(){
        calendar=new CalendarBean();
        String s=getParameter("year");        // 从 html 得到"year"的值
        try{  year=Integer.parseInt(s);  }
        catch(Exception e){  year=2008;  }
        calendar.setYear(year);
        calendar.setMonth(month);
        String day[]=calendar.getCalendar();
        table=new JTable(a,name);
        table.setRowSelectionAllowed(false);
        setTable(day);
        nextMonth=new JButton("下月");
        previousMonth=new JButton("上月");
        nextMonth.addActionListener(this);
        previousMonth.addActionListener(this);
        JPanel pNorth=new JPanel(), pSouth=new JPanel();
        pNorth.add(previousMonth);
        pNorth.add(nextMonth);
        pSouth.add(showMessage);
        showMessage.setText("日历："+calendar.getYear()+"年"+ calendar.getMonth()+"月" );
        Container con=getContentPane();
        con.add(new JScrollPane(table),BorderLayout.CENTER);
        con.add(pNorth,BorderLayout.NORTH);
        con.add(pSouth,BorderLayout.SOUTH);
        con.validate();
    }
    public void actionPerformed(ActionEvent e){
        if(e.getSource()==nextMonth){
            month=month+1;
            if(month>12)
                month=1;
            calendar.setMonth(month);
            String day[]=calendar.getCalendar();
            setTable(day);
            table.repaint();
        }
        else if(e.getSource()==previousMonth){
            month=month-1;
            if(month<1)
```

上月	下月					
星期日	星期一	星期二	星期三	星期四	星期五	星期六
					1	2
3	4	5	6	7	8	9
10	11	12	13	14	15	16
17	18	19	20	21	22	23
24	25	26	27	28	29	30
31						

日历：2008年8月

图 13-3　使用 SWING 组件

```
            month=12;
        calendar.setMonth(month);
        String day[]=calendar.getCalendar();
        setTable(day);
        table.repaint();
      }
      showMessage.setText("日历："+calendar.getYear()+"年"+calendar.getMonth()+"月" );
    }
    public void setTable(String day[]){                    // 设置表格单元格中的数据
      int  n=0;
      for(int i=0;i<6;i++){
        for(int j=0;j<7;j++){
          a[i][j]=day[n];
          n++;
        }
      }
    }
}
class CalendarBean{
    String  day[];
    int  year=2005, month=0;
    public void setYear(int year){
      this.year=year;
    }
    public int getYear(){
      return year;
    }
    public void setMonth(int month){
      this.month=month;
    }
    public int getMonth(){
      return month;
    }
    public String[] getCalendar(){
      String a[]=new String[42];                          // 存放号码的一维数组
      Calendar 日历=Calendar.getInstance();
      日历.set(year,month-1,1);
      int 星期几=日历.get(Calendar.DAY_OF_WEEK)-1;
      int day=0;
      if(month==1||month==3||month==5||month==7||month==8||month==10||month==12)
        day=31;
      if(month==4||month==6||month==9||month==11)
        day=30;
      if(month==2)
        if(((year%4==0)&&(year%100!=0))||(year%400==0))
          day=29;
        else
          day=28;
      for(int i=星期几,n=1; i<星期几+day; i++){
        a[i]=String.valueOf(n) ;
        n++;
```

```
        }
        return a;
    }
}
```

13.5　在 Java Applet 中绘制图形

Graphics 类有许多用来绘制各种基本图形的方法，如矩形、多边形、圆形等。

1．绘制文本

drawstring()方法可以在屏幕上显示串对象。

drawString(String s,int x,int y)方法从参数 x、y 指定的坐标位置处，从左向右绘制参数 s 指定的字符串。

drawChars(char data[],int offset, int length, int x, int y)方法绘制 data 数组中的部分字符，length 指定数组中要连续绘制的字符的个数，offset 是首字符在数组中的位置。

2．绘制直线

drawLine(int x1, int y1, int x2, int y2)方法绘制从起点(x1, y1)到终点(x2, y2)的直线段。

3．绘制矩形

drawRect (int x,int y,int w,int h)方法绘制矩形，fillRect (int x,int y,int w,int h)方法填充矩形。矩形的左上角的坐标由参数 x 和 y 指定，矩形的宽和高由参数 w 和 h 指定。

4．绘制圆角矩形

drawRoundRect(int x, int y, int w, int h, int arcW, int arcH) 方法绘制圆角矩形。

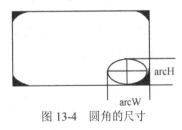

图 13-4　圆角的尺寸

fillRoundRect(int x, int y, int w, int h, int arcW, int arcH)方法填充圆角矩形。参数 arcW 和 arcH 指定圆角的尺寸，见图 13-4 中的 4 个黑角部分。

5．绘制椭圆

drawOval(int x, int y, int w, int h)方法绘制椭圆，drawOval(int x, int y, int w, int h)方法填充椭圆。x、y 给出椭圆距 X 轴和 Y 轴的距离，参数 w、h 给出椭圆的宽和高。

6．绘制圆弧

圆弧就是某个椭圆的一部分。

drawArc(int x, int y, int width, int height, int starAngle, int arcAngle)方法绘制圆弧。

fillArc(int x, int y, int width, int height, int starAngle, int arcAngle)方法填充圆弧。

x、y、width、heigth 指定椭圆的位置和大小，参数 starAngle 和 arcAngle 的单位都是"度"。而起始角度的 0°是 3 点钟的方位。参数 starAngle 和 arcAngle 表示从 starAngle 的角度开始逆时针或顺时针方向画 arcAngle 度的弧，当 arcAngle 是正值时为逆时针，否则为顺时针。starAngle 的值可以是负值，如–90°是 6 点钟的方位。

7．绘制多边形

drawPolygon(int xPoints[], int yPoints[], int nPoints)方法绘制多边形。

fillPolygon(int xPoints[], int yPoints[], int nPoints)方法填充多边形。

参数数组 xPoint 和 yPoint 组成多边形的顶点坐标，nPoints 是顶点的数目。Java 自动闭合多边形，程序总是把最后的顶点和第一个顶点连接起来。

【例 13-7】 绘制一些基本图形（效果如图 13-5 所示）。

```java
import java.applet.*;
import java.awt.*;
public class Example13_7 extends Applet{
    int px1[]={40, 80, 0, 40};
    int py1[]={5, 45,45,5};
    int px2[]={140, 180, 180, 140, 100, 100,};
    int py2[]={5, 25, 45, 65, 45, 25};
    public void paint(Graphics g){
        g.drawPolygon(px1, py1, 4);
        g.drawPolygon(px2, py2, 6);
        g.fillOval(40, 15, 20, 20);
        g.fillArc(25, 50, 50, 50, 90, -180);
        g.drawRoundRect(12, 10, 110, 60, 70, 40);
    }
}
```

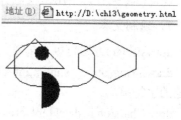

图 13-5　绘制基本图形

13.6　在 Java Applet 中绘制图像

图像是矩形内的一组像素。Java 支持主要两种图像格式：GIF（Graphics Interchang Format）和 JPEG（Join Phtographic Expert Group）。

Applet 类提供了一个重要的方法：

```java
public Image getImage(URL url,String name)
```

这个方法返回可以被显示在屏幕上的 Image 对象的引用，即将 URL 地址中文件名为 name 的文件加载到内存，并返回该内存的首地址。

若想加载 Java Applet 程序所在的服务器上的图像，就必须提供图像文件所在的 URL 的目录。例如，运行 Java Applet 的 URL 所指的目录是 http://192.168.0.1.200/java/，如果 Java Applet 准备显示 Java 目录中的图像，可以让 Java Applet 调用从 Applet 继承的方法：

```java
public URL getCodeBase()
```

该方法返回一个 URL 对象，该对象包含 Java Applet 所在的目录，如返回的 URL 对象含有 http://192.168.0.1.200/java。

Applet 还有一个类似的方法：

```java
public URL getDocumentBase()
```

该方法返回一个 URL 对象，该对象是嵌入 Java Applet 的网页的 URL，如返回的 URL 对象含有 http://192.168.0.1.200/java/like.html。

Graphics 类提供了几个名为 drawImage()的方法用于绘制图像。它们的功能相似，都是在指定位置绘制一幅图像，不同之处在于确定图像大小方式、解释图像中透明部分的方式以及是否支持图像的剪辑和拉伸。

读者应学会使用下面最基本的 drawImage()方法，就可以容易地使用其他方法。

```
public boolean drawImage(Image img, int x, int y, ImageObserver observer)
```

参数 img 是被绘制的 Image 对象，x 和 y 是要绘制指定图像的矩形的左上角所处的位置，observer 是加载图像时的图像观察器。

由于 Applet 类已经实现了 ImageObserver 接口，因此它可以作为加载图像时的图像观察器。将 this 作为最后一个参数传递给 drawImage()，便可将 Applet 对象传递过去，如

```
public void paint(Graphics g){
    g.drawImage(img,0,3,this);
}
```

使用 drawImage(Image img, int x, int y, ImageObserver observer)来绘制图像时，如果 Java Applet 的宽或高设计得不合理，可能出现图像的某些部分未能绘制到 Java Applet 中。为了克服这个缺点，可以使用 drawImage()的另一个方法

```
public boolean drawImage(Image img,int x,int y,int width,int height,ImageObserver observer)
```

该方法在矩形内绘制加载的图像。参数 img 是被绘制的 Image 对象，x 和 y 是要绘制指定图像的矩形的左上角所处的位置，width 和 height 指定矩形的宽和高，observer 是加载图像时的图像观察器。使用该方法时，不管原始图像的高和宽是多少，该图像会自动按比例调整自身大小以便适应目标区域的尺寸。

如果不想让图像有比例上的变化，在绘制之前可以通过 Image 类提供的方法获取被加载的图像的宽和高，如

```
img.getHeight(this);
img.getWidth(this);
```

这两个方法的参数是实现 ImageObserver 接口类创建的对象，Java 的所有组件已经实现了该接口，因此任何一个组件都可以作为图像观察器。

【例 13-8】　绘制两幅图像（效果如图 13-6 所示）。

```
import java.applet.*;
import java.awt.*;
public class Example13_8 extends Applet{
    Image img1,img2;
    int height,width;
    public void init(){
        img1=getImage(getCodeBase(),"tom.jpg");
        img2=getImage(getCodeBase(),"jerry.jpg");
        setBackground(Color.cyan);
    }
    public void paint(Graphics g){
        g.drawImage(img1,0,0,100,100,this);
        g.drawImage(img2,120,120,200,100,this);
    }
}
```

图 13-6　绘制图像

13.7　在 Java Applet 中播放幻灯片

HTML 也可以将图片贴到网页上去，但在 HTML 中播放幻灯片确实是一件不现实的事情，因为为了看幻灯片必须在多个网页间切换，这是件痛苦的事情。

【例 13-9】　用户单击"next"按钮和"previous"按钮，可以前后变换幻灯片。

```java
import java.applet.*;
import java.awt.*;
import java.awt.event.*;
public class Example13_9 extends Applet implements ActionListener{
    final int number=8;
    int count=0;
    Image[] card=new Image[number];
    Button next=new Button("next"),
    pevious=new Button("previous");
    public void init(){
      next.addActionListener(this);
      pevious.addActionListener(this);
      add( pevious);
      add(next);
      for(int i=0; i<number; i++)
         card[i]=getImage(getCodeBase(), "tom"+i+".jpg");
    }
    public void paint(Graphics g){
      if((card[count])!=null)
         g.drawImage(card[count],120,60,100,100,this);
    }
    public void actionPerformed(ActionEvent e){
       if(e.getSource()==next){
          count++;
          if(count>number-1)
             count=0;
          }
          else if(e.getSource()==pevious){
             count--;
             if(count<0)
                count=number-1;
          }
          repaint();
       }
    }
}
```

13.8　Java Applet 网络聊天室

　　虽然 Java Applet 的字节码驻留在服务器，但它需要下载到客户机的浏览器来运行，因此 Java Applet 是客户机程序。Java Applet 与应用程序的一个不同之处是：Java Applet 只能与它所驻留的服务器建立套接字连接。

　　Java Applet 有一个方法：

```
public URL getDocumentBase()
```

该方法返回一个嵌入 Java Applet 的网页的 URL 对象。该 URL 对象再调用 public String getHost()方法，可以获取其中包含的 IP 地址。

　　【例 13-10】　实现一个网络公共聊天室（效果如图 13-7 所示）。一个用户使用自己浏览器中的 Java Applet 输入字符串并发送给服务器，服务器把该字符串返回给所有的用户的浏览器中的 Java Applet。

① 客户机

```java
import java.net.*;
import java.io.*;
import java.awt.*;
import java.awt.event.*;
import java.applet.*;
public class ChatClient extends Applet implements Runnable,ActionListener{
    Button send;
    TextField  inputName, inputContent;
    TextArea  chatResult;
    Socket  socket=null;
    DataInputStream  in=null;
    DataOutputStream  out=null;
    Thread  thread;
    String  name="";
    public void init() {
        setLayout(new BorderLayout());
        Panel pNorth,pSouth;
        pNorth=new Panel();
        pSouth=new Panel();
        inputName=new TextField(6);
        inputContent=new TextField(22);
        send=new Button("发送");
        send.setEnabled(false);
        chatResult=new TextArea();
        pNorth.add(new Label("输入昵称(回车):"));
        pNorth.add(inputName);
        pSouth.add(new Label("输入聊天内容:"));
        pSouth.add(inputContent);
        pSouth.add(send);
        send.addActionListener(this);
        inputName.addActionListener(this);
        thread=new Thread(this);
        add(pNorth,BorderLayout.NORTH);
        add(pSouth,BorderLayout.SOUTH);
        add(chatResult,BorderLayout.CENTER);
    }
    public void start(){
        try{
            socket=new Socket(this.getCodeBase().getHost(), 4331);
            in=new DataInputStream(socket.getInputStream());
            out=new DataOutputStream(socket.getOutputStream());
        }
        catch(IOException e){ }
        if(!(thread.isAlive())){
            thread=new Thread(this);
            thread.start();
        }
    }
```

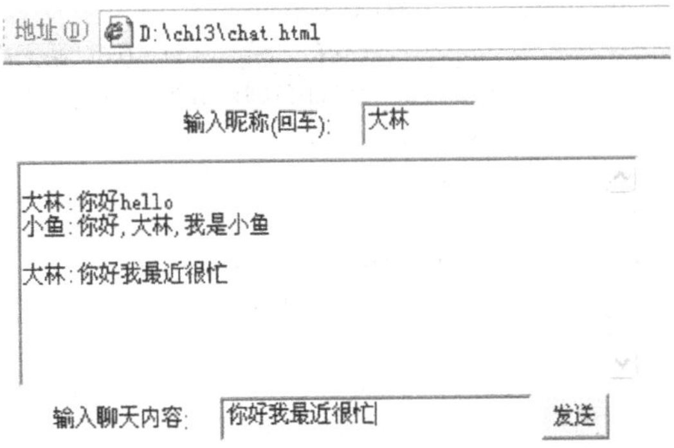

图 13-7　Java Applet 聊天室

```java
public void actionPerformed(ActionEvent e){
    if(e.getSource()==inputName){
        name=inputName.getText();
        send.setEnabled(true);
        try{  out.writeUTF("姓名 : "+name);  }
        catch(IOException exp){}
    }
    if(e.getSource()==send){
        String s=inputContent.getText();
        if(s!=null) {
            try{   out.writeUTF("聊天内容 : "+name+" : "+s)   }
            catch(IOException e1){ }
        }
    }
}
public void run(){
    String s=null;
    while(true){
        try{
            s=in.readUTF();
            chatResult.append("\n"+s);
        }
        catch(IOException e){
            chatResult.setText("与服务器的连接关闭");
            break;
        }
    }
}
```

② 服务器

```java
import java.io.*;
import java.net.*;
import java.util.*;
public class Server{
    public static void main(String args[]){
        ServerSocket server=null;
        Socket you=null;
        Hashtable peopleList;
        peopleList=new Hashtable();
        while(true){
            try{  server=new ServerSocket(4331);  }
            catch(IOException e1){  System.out.println("正在监听");  }
            try{
                you=server.accept();
                InetAddress address=you.getInetAddress();
                System.out.println("客户的 IP : "+address);
            }
            catch (IOException e) {}
            if(you!=null){
                Server_thread peopleThread=new Server_thread(you,peopleList);
```

```
                    peopleThread.start();
                }
                else
                    continue;
        }
    }
}
class Server_thread extends Thread{
    String name=null;
    Socket socket=null;
    File file=null;
    DataOutputStream out=null;
    DataInputStream  in=null;
    Hashtable peopleList=null;
    Server_thread(Socket t,Hashtable list){
        peopleList=list;
        socket=t;
        try{
            in=new DataInputStream(socket.getInputStream());
            out=new DataOutputStream(socket.getOutputStream());
        }
        catch (IOException e) {}
    }
    public void run(){
        while(true){
            String s=null;
            try{
                s=in.readUTF();
                if(s.startsWith("姓名：")){
                    name=s;
                    boolean boo=peopleList.containsKey(name);
                    if(boo==false)
                        peopleList.put(name, this);
                    else{
                        out.writeUTF("请换昵称：");
                        socket.close();
                        break;
                    }
                }
                else if(s.startsWith("聊天内容")){
                    String message=s.substring(s.indexOf("：")+1);
                    Enumeration chatPersonList=peopleList.elements();
                    while(chatPersonList.hasMoreElements()){
                        ((Server_thread)chatPersonList.nextElement()).out.writeUTF(message);
                    }
                }
            }
            catch(IOException ee){
                Enumeration chatPersonList=peopleList.elements();
                while(chatPersonList.hasMoreElements()){
                    try {
```

```
                    Server_thread  th=(Server_thread)chatPersonList.nextElement();
                    if(th!=this&&th.isAlive())
                        th.out.writeUTF("客户离线 : "+name);
                }
                catch(IOException eee){}
            }
            peopleList.remove(name);
            try {   socket.close();   }
            catch(IOException eee){ }
            System.out.println(name+"客户离开了");
            break;
        }
    }
}
```

问 答 题

1. 简述 Java Applet 的运行原理。

2. repaint()方法的功能是什么？

3. 通过网页向 Java Applet 传值的好处是什么？

作 业 题

1. 编写一个 Java Applet 程序，有两个文本框组件，当在一个文本框输入数字字符回车后，另一个文本框显示该数字的平方。

2. 模仿例 13-9，编写一个播放幻灯片的 Java Applet 程序。要求：单击鼠标左键观看前一张，单击鼠标右键观看后一张。

3. 将第 11 章中例 11-6 的客户机程序改写为 Java Applet 程序。